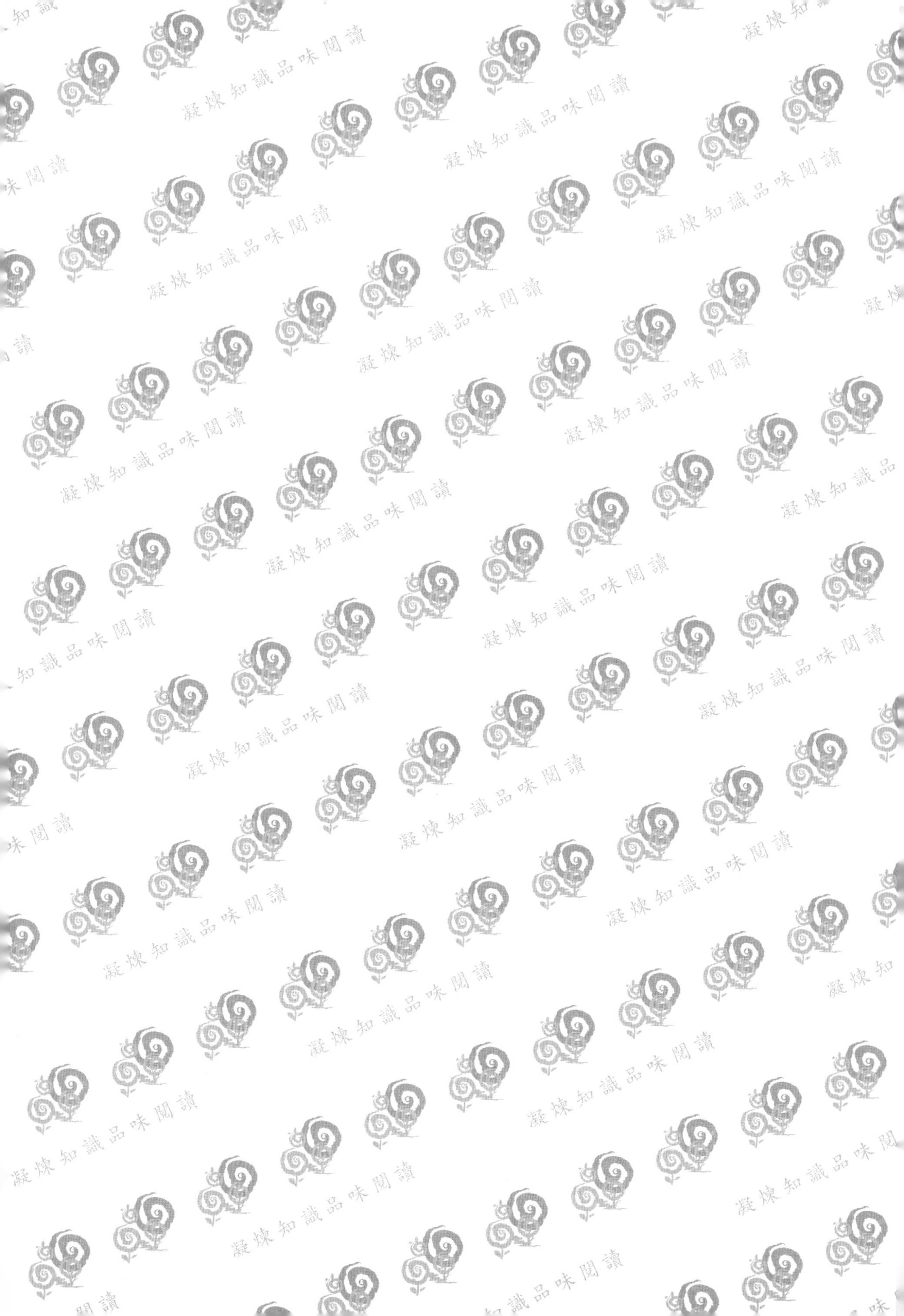

凝煉知識品味閱讀

人力資源管理

理論、實務與個案

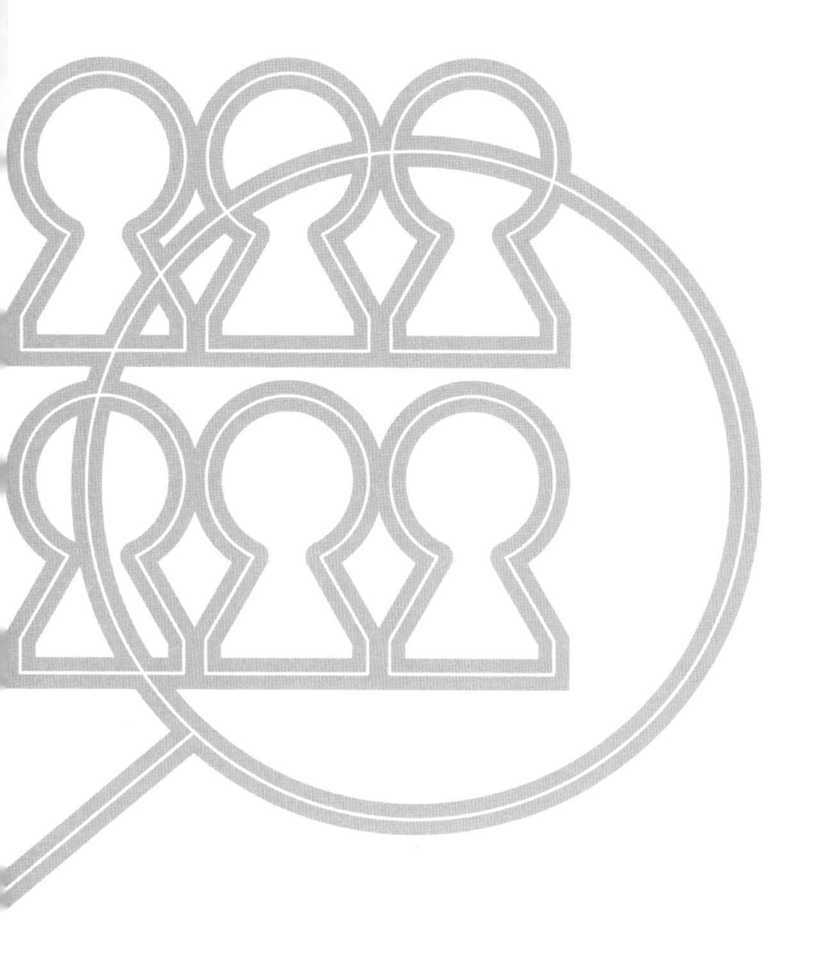

戴國良——著

Human
Resources
Management

五南圖書出版公司 印行

序

一、人力資源管理角色日益吃重

在企業組織內部裡，人力資源部門的功能與角色日益吃重。在過去，人力資源部門配屬在管理部門內，但這幾年來，已被獨立成為人力資源部，人員的編制也日益增加，而其負責的工作也逐漸深化及多元化。而且，人力資源管理最近也被冠上策略性的字眼，稱為「策略人力資源的經營與管理」。理由很簡單，因為企業競爭力的總根源與總基礎，主要奠基於「人才」，一個卓越團隊的「人才」所匯聚的強而有力的組織陣容。沒有了優秀人才團隊，那麼公司組織就是一個空架子而已。

但是問題在於，各企業對「人才」的爭取、招募或挖角，競爭非常激烈，甚至很多大老闆，都親自跑到各大學、各研究所去招募新進人員的新生力軍，可見人才是多麼受到重視的一件事。聽說臺大、交大、清大等電子、電機、資訊、資工等碩士班的學生，在畢業之前已經有好幾個高科技公司的職缺等著他們；一場「高級人才爭奪戰」已然啟幕。

二、本書有以下三點特色，值得加以說明

1.以企業實務為導向的撰寫風格

本書雖然有理論內容的重點陳述，但作者認為對絕大多數大學生而言，講解太深奧的人事理論內容有些枯燥乏味，因此本書取消了國外人力資源大師的純理論內容，這部分內容適合在人資研究所碩士班的課程。而本書的撰寫風格，則絕大部分以企業實務案例為導向，陳述簡單的理論架構及內容項目，而重心則放在人資的實務觀點上。這樣比較適合各大學或各商業技術學院的大學生來閱讀使用。

2.本書以提綱挈領方式加以表現

本書內容未見冗長的描述文字，而儘量以標題化、綱要化、圖示化方

式，讓同學們能夠抓到這一頁的重點為何，方便同學們整理及收到一目瞭然之效。

3. 本書內容尚稱完整周詳，閱讀完之後，對人資的理論及人資的實務，應該會有一個初步的與全方位、豐富的瞭解及掌握。

本書的順利完成，感謝我的家人，我的長官與同事，以及所有關心我的好朋友們，由於您們的鼓勵、支持、指導與期待，使我有動機完成此書的撰寫，真的感謝您們。

最後，我願深深祝福每一位讀者們，都能迎接您們的平安、幸福、順利、進步、健康與成功的人生旅途。

～感謝、感恩並祝福每一位老師及同學們～

戴國良
taikuo@mail.shu.edu.tw

目錄

導論

Chapter 1

人力資源管理概論

第 1 節　現代人力資源管理新趨勢與原則

一、現代人力資源管理五大新趨勢

現代與傳統的人力資源管理，有很大不同，有五個新趨勢如下：

(一) 由人力機械觀，轉為人力人性觀

傳統的企業管理大都強調資金與生產技術，他們認爲資金能買到生產技術，而生產技術可提高生產機械運用之效率，並不重視人力的價值，認爲人力不過是付出勞力而已，其重要性遠不如資金與機械設備。這是在工業革命與科學管理學派時期的主張。但到了行爲管理學派興起之後，已轉而重視人力的重要性，並且積極研究人性的各層次需求，尊重個人的尊嚴與價值，充分激勵人力的潛能，以達成組織效率與組織之目標。而且隨著服務業產值不斷擴大，以人爲主的服務業更需要現代化的人力資源人性觀。因此，人的價值、工作人員的價值受到了肯定，人不再是機械勞力，而是能創造更高附加價值的人性勞力。

(二) 由人力管理，轉為人力發展

過去的人力管理著重在人與事的配合，只要達成目標即可滿足，但這樣是消極的。因爲它無法面對現代經營環境的劇變，因此必須謀求人力潛能的進一步發展，以提高人力的素質、技能、謀略、思路與正確理念，如此才能面對科技、市場、生產、社會、法律、政治等的改變與挑戰，也才能在競爭中求取生存，組織才有未來可言。因此，強調對人力潛能與人力管理發展的重視及投入。

(三) 由恩惠主義，轉為參與管理

過去的企業經營者，往往自視爲無上權威的支配者，並以大家長與資本主自居，視員工爲勞工階級，員工所獲得之工資、獎金、福利，都是資本主對勞工階級的一種恩惠。只是此恩惠僅限於金錢物質的報酬而已，不可能有其他的報酬，而且資本主認爲給員工物質恩惠，員工即可得到很大的滿足。不過，隨著經濟發展、教育水準提高以及民主化潮流的演進，在人性的需求、人性的尊嚴、人群倫理關係和民主決策等，都日益受到更廣泛的重視。因此，過去勞動、被動、無條件服從的人事觀念已受到抨擊，取而代之的是員工應適度參與企業的經營與管理，讓員工有自我表現與自我成長的機會及挑戰，以提高其工作意願及熱忱，激

發其創意與責任感，透過密切溝通、協調、激勵、參與，從而發揮組織群體之力量，達成組織之目標使命。現在，很多資深的高級主管，也可以進到董事會擔任董事，而不需要持有很多股權。

(四) 由年資主義，轉為能力與成果主義

過去的人事管理偏重在「年資主義」，像軍公教人員及一些傳統大企業員工，均按每年升一級而微調薪資，每個人都只能依年資升等加級。這種年資主義，無異扼殺很多有能力或是年輕員工向上爬升的誘因及衝勁，形成蕭規曹隨，大家一起度日，而無法發揮人性的潛能。

近幾年，日本傳統的年資及年功主義，亦已逐漸受到挑戰及改革。一些卓越企業都已放棄這種年資、年功的舊人事制度，轉向按員工的「能力」、「成果」、「貢獻度」、「績效」等指標，來做爲員工薪資、獎金、紅利、福利及晉升的最主要依據，而不再是「年齡」、「資深」或「官位」。

這是一種時代與人事的重大變革。

(五) 幹部年輕化、世代交替趨勢強

隨著教育普及、知識傳播快，以及年輕人的勤奮與企圖心強，現在很多大企業的中高階主管，也有朝向年輕化的趨勢。例如：國內外大企業，以前大概要60歲以上才能升上總經理，50歲以上才能當上副總經理，但現在似乎下降10～20歲，35歲做到副總經理及40多歲登上總經理的現象，亦時有所聞。

幹部年輕化，已是時勢所趨，年輕人體力好、創新強、企圖心高、知識足，唯有經驗稍少，但這可由中老年幹部在旁協助即可。整個經營團隊的年輕世代交替，也是今日人力資源的最新主流趨勢之一。

茲圖示如下：

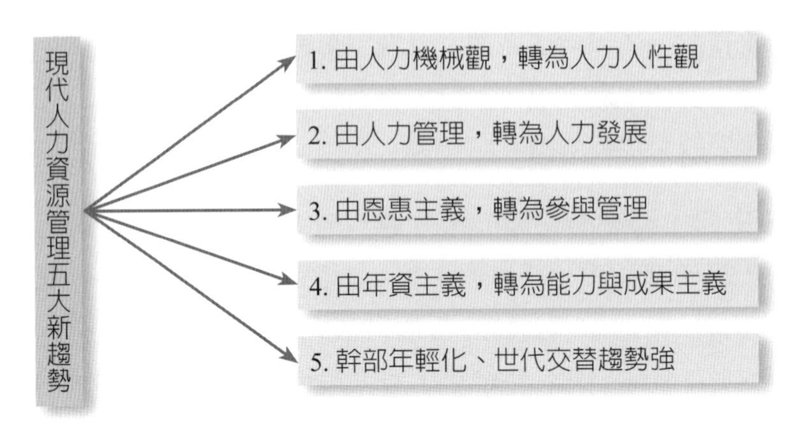
現代人力資源管理五大新趨勢
1. 由人力機械觀，轉為人力人性觀
2. 由人力管理，轉為人力發展
3. 由恩惠主義，轉為參與管理
4. 由年資主義，轉為能力與成果主義
5. 幹部年輕化、世代交替趨勢強

圖 1-1 現代人力資源管理五大新趨勢

二、人力資源管理最新七大趨勢分析

勤業眾信所屬之德勤全球（Deloitte）曾發表 2016 年趨勢預測報告顯示，企業想要從強勁的經濟發展中受益，首先需要認眞關注人才的發展，而面對下列七大人力資源的趨勢預測如何因應，將決定企業的競爭力。

(一) 績效管理變革持續進行

由於同仁協同工作的方式，新的社交工具帶來工作的便捷性，以及企業內部訊息更加透明，使得企業朝向更快速且透明的回饋機制運作，更容易的分享目標、認可工作表現及工作相關訊息，這種機制，能夠爲企業帶來更高的績效並發揮更好的創新力。

(二) 辦公時間及地點彈性化

愈來愈多的科技產品（如智慧手錶、可穿戴裝置及智慧型手機等）被廣泛運用於職場當中，HR 需要重新檢視企業當前工作環境，包括是否重新檢討傳統之上班時間制度，包括如何可以減少同仁通勤時間，在工作時間及工作地點方面給予同仁更多的選擇。在家工作或者彈性工時等制度是否引進均可加以思考。

(三) 技能是資產、企業學習日益重要

科技日新月異，經營環境變化迅速，企業必須不斷投資人才訓練及發展。透過各種管道、尋找各種高品質低成本的線上課程和學習管理系統，可以提供員工學習建議及多元化的學習途徑。

(四) 充分利用社群網絡、品牌影響力及新科技等投資及重新設計人才招聘

人才競爭愈來愈激烈，大家都想招聘最優秀人才。企業除了要宣傳自己的組織、工作職缺外，更應該宣揚自己的願景、使命、領導團隊及其工作經驗，這是新生代及高績效人才在尋找雇主時的首要考慮因素。

(五) 打造有競爭力的人才分析和勞動力規劃刻不容緩

傳統人事行政依專業分工各司其職，而現在企業必須統合負責招募、薪酬、員工激勵、教育訓練及領導力發展的團隊共同運作，並同時利用更宏觀及完善的方式進行員工績效評估。

(六) 尋求能夠提升價值的創新型解決方案的合作夥件

部分人力資源工作可能委外，企業在選擇合作供應商時，應尋找能夠在巨量資料分析及行動 HR 應用方面提供優質服務的合作夥伴。例如：透過巨量資料分析服務，可以協助瞭解哪種人才在公司的表現較佳及流動率較低等，以作爲如何招募最「適任」人才的參考。

(七) 重新檢視 HR 團隊的結構，HR 的角色定位及對 HR 專業發展的投資

例如：減少一般 HR 人員，改以資深合作夥伴取代；從過去專業分工，改成專業網絡，讓企業內部招聘、培訓及其他 HR 功能角色的團隊能夠彼此有效溝通，並與業務部門緊密連結。

「人才是企業最重要的資產」經常被提及，然而臺灣企業在人才方面的重視及投資，相較於跨國頂尖企業尚有大段距離。重視人才議題，必須董事會、CEO 及管理團隊由上而下開始，而不是只有人資長的事。當然可以從最有感的加薪開始，他山之石可以攻錯，如何參考國外人力資源最佳實務，從人力資源之策略、組織、流程、科技等各方面就人才招募、績效管理、人資制度、訓練發展、合作夥伴等各方面重新檢討評估，建構更具競爭力之人力資源管理，從而透過吸引及留住優秀人才，提升企業競爭力，實在刻不容緩。

三、人力資源管理五大原則

人力資源管理應該遵守下列原則，才可把人與事管理得當。其原則大致有以下幾點：

(一) 建立「公平合理」之人事制度規章

制度規章就是組織的遊戲規則（game rules），遊戲若少了規則，那就無法判別出勝負，而遊戲本身也就沒有意義。因此，人力資源管理也是一樣，因爲它牽涉到薪資、調度、任用、招募、培訓、考績、獎懲、激勵、組織、福利、評價……，甚多與人有關係的管理事務。如果沒有公平、合理、周全的制度規章，那組織群體就無法順利運作，導致組織效率降低，組織目標也就難以達成。好的制度規章，是人力資源管理之基石。但如何建立好的制度規章，應可參仿卓越企業之人事規章制度，見賢思齊，他山之石可以攻錯。當然，人事制度規章，也必然隨著內外環境的改變而做若干調整修正，使它是一部永遠合乎時宜、好的人事典章制度。

(二) 培養「努力」就能獲得「報償」的觀念

獎酬報償不是天上掉下來的，這是員工必備的基本認識。組織的公平就是透過員工的努力，產生對公司的貢獻，然後公司給予相對之報償回饋。有如此的理念，人人才會努力工作，追求成長、追求卓越，組織才有活力與效率可言。所以，公司必須賞罰分明，而且全員一視同仁，從高階主管到基層員工都是一樣。因此，不論年齡、出身學校、階級、年資，只要對公司有重大貢獻與價值，就值得被不斷拔擢晉升。

(三) 發展員工的「才智」

其意義有兩點：第一必須適才適能，讓員工做他有興趣且專長的事情，然後，才華才會發揚盡致。第二隨著環境的進步，員工的知識與智慧也必須與日俱進，如此才能因應未來的問題。因此，公司亦須鼓勵及要求員工不斷學習進步，多看書，多到國外參訪見識，然後才會對公司有長遠的貢獻。當員工停止進步、學習、才智的發揮，就是組織走向衰退的時候。

(四) 協助員工獲得適度「滿足」

員工的滿足是有層次性的，也是多面性的，組織的人力資源管理工作，就是要以協助員工在生理、安全、社會、自尊與自我實現等需求都能獲致適度或非常高的滿足，讓員工在組織的工作中，都能充實且愉快。但是，員工也不可能百分之百每個都滿意，只要多數人肯定公司即可。這種「員工滿意」（Employee Satisfaction, ES），是與「顧客滿意」（Customer Satisfaction, CS）並立而行的，具有同樣的重要性。

(五)「計畫」與「行動」要合一

人力資源管理若只是研訂計畫，而不去執行或選擇性執行，都是有損於員工的信任。因此，任何的計畫、制度、規章一經訂定，不應輕易破壞或束之高閣，應該力行貫徹到底，才能建立依法而行的觀念。否則任何行文規定，都會被員工認爲又是那一套。因此，人事作業亦應強調「執行力」的必要原則。

茲圖示如下：

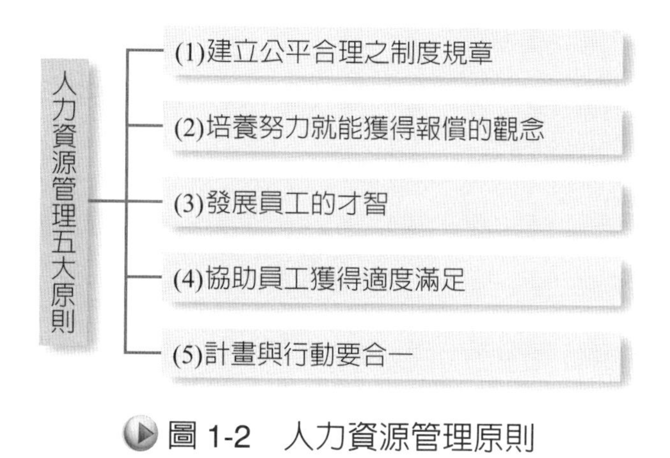

圖 1-2　人力資源管理原則

四、人力資源部門日益重要

(一) 未來人事副總地位更加重要——因為「執行力」好壞，在「人」的因素

策略管理是企業創造差異化（make a difference）的利器，而執行力才能實現它（make it happen）。

策略是可以複製的，但是執行力就很難模仿。而執行力又與企業文化、組織基本運作的流程息息相關，因此企業主要透過長時間培養執行力來落實管理策略，才可望創造成功的機會。

在執行力培養的過程中，「人」是最重要的因素，這同時也關係著企業文化的養成。從國外成功公司的員工福利、給薪制度等例子來看，可以證明「用對人、放對位置」是企業成功的要素之一，也是塑造企業文化的關鍵。

在知識經濟的潮流下，以後人事主管在企業間的重要性，可能會比財務主管、行銷主管都來得重要，因為他擔任塑造企業文化的要角。

(二)「策略性」人力資源管理

國外人力資源學者 Gary Dessler 提出「策略性人力資源管理」（Strategic Human Resource Management, SHRM），強調人力資源是企業「策略管理」的重要一環。如下圖示，Dessler 提出公司策略、人力資源（HR）、組織競爭力、公司經營成果等四者間關聯模式。

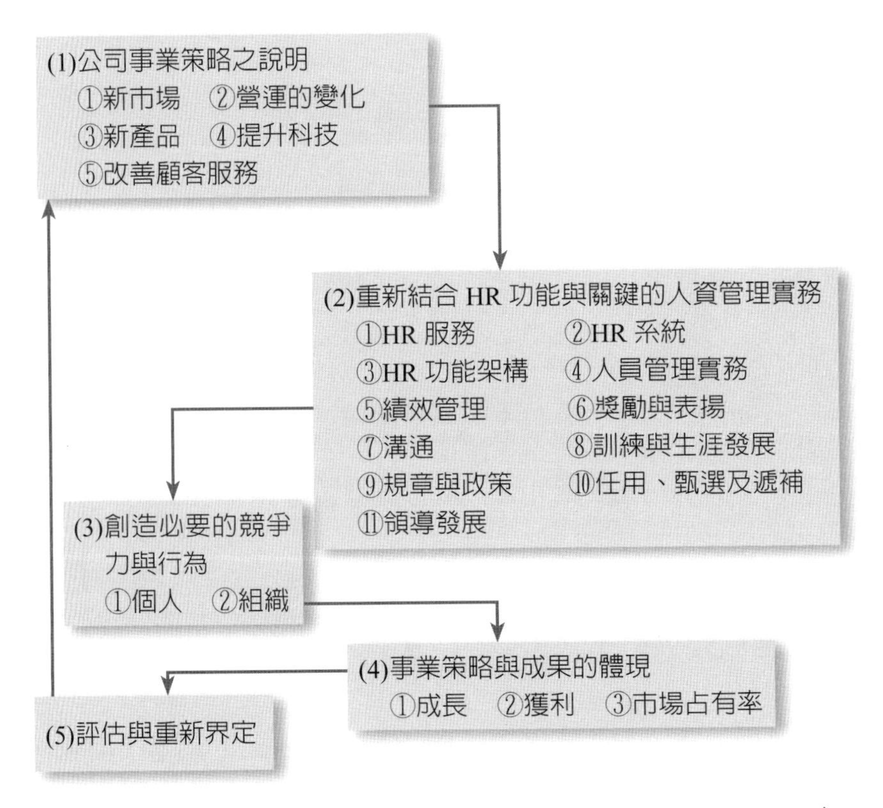

圖 1-3　策略性人力資源管理之關鍵要素（Gary Dessler）

此外，Dessler 也提出現代企業經理人員面對外部環境的重大改變，導致公司必須有更大突破性的變革因應。如下圖所示。

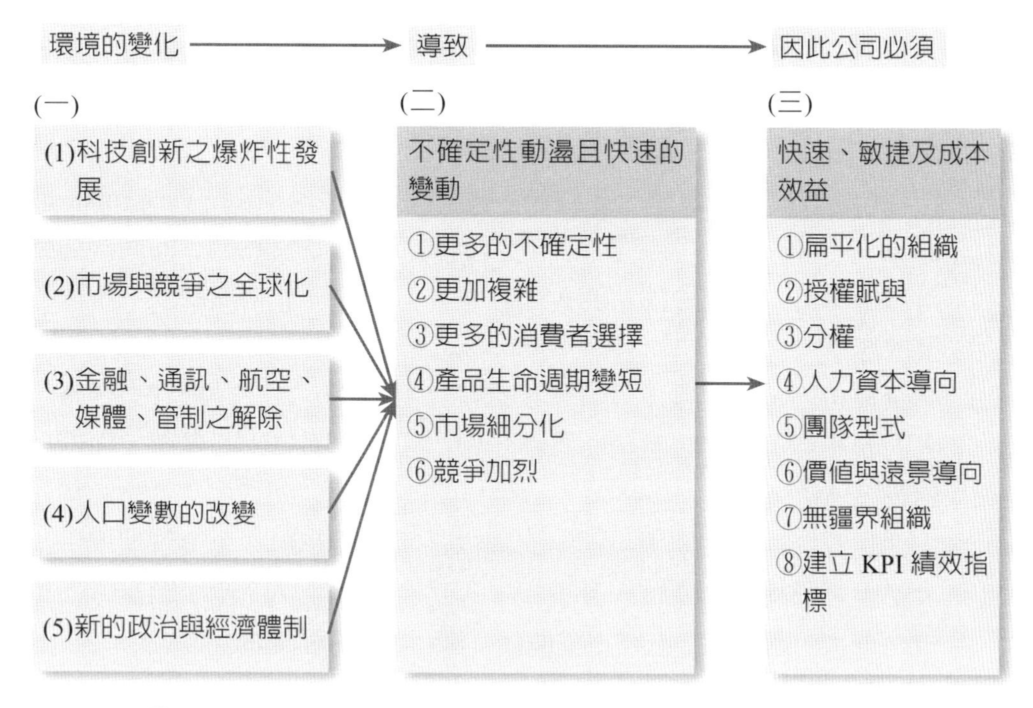

圖 1-4　經理人員面對的基本變革（Gary Dessler）

這些變革，反應在人力資源與組織方面，包括應採取幾項行動：

(1)扁平化的組織。

(2)對各級主管有更大的授權賦與。

(3)分權制度的採行，而輕集權制度。

(4)強調人力資本導向的理論，即人才也是資本的一種。

(5)形成團隊型式，而非單打獨鬥。甚至與外部組織聯盟合作。

(6)建立公司價值與遠景導向。

(7)打破本位主義，塑造無疆界組織體系，相助與合作處理一切問題。

(8)建立各部門、各單位的 KPI（Key-Performance Indicator）工作績效指標。

五、人力資源部門的「策略性角色」

美國著名學府哥倫比亞大學，曾在 21 個已開發中國家，向 1,600 多位專業經理人，針對 21 世紀企業關鍵競爭優勢進行調查，調查結果名列第一者爲「企業策略管理」，其二爲「人力資源管理」。可見人力資源管理何其重要，將其功能視爲策略夥伴爲當然之事。

(一) 將人力資源視為「策略夥伴」（Strategic-Partner）

1. 如企業在訂定企業目標及規劃策略時，未將人力資源部當作策略夥伴，企業的組織發展或組織變革的成功機率將是如何？

   任何企業在訂定其目標、策略、「關鍵績效指標」（Key Performance Indicators, KPI）時，均與員工培育、激勵及績效息息相關，而此等活動或措施不僅爲人力資源部功能，而且是人力資源管理相關制度、辦法的主要內容。

2. 如企業在制定其目標、策略，甚至建立部門及個人關鍵績效指標時，將人力資源專業人員視爲策略夥伴，則人力資源部會因其參與，而採取相對及因應措施。

3. 人力資源管理核心價值：近年來國內甚多企業在現代企業管理導引下，大都對經營理念、文化十分重視，因爲它們與企業使命、願景、目標及策略息息相關，甚至引導企業使命、願景、目標的形成。

(二) 視為企業「核心價值」的一環（Core-Value）

1. 人力資源管理策略爲企業功能策略的一環

正如前述，人力資源管理策略爲企業功能性策略之一，如行銷策略、產品策略。此一功能性策略的形成，大致可依據下述幾個獨特因素而具有企業獨特內涵。

(1) 與企業經營理念、策略相結合：此爲形成人力資源管理策略關鍵源頭，亦爲人力資源管理策略規範，以確保人力資源管理策略能與企業理念及策略一脈相傳，並無差異。

(2) 與企業產品及人員組成相結合：不同的產品需要不同的員工，因此，在訂定人力資源管理策略時，應考量企業的產品特性與所需員工的特質。諸如高科技企業的產品與員工特質與傳統型企業全然不同，其兩者之間的人力資源管理策略當然也有差異。

(3) 與企業現在與未來國際化的程度相結合：我們已經成爲 WTO 成員，現在開始不僅產品市場將更爲自由化，人力資源市場亦將逐漸開放。

因此，人力資源管理策略亦應將此一因素導入其中。不論我們赴其他國家投資或從其他國家徵聘人員，我們將無法以一套制度走遍天下。最佳的方法爲母公司建立指導性人力資源管理策略，以指導不同地區、國家、國籍的各項人力資源管理、制度、作法，及處理員工相關事項，使國際化企業同中有異、異中求同。

2. 如何確保人力資源部門成爲企業策略夥件

應該做好下列六件事情：

(1) 企業負責人及高階主管應充分瞭解及運用人力資源部的策略性角色。

(2) 選定具有專業度及使命感的人力資源部主管。

(3) 使其參與企業經營會議，共同訂定企業目標及策略規劃。

(4) 共同規劃人力資源管理理念及策略。

(5) 充分授權，信任其企業的忠誠度。

(6) 定期檢視人力資源部策略性功能績效。

六、「組織能力」是不可替代的「無形資產」（Intangible-Asset）

(一)「無形」資產比「有形」資產更重要

創造、累積並有效運用不可替代的核心資源，以形成策略優勢，是策略中資源說的主要論點。資源包括：(1) 資產（有形資產、無形資產）與 (2) 能力（個人能力、組織能力），而眞正可以稱爲資源的，則必須具備三種特性：(1) 獨特性：有用且少量；(2) 專屬性：不易爲他人所用；(3) 模糊性：競爭者無法學習、由做中學習而來的內隱性，以及由其他資源互賴、組合形成的複雜性等。

也就是說，愈是看不到摸不著，愈是用錢買不到的東西，才是企業可以仰賴的競爭資源。廠房設備等有形資產，有錢一定可以買得到；專利、商標、著作權等無形資產，理論上用錢也可以解決；屬於個人的專業技術能力、管理能力與人際網路，競爭對手也可以用重金挖角的方式取得這項資源。

(二)「組織能力」，決勝一切（Organizational-Capablilty）

從這個觀點來看，一個企業要建立競爭的優勢，最應該設法建立的資源是所謂的「組織能力」。這包括組織文化、組織的記憶與學習、技術創新與商品化能力，以及業務運作能力。一般來說，這類組織能力的建立，都需要企業內各部門長時間的互動，具備相當的互賴與複雜性。如在一個新興產業裏，組織是在做中學習而來的能力，具備內隱性，也具備競爭對手無法學習的模糊性，組織能力當然符合獨特性與專屬性。建立強大組織能力的企業，競爭對手即使用錢買下這個公司，如果沒有辦法讓整個團隊留下，恐怕也無法維繫這種能力。

所謂「組織能力」，其實也就是經營團隊，包括人、價值觀、工作技能與經驗、溝通互動的模式、工作方法等等。一個好的經營團隊就是能夠依照環境的變化，持續增進組織的能力來因應。

七、活用人才資本管理，創造股東最大價值

(一) 人才資本管理的三大要素

知識＋人才＝股東價值，這是企業資產負債表上看不見的重要資產。

邁入知識經濟時代，員工對企業表現的影響日增，因此，如何以良好的人才資產管理，協助員工發揮自身最大價值，進而提升企業績效，已成為現今企業最重要的經營目標之一。

企業若欲以高效能的營運團隊加速提升企業競爭力與股東價值，必須藉助有系統的人才資本管理，其中三大要素如下：

1. 加強員工對企業目標的投入

企業必須清楚教育員工，個人績效的定義是什麼，並以重複漸進及協同合作的溝通方式，協助員工規劃管理個人績效、確認個人工作職責，並掌握自己的訓練計畫與進度。藉此使公司上下深切體認，企業的整體績效繫於每一個員工日常的表現。加強員工對企業目標的投入，不僅可以刺激業務成長、降低產品行銷成本、減少綜合開銷行政費用，更能夠進一步提高股東價值、增加公司利潤。

2. 建立完整的員工績效管理流程

企業想要有效管理員工績效，首先必須提高員工意見回饋的品質與即時性，讓員工具有建設性的意見能在第一時間回報給企業主管。再者，企業應將員工的意見回饋和企業發展計畫緊密的結合。

企業更可透過以下四大步驟有效管理績效流程：

(1) 計畫、吸引、就定位：根據企業目標，訂定績效管理計畫，並吸引適當的人才，提供員工所需的資源，以協助他們儘早熟悉職務內容。

(2) 評估、設計、發展：評估不同員工必須具備的技能，並藉此設計適合

的訓練計畫，讓員工適才適任。

(3) 最佳化、追蹤、監控：在適當的時間給予員工適當的任務，可以提升生產力，同時最好在單一定點追蹤及管理這些員工，並在約定好的時間內給予薪資報酬。

(4) 規劃、激勵、獎勵：規劃薪資及獎勵制度，以激勵員工朝企業目標邁進。

3. **有效獎勵員工**

獎勵員工是許多企業支持卻很少實踐的管理哲學。獎勵員工不只反映在傳統薪資上，更包括正式的表彰與更多的學習及發展機會。獎勵員工必須掌握正確與公平兩大原則，不僅要將員工績效與獎勵充分連結，更要確保每一表現優異的員工都能獲得公平的獎勵。

茲圖示如下：

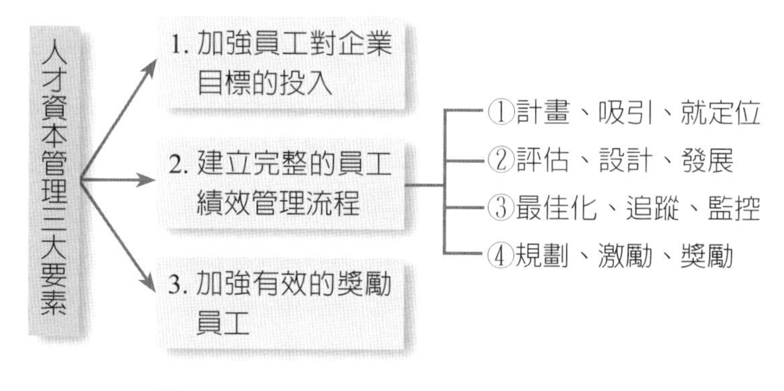

圖 1-5　人才資本管理三大要素

八、調查報告「人事議題」至為重要

(一) 調查報告的六項發現（findings）-Accenture 顧問公司調查報告

在景氣低迷時代，人力議題在企業裡就像一塊腹背受敵的夾心餅乾，既要小心別人來挖角，又要進行嚴格的成本控制，以求人力精簡。

Accenture 顧問公司在一份針對 200 位人力資源主管與企業高階經理人員所做的「高效能團隊」年度研究報告，共有六項重要發現：

1. 有效培養與管理一個高效能營運團隊，是全球經理人員一致的共識。
2. 經理人員普遍感覺他們的員工缺乏適當的技能與知識，缺乏對企業整體營運策略的體認，且不瞭解自己的工作與公司營運之間的關係。

3. 許多公司為改善上述缺失，不惜增加預算，設計包羅萬象的內部訓練課程，以期提振員工的工作表現。
4. 雖然經過相當程度的努力，但大多數的高階主管對於訓練成果僅感覺差強人意，甚至對於推動內部訓練的組織功能，都不滿意。
5. 之所以會發生這些問題，是因為缺乏一套客觀有效的評量方法，無法評量這些員工訓練究竟對公司營運產生什麼正面影響，因此，高階經理人員也無從據以分配公司資源。
6. 但有些公司還是有亮麗的表現。這些在員工績效領域表現傑出的公司，通常將人力資源與內部訓練作出策略性的定位，並且將人力資源的投資與公司營運指標緊密結合，做為評量標準，並能援用資訊科技協助員工提升效率。

(二)「人事議題」與「人力素質」是經理人員最關心的課題

經理人員普遍認同營運團隊的素質很重要，依據調查結果顯示，被高階經理人員列為「最優先處理事項」中，有 75% 與人資和員工工作表現直接相關。如吸引優秀員工、慰留優秀員工、提振員工工作表現、改善高階經營層面的管理與領導風格、改變企業文化與員工工作態度等。

相較去年的調查結果，今年有更多的高階經理人員認為「人事議題」與企業的成功與否有密切關聯。這些經理人員不論身處哪個國家、哪個產業或職位高低，74% 的人認為人事議題至為重要。

九、五大策略，激發人資潛力，創造最高績效

策略一：即時的績效考核，抓緊目標達成

績效考核，絕對是衡量一位員工，能否為企業營運創造高附加價值的最佳工具之一。在過去景氣大好的年代，高目標達成率總是較容易執行、甚至超越。然而，在景氣寒冬中，當達成高績效已成為一件難上加難的不可能任務時，如何制定一套適切的績效管理制度，將成為能否激發員工潛力的關鍵要素。

首先，主管在制訂目標時，得掌握「艱難、具挑戰性，但實際可行」的原則，並依據實際的市場數據，可別胡亂訂定高得嚇人、毫無邏輯概念的目標；如此一來，才能讓員工有努力的方向與確實的目標。

再者，考核週期也得縮短。畢竟定期且頻繁的績效檢討，將可讓主管更加瞭解員工執行目標的進度與遭遇的困難，以適時予以援助，在過程中，主管得維持高度的彈性與應變能力，才能隨時依據外界的變化，針對目標進行調整。

策略二：留下核心技能，其餘外包（outsourcing）

的確，在不景氣席捲下，企業實行「瘦身」策略的腳步也得不斷加快。因此，將非核心業務委外，交由專業的外包服務廠商一手包辦，不僅已成爲降低人事成本與管理費用的有效做法，還可讓經營與管理面擁有更多彈性。少了這些額外的成本支出，企業就能把更多的資源，投入於核心業務的發展，進而強化自身競爭力。

策略三：強化訓練成效，提升員工技能

在全球景氣衰退的陰霾下，不僅企業獲利大幅縮水，還連帶影響企業爲員工提供教育訓練的意願。然而人才是企業發展的根本，如果雇主只是一味地減少開支，盡一切可能降低成本，而忽略了核心人才的培育，以及各項人力資源的投資，反而可能對公司未來的營運，造成負面效應。

策略四：勿裁撤研發與銷售人員

面對不景氣，許多企業主想到的就是裁員、減薪等降低經常性開支的做法，但對於英特爾（Intel）董事長 Craig Barrett 來說，景氣衰退時，他第一個想的不是裁員，而是投注大筆資金，加強公司研發能量。

在訂單縮水、業務不如一般時期繁忙的景氣寒冬中，加碼投資研發、持續培育業務銷售與研發人員，絕對是蓄積公司未來發展能量的最佳做法之一。因此企業主可得謹記，切忌大幅裁撤研發與業務銷售等核心員工，才得以在艱苦時期仍能維持一定的競爭力。

策略五：職能匹配職位，充分運作

找到適任的員工，並且把對的人，放到對的位置上，絕對是對抗不景氣時期，各大企業在人才招募與人力配置上的最高指導原則。畢竟，不適任員工所耗費的薪資成本，肯定會爲公司造成可觀的金錢損失，更遑論對於企業營運所造成的無形傷害。

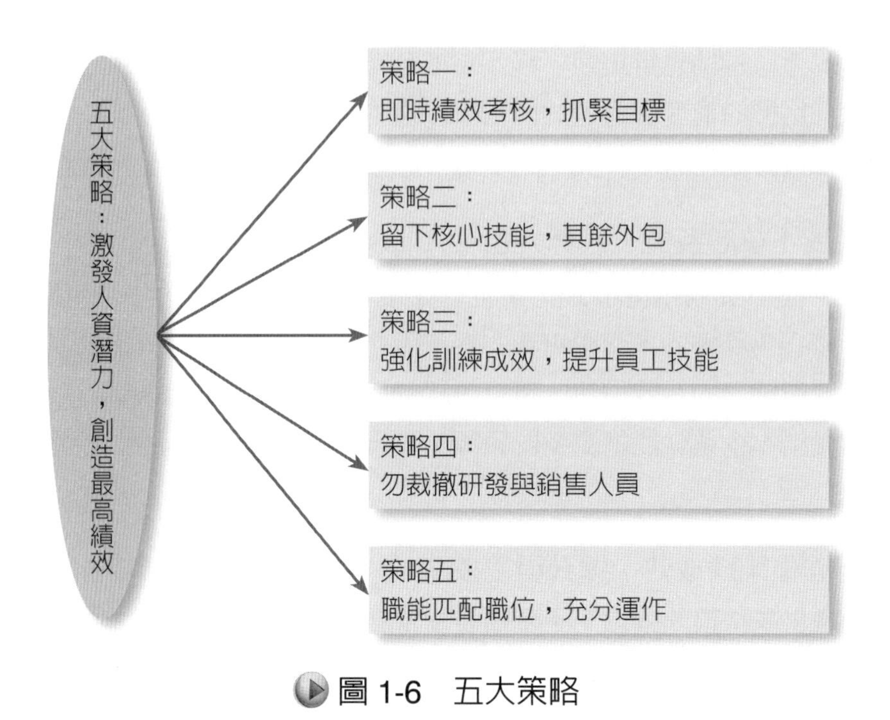
五大策略：激發人資潛力，創造最高績效
策略一：
即時績效考核，抓緊目標
策略二：
留下核心技能，其餘外包
策略三：
強化訓練成效，提升員工技能
策略四：
勿裁撤研發與銷售人員
策略五：
職能匹配職位，充分運作

圖 1-6　五大策略

十、新人資角色的四大變革

新人資是認知的變革，人才是資產，不是資源。

新人資是角色的變革，人資部門從行政專家變成策略夥伴角色。

新人資是領導的變革，直線主管也要負責部屬的選用育留。

新人資是功能的變革，從人才培育變成人才發展。

新人資是硬體的變革，從人資分散系統變成環環相扣的基礎工程。

(一) 角色變革：從行政專家變成策略夥伴

全球化競爭環境讓企業需要有絕對的優勢，企業的核心競爭力要具備獨特性、稀有性、難以模仿，以及因果模糊性，也就是不讓競爭對手知道實際的運作，如台積電的製造流程就在業界具有絕對的優勢。

人資存在的意義就是幫助公司達到目的，所以人資角色也必須從行政專家變成策略夥伴，也就是要發展獨特、稀有、不可模仿的人才競爭態勢。

新人資是直線主管的策略夥伴，為發揮策略夥伴的關係，人資團隊要用直線主管經營語言和他們溝通，並且扮演人資策略顧問的角色。

(二) 領導變革：直線主管也負責部屬選用育留

過去員工的選用育留是人資部門的職責，新人資時代，直線主管要負責每個部屬的選用育留，例如：要培養員工專業技術能力、工作技巧，需要在工作中學習，主管要能扮演「教練」的角色，讓員工在做中學。

一旦公司的領導團隊都是好教練，能夠帶領出一加一大於二的團隊，而員工也會愈來愈強，並且吸引更多的人才加入，形成一個有絕對競爭優勢的大團隊。

(三) 功能變革：從人才培育變成人才發展

過去人才培訓是針對部屬需要加強的能力，讓他接受相關的教育訓練，員工的核心能力沒有和公司策略連結；新人資時代，需要推動人才發展計畫才能解決企業兩個重要課題，一是累積獨特的經驗，一是接班人問題。

人才發展是透過一套有系統的過程，從人才的徵選、個人職涯發展、評鑑評估能力、培訓計畫、輪調、賦予大任務，到接班制度等，而從中培育出領導人才。

(四) 硬體變革：變成環環相扣的基礎工程

新人資變革轉型包括軟體與硬體變革，軟體指的是認知、領導、角色、功能的變革，這些都是爲了緊密結合人與核心優勢、策略；硬體變革則是建立人資基礎工程，簡單說就是「選用育留」的策略、流程、制度、方法、工具。

因應人才發展知識與技能的學習，新人資需要建立的基礎工程還包括人才文化的建立、職能模型建立、360 度評量工具發展、接班人制度規劃與執行等。

十一、策略性人資管理，有助提高企業績效

美國企業領導力協會（Corporate Leadership Council）在 2014 年針對 42 家大型國際企業人力資源部門所進行的調查發現，企業推行人力資源組織和功能變革的主要理由包括：(一) 與企業策略做更緊密的連結（占受訪者的 74%）；(二) 人力資源角色和任務的改變（占 50%）；(三) 提供全球員工更好的服務（占 29%）；(四) 人力資源的預算縮減（占 19%）；(五) 企業購併（占 12%）；(六) 外包（占 10%）。

人力資源管理顧問公司美世（Mercer）在 2013 年調查發現，有超過 75% 的樣本公司，曾在過去兩年間改變人力資源管理功能，而且多數集中在策略性的改

善上，例如：將人力資源重新設計爲策略夥伴的組織型態，或是改變公司的人力資源策略。

然而，這樣的改變，對於企業組織的經營績效，到底有什麼影響？過去一些研究指出，當人力資源部門扮演起企業的策略夥伴角色時，會對企業的績效和成長產生很大的正面影響。例如：企管顧問公司惠悅（Watson Wyatt）在 2012 年研究指出，以股東報酬率而言，具有策略性人力資源管理措施的企業，是不具策略性人資特性公司的三倍以上。

十二、人力資源進化論四階段

(一)「人事管理」是指人資停留在監督管理的角色，凡事照規矩來，容易淪爲被動、官僚的角色；(二)「人力資源」是將人視爲如石油一般的資源，且資源在創造價值的過程中會消耗掉，資源本身不會增值；(三)「人力資本」就像投資金融商品一樣，投資多少在資本上，就希望創造相對價值，與人才的關係容易建立在金錢上，人才容易被高薪挖走；(四) 用「人才資產」來思考就非常的不同，資產本身除可以創造價值外，還可以保值、增值，除了擁有經濟價值，還有非經濟價值。猶如買房子一樣，會思考有沒有增值的空間，或如何提高它的價值，就像選才時，會考慮有沒有潛力，是否值得投資培養，然後不斷增強人才價值，人才因爲符合職涯發展，也不容易流失，且在增加人才價值的同時，人才也爲公司製造更多價值。

從 (1) 人事管理→ (2) 人力資源→ (3) 人力資本→ (4) 演進到人才資產，演變的過程，勞資關係也在改變，當人才被當成資產時，人的潛能會被激發出來，勞資對立的關係相對降低，對股東、客戶、員工都好。

表 1-1 人資認知進化論四階段

	功能	特色	觀念認知	代表公司
(1) Version1.0 人事管理	扮演監督管理行政的角色，按規章制度行事，主要處理人事問題糾紛	被動，通常其他部門提出需求，人事部門才處理	認為人事主要的職責在監督員工，避免員工違反公司規範	約有 50% 的公司，實質上還停留在此階段
(2) Version2.0 人力資源管理	已經有策略思維，人是生產過程中重要的關鍵，公司運用人力資源創造價值。	重視人力競爭力提升，希望創造價值、產生結果	把人當成石油般的資源來用，會希望用最少資源創造最大價值，一旦獲利未見提升，就開始裁員、縮編	全球主流
(3) Version3.0 人力資本	資本是創造愈多價值愈好，本益比愈高愈好，所以人才是為了創造價值	認為人才值多少錢，企業就付出多少，甚至更高，但相對預期人才能創造更多價值	把人才當成資本，人與人的關係只建立在經濟價值上，人才為了創造價值，可以放棄生活、家庭	如恩隆公司就是極端例子，執行長為了創造高績效假象，製造假交易，以創造股價市值
(4) Version4.0 人才資產	資產廣義的概念包含資本、資源，有經濟價值與非經濟價值，可以分有形與無形的資產	知識經濟時代，知識資源更重要，關鍵人才是公司最重要的資產	資產除可以為公司創造價值外，資產本身還會增值	google、微軟

資料來源：李瑞華、李宜萍（2008）管理雜誌，第 410 期，頁 82

第 2 節　人力資源管理之意義與角色

一、意義與角色

(一) 人力資源管理之意義

人力資源管理（Human Resources Management, HRM）或舊稱人事管理，係指如何為組織有效地進行羅致人才、發展人才、運用人才、激勵人才、配置人才及維護人才的一種管理功能作業。人力資源是企業或組織中最寶貴的資產（Assets），他們運用的好壞，將影響組織的績效，也是影響企業成敗之最大原因。因此，企業除做好人事管理之外，更應積極的導向人力資源的規劃與發展上，讓靜態的人事管理，轉變為動態、彈性與具前瞻性的人力資源管理，此為最大之意義。

(二) 在「管理循環程序」中扮演的角色（Management Process）

1. 規劃：設定目標和標準，發展規劃及程序，發展研訂規劃及預測，特別針對未來將要發生的事情。
2. 組織：分配工作，設置部門，委派職權，建立職權聯絡網，協調各部室工作。
3. 任用：決定適當人選，徵募具有潛力的員工，甄選員工，設定工作績效標準，員工酬勞、績效評核，訓練和發展員工。
4. 領導：指揮員工完成工作，維護士氣，激勵員工，建立適度民主決策環境。
5. 控制：設定標準，檢核成果是否合乎標準，必要時採取補救行動。

茲圖示如下：

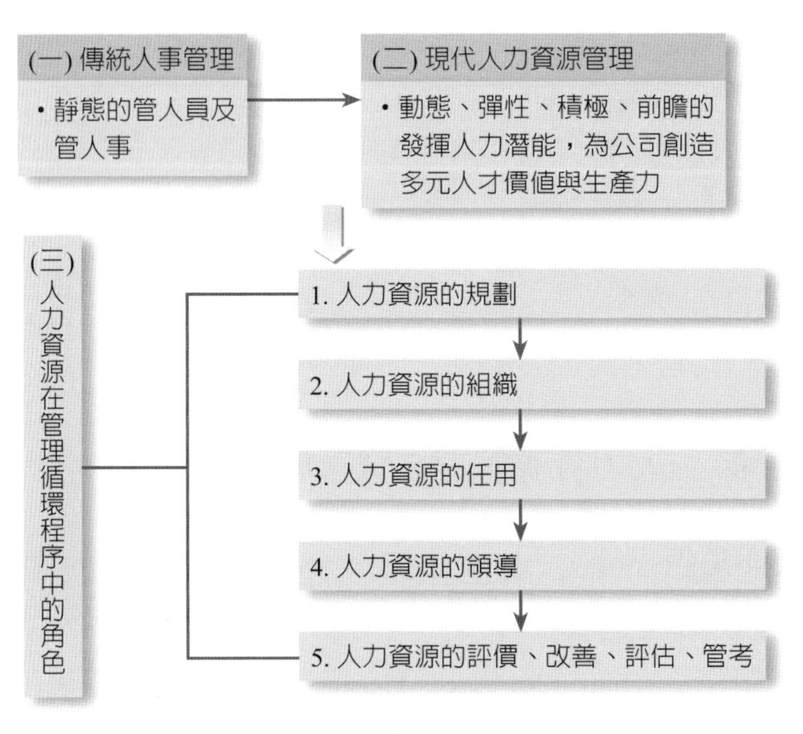

圖 1-7　人力資源管理的意義與角色

二、影響人力資源管理哲學五大因素

組織在不同的階段及不同的狀況下，均有其不同的人力資源管理哲學，究其原因，有以下幾項影響因素：

(一) 高階管理人員的哲學

每一個組織或每一個企業，其最高經營者的理念、認知與人生處事哲學，都會深深影響人力資源管理的走向。

例如：企業老闆若是尊重人才，則會對人採取人性與民主作風：若是只想利用勞動人才，則採集權與專斷作風。

(二) 對人性假設說的不同

對於人性假設說的不同，也會影響人力資源管理的哲學，而人性假設說各有 X 理論與 Y 理論（此爲麥格．里哥 Mc Gregor 所提出）。

・X理論的假說

1. 人類通常天生就不喜歡工作，如有可能將逃避工作。
2. 因人類不喜歡工作，大部分的人必須被強迫、控制、引導和受到處罰之威脅，才努力工作。
3. 人類通常喜歡被引導，並且逃避職責。

・Y理論假說

1. 人類通常天生就喜歡工作。
2. 人類由滿足其較高層次的成就感、自尊心和自我實現等需要，來獲得最大的鼓勵。
3. 人類通常在適當的環境中學習，不只是接受分派，而且主動尋找責任。
4. 大部分的人具有高度的想像力、聰明才智和創造力，以解決自己與組織的問題。

持 X 理論說的人力資源管理哲學，將傾向嚴厲的規章與控制，強烈的指揮，硬性的作業與組織結構，以及集權領導，不容許民主決策。

持 Y 理論說的人力資源管理哲學，恰與上述相反，而較尊重人性、支持民主、發展人的潛能、適度授權分權、肯定人性與人力資源的價值，而非認爲只是營利生產的工具而已。

(三) 環境改變之影響

環境的重大變革也會影響人力資源管理哲學，此包括：

1. 新生活型態：特別是年輕一代，對於工作、生活的型態有新的改變，亦即不再一味長時間、辛苦的工作，反而重視生活意義與方式的增強。
2. 價值觀改變：過去老一輩任勞任怨的工作道德觀與價值觀在現代已不易見到；即使物質激勵手段，也不再完全有立即性、很大的效果；因爲現代員工的價值觀已迥然不同於往昔。
3. 新的政府法律：由於人權受到重視，勞工形成嶄新民主時代的人民力量集團，因此政府對維護勞工權益的立法，已大幅增加。例如：公平就業法、健保法、兩性平權法、勞動基準法等，均已成爲國內及國外重要之法律規定。

   此對人力資源管理哲學之取向，自有絕對之影響。
4. 不滿程度增高：由於勞工水準及意識提高，對於組織、薪資、福利及工作上的不滿程度增高，而要求日益增多。

(四) 促進績效與工作成果的壓力

當一個組織或企業，遭逢經營環境之激烈競爭，而爲圖求生存時，必然要求組織全員促進工作績效與成果，於是人力資源管理單位的壓力必隨之而來。因此，人資單位被要求的目標及任務，也就愈多、愈難及愈快速，其重要性也較以往更加提高。

(五) 人資主管的學識、背景與經驗

負責人力資源管理部門的主管，其所擁有的學識、成長的背景，以及過去工作經驗的狀況等，均對該主管的哲學有深重影響。

例如：商學院、文學院或法學院出身背景的人資主管，即有不同的人資或人事哲學。

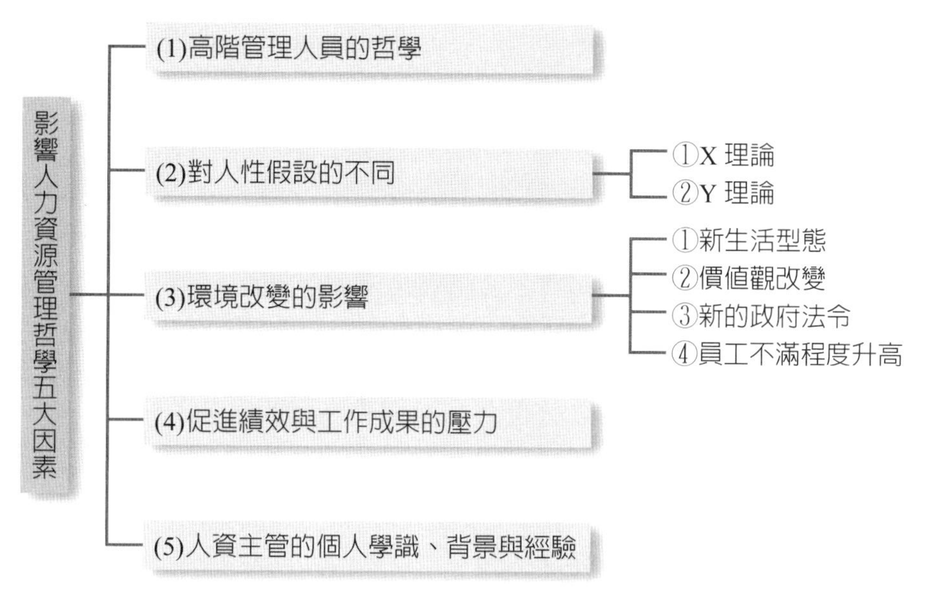

圖 1-8 影響人力資源管理哲學五大因素

第 3 節 不景氣下的人力資源管理四大策略

自 2008 年全球金融海嘯以來，全球景氣陷入谷底，企業也面臨嚴酷考驗的寒冬。不過，大環境愈是不景氣，企業愈是要講究精兵政策，高生產力與高競爭力的人力資源愈顯得重要，尤其是在朝向知識經濟的時代，高素質的人力資源應是企業創造價值最重要的憑據。不過，在不景氣之下的企業應採取哪些策略以提升競爭優勢？主要從下列四個項目加以闡述：

(一) 進行組織與人力盤點

惠悅管理顧問公司針對臺灣 82 家外商公司調查發現，大多數公司都利用這段清淡時期，調整公司組織，改善作業流程，並減少附加價值低的工作。例如：惠普公司發現其管理職比例相對同業為高，乃進行組織再造，以降低人力成本。宏碁電腦公司則發動員工進行「簡化總動員」，結果改善方案執行後幫公司省下一億多元之管理成本。尤其，很多傳統公司，員工年齡偏高，薪資成本也負擔重，因此，都有優退計畫，達到人力年輕化目標。

(二) 更重視優秀人才，並給予適當獎酬、培育與發展

人才的培養並非一朝一夕可有效達成，尤其是公司的核心幹部更是企業命脈

所繫。所以在不景氣時，如任意資遣人員，等到景氣回春再回過頭來招兵買馬，不僅費時，優秀人才也不太可能替你效命。故卓越的企業，在愈不景氣時愈應重視人才的培育與留任。例如：臺灣 IBM 公司爲留住核心幹部，提出「特別留任金」專案，即使面臨不景氣亦未因此取消該項制度，其目的就是希望能留住好的人才。目前國內比較流行而歡迎的即是分紅配股，從年終分紅中獲取股票的高額報酬回饋。不過，這是在該公司有不錯股價時才會實現的，如果股價低於十元，毫無激勵。目前以高科技公司的股價高，最具誘因，傳統行業則遜色很多。

(三) 多辦訓練，提供員工能力與視野，為未來做準備

每當景氣不佳時，許多企業第一個刪減的都是訓練預算，不過，卓越的企業都是反其道而行，例如：面臨業務衰退的惠普公司，反而推出不少培訓計畫，因爲他們認爲面臨不景氣，業務較清淡時，正是爲成功做準備的最好時機。不只是惠普，像台積電這樣優秀的企業，也都趁產能利用率低的時候，利用空檔加強人員培訓。但問題的重點是必須眞的做出有效的訓練成果出來，而受訓人員也有心努力上課。

(四) 引進高績效的人力管理制度

在不景氣時，引進高績效人力管理制度是許多優秀企業目前努力的方向。例如：有些企業就引進 5% 的淘汰制，要求主管每一季考核部屬，表現不好的給三個月時間，改善不了就淘汰。該項制度台積電在 1999 年開始推行「績效管理發展」（Performance Management Development, PMD）制度時就開始實施，而這也是台積電面臨這波不景氣時，沒有裁員的主因。同樣地，奧美廣告由於平常對人力盤點計畫做得相當完善，因此不僅沒有裁員，比較年輕的低階員工都還加薪，中高階主管也未凍結加薪。因此，重點是如何啓動員工潛在的能力，讓每個員工都能有高績效可言，這是每個公司所必須努力思考的重點。

小　結

總結來看，以上四點策略，均著重在三個核心思考點：

第一、如何汰劣留優，透過人力盤點檢核與獎勵優秀人才，而能留下好人才，或吸引外部好人才進到本司。

第二、人才不是終生的，人才必須保持學習與進步才可以，因此，必須有不斷投入教育訓練的體系。

第三、有好的人才，搭配好的教育訓練體系及誘因制度，將會產生高績效成果。

茲圖示如下：

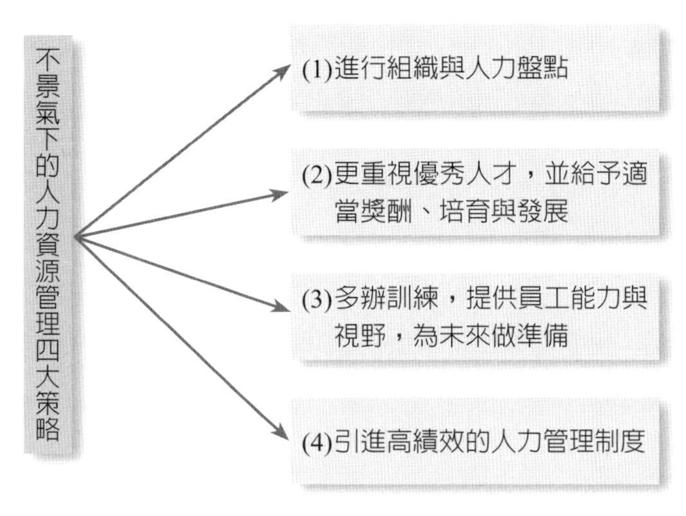

圖 1-9　不景氣下的人力資源管理四大策略

第 4 節　人力資本策略新思維

一、何謂「人力資本」策略

每一間公司都需要人力資本策略來支持它的營運策略，但這項策略到底是什麼？首先來回顧一下人力資本的概念。

從定義來看，「人力資本」是指累積的技能、經驗與知識，它是由組織的人員所擁有，且能造就出具有產能的勞力。既然人力資本是一種資產，人力資本策略當然就是一種管理資產的方式。這套計畫的作用在於維繫、管理與激勵人員，進而使他們達到營運目標，它是一種載明所有人事規定與管理作業的藍圖，目的在於留住人才並儘量擴大營運績效。

人力的主要特徵有三個層面：

(一) 人員的「才能」（Capability）

包括知識、技能、才幹與經驗，它決定了人員「能做」什麼。

(二) 人員的「行為」（Behavior）

這是指人員的具體作爲，它會反應在工作強度、勤奮程度、互相配合、團隊合作，以及對改變的適應能力等事項上。這些行爲是指人員「做了」什麼。

(三) 人員的「態度」（Attitude）

我們用「態度」這個詞來泛指有關冒險、主動、決心、團隊合作與彈性之類的心理傾向，也就是人員「相信與注重」什麼。

這些特徵共同界定了組織的人力，並決定了他們的生產力。

策略不能光靠報酬制度、員工訓練與多元化方案這些人力資源政策與作業來形成，因爲它們只是影響人力特徵的方法，也就是達成更高目的的手段。如果這些政策與作業要發揮作用，一定要步調一致——在最理想的情況下，它們還能強化彼此的效果。這些作業與政策的價值基準在於它們對人員的影響，而不在於它們多能配合其他作業與政策的運作。

構成人力資本策略的管理作業是在規定下列事項：

- 如何挑選與培養人員。
- 如何安排他們的工作。
- 如何管控或指導他們。
- 如何形成並共享資訊。
- 如何形成重要的決策。
- 如何激勵與獎賞人員。

不管這些因素是分開還是合起來，最後都會影響人員與他們產生價值的能力。

二、「人力資本」是無形資產的重要內容之一

如圖 1-10 所示，人力資本（Human Capital Asset）是無形資產的重要一環，而無形資產又是公司資產的差異化來源及競爭力來源的重要根基。

人力是資本的一種表現，資本不只是金錢或財務的概念，更重要的是人才的概念。

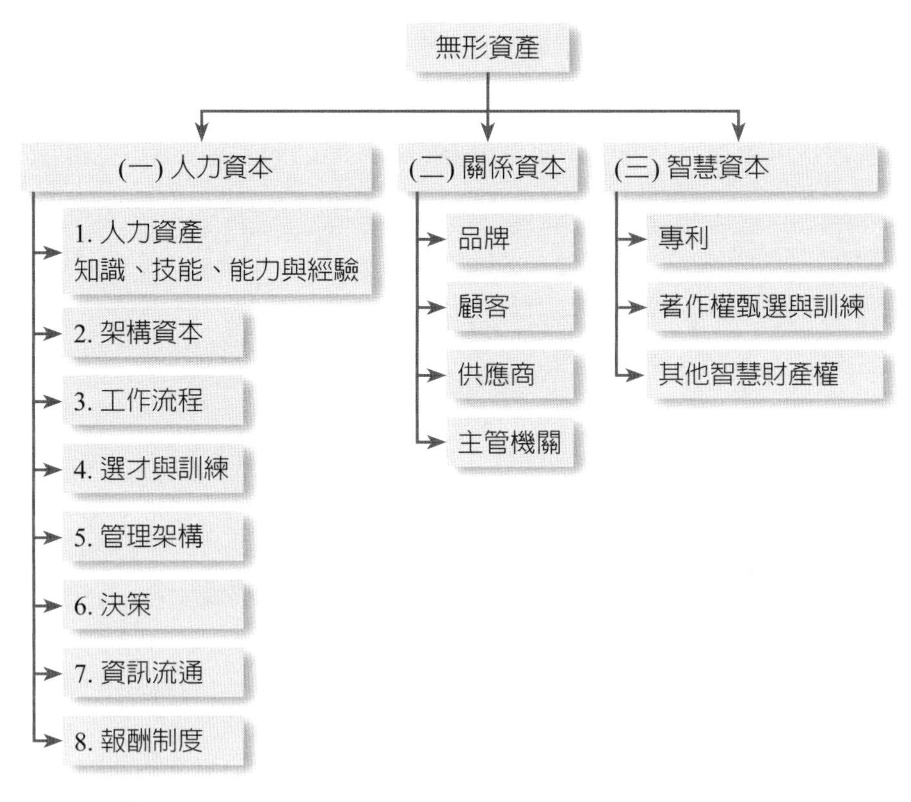

圖 1-10 人力資本是無形資產的重要內容之一

人力資本策略四項新思維

1. 公司在擬訂策略或新的營運設計時，一定要特別注意配合它們及支援它們的人力資本策略是什麼。
2. 人力資本是指累積的技能、經驗與知識，它是由組織的人力所擁有，並能造就出具有產能的勞動力。
3. 人力資本策略是一種管理人力資產的方式，也是如何有效維繫、管理、激勵人員，進而使他們達到營運目標的藍圖。如果會影響人員的管理作業要發揮作用，一定要步調一致且相輔相成。
4. 管理高層應該比較人員在「現有」的能力，與理想上「應有」的能力，它們彼此間的差距，同時也應該比較現有與可能的人員表現。新的分析工具可以在穩固的事實基礎上做到這些比較。

三、人力資本產能的系統觀點

如下圖所示，整個企業的資源，可以區分爲二大類，一個是有利的固定資產，一個則是無形的人力資產，而更重要的是，有形的固定資產仍須仰賴組織人才去發揮及運作，才會發生價值。

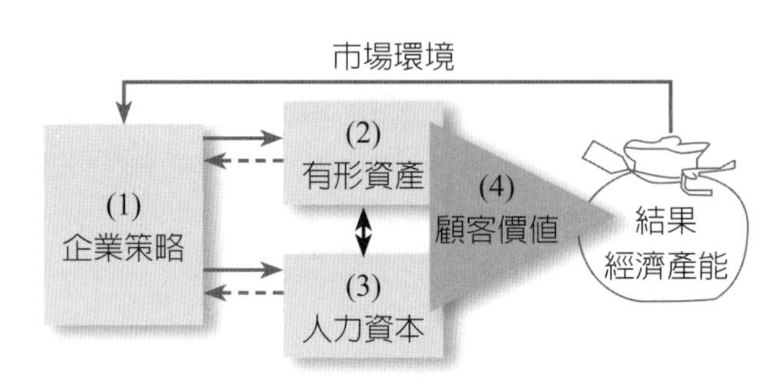

圖 1-11　人力資本產能的系統觀點

四、人力資本策略的六個基本要素

美國知名的 Mercer Human Resource Consulting 人力資源管理顧問公司，曾提出人力資本策略的重要性，及它所具備的六個基本要素如下：

(一) 人員（employee）

組織裡的人（包括領導人），他們被雇用時帶來什麼技能，透過訓練和經驗後又開發出什麼技能，他們的資格（例如：學、經歷），以及他們具備公司專用及通才式人力資本的多寡。

(二) 工作流程（job process）

工作如何完成，指標包括哪些工作較屬於團隊合作、生產，和提供服務的彈性，組織單位間依存的程度，以及科技在塑造工作上的角色。

(三) 管理結構（management structure）

在員工自由裁權和管理高層的指揮與控管之間，有著怎麼樣的平衡？高度管理控制的指標，包括特別強調績效考評與管理（例如：常常檢討）、控制範圍小、大多數的工作流程都加以標準化。

(四) 資訊與知識（informational knowledge）

資訊和知識傳播的各個方面，包括員工彼此之間交流多少資訊 / 知識、如何交流（垂直、水平、透過正式或非正式管道），以及資訊在公司和大環境間交流的程度。

(五) 決策（decision-making）

重要的商業決策是如何形成，由誰決定。分權化（也就是，將決策責任下放）、參與及即時決策，都是企業在決策時的不同做法。

(六) 報酬（reward）

組織裡運用金錢與非金錢誘因的方法。此一驅動因素有許多相關方面，包括什麼程度的薪水會有風險、這風險是否可以掌握、誰的表現（例如：個人或團隊）受到獎勵、「暫存」（日後兌現）的獎勵和當下兌現各是什麼比例，以及工作本身變成激勵來源的程度。

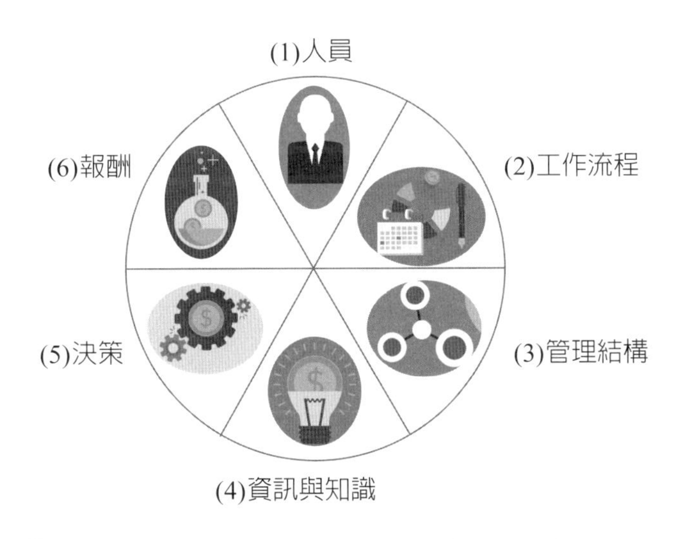

圖 1-12　人力資本策略六個基本要素

小結：人力資本策略新思維

1. 對大部分組織而言，人力資本是他們最重要的資產。
2. 人力資本策略是企業最後的資產，藉著它將可創造出歷久不衰的競爭優勢，因爲不管是科技、財務或任何實體資產，都已無法讓企業有效造成區隔。

3. 在改善人力資本的績效上所形成的變動，會比其他任何的資產都來得大，因為它不像其他營業層面一樣，已有健全的衡量與分析機制。
4. 即使在頂尖的企業裡，大部分的人事決定仍然取決於直覺，以及競爭對手怎麼做。
5. 就營業的人事面來說，其中一個最大的風險就是錯失機會，也就是不知道如何利用人力資本帶來最大報酬。
6. 如今主管可以靠人力資本管理這門新科學，來分辨並瞭解人力資本對營業績效的實際影響。

五、成功打造人力資本策略的六大步驟

(一) 瞭解自己在哪裡

利用內部勞動市場分析和質化資料來釐清現有人員與人事管理作業的事實，並提出下列問題：我們的人員專長是什麼？我們的人員專長主要是靠自行培養還是花錢購買？我們在哪些地方有特殊的優點和缺點？我們眞正獎勵的是什麼？離開組織的人有哪些特點？

(二) 展望未來

利用面談、意見調查、焦點團體、結構性的規劃會議等，來勾勒出組織應該往哪裡去。企業會有什麼不同？科技、流程和顧客預期會出現什麼改變？調整策略對人力資本有什麼影響？

(三) 尋找價值

利用營運衝擊模型來找出為企業帶來最大價值的人力資本屬性與作業，並儘可能測試與驗證從主管與單位領導人身上所得到的質化資料。把屬性和作業按照重要性排出先後次序，找出最能帶來價值的作業和屬性組合。

(四) 消除落差

找出「現況」和「理想」之間最重要的落差，然後測試其他的解決方案，像是新的作業組合及新的人員屬性，以設法消除最有可能彌補的落差。對於營運衝擊模型所找到的價值來源，則要加以保護並強化。

(五) 構思做法

構思調整人員與人員管理辦法的具體要點，利用內部勞動市場分析所建立的模型來模擬「如果……就…… 」的情節，找出有哪些其他辦法最可行，接著再用營運衝擊模型所建立的模型來估計做法的投資報酬率。

(六) 說明執行結果

以指標來掌控執行成效，指標會指出什麼時候需要調整路線，並可做爲評估進度的基礎。

第 5 節　談人力資源的規劃與發展

人力資源管理是近些年來，最普遍被使用到的，它的前身就是人事管理。然而，卻很少人眞正理解什麼是人力資源管理，更談不上行動。

一、人力資源的認知

很多人粗淺的印象裡，人力就是資源，其實人力不見得都是有用的資源。因此，對於人力資源，應該有幾項認知：

(一) 豐富與貧瘠

資源有屬於豐富也有屬於貧脊的，人力當然也不例外，因此，人力資源必須努力往豐富的這條路走，讓它成爲有用的資源。

(二) 適應變局

企業經營的環境，已益趨競爭，企業要成功的適應變局，不被淘汰出局，勢必要有很堅強的人力資源群做爲後盾。

二、人力資源規劃的理念

所謂人力資源規劃，就是對企業所需求的人力，能夠有計畫、有步驟、有目標、有決心的去全力推展。

而人力資源規劃的對象，必須要按優先順序，要按高低層級，逐步進行。不是全部一起來。

人力資源規劃與發展的基本指導原則與理念在於：

(一) 上上人

使上上人能被培養成企業高階的接班人，領導統御全企業之發展。

(二) 中中人

訓練激發其尚未發揮的潛能，培養成為企業的中堅幹部，做為企業之基柱。

(三) 下下人

訓練成為至少不是企業的負面資源，而能依照指令方法，勤奮平實工作。

三、如何做人力資源規劃發展

企業如何進行人力資源規劃與發展呢？下面有幾項原則說明如後：

(一) 培才面

1. 首先必須先確定公司未來的經營策略及大致方針，例如：海外生產、國際行銷、多角化發展、垂直水平整合發展、高附加價值、高科技化等大方向目標。
2. 其次，俟企業未來發展大致方針決定後，再研究為因應這樣的發展，各類人才需求多少？層次素質為何？優先順序為何？
3. 人才需求優先順序訂下後，進一步必須對各不同類別的人才，訂出細部的計畫。這包括需要多少人？在什麼時間？如何養成這些人？這些人從哪裡來？以及成效分析預估。
4. 細部計畫完成後，自然按照時間表，付諸執行；並且必須不斷加以考核檢討，是否達成了預先的成效目標。
5. 當然，最重要的是企業界經營者，是否對培才能夠有堅定的理念和決心。

(二) 用才面

培才是一項長期的動作，而用才則是觀察及測驗培才的過程。在用才方面，必須遵循三大原則：

1. 適才適所原則：惟適才適所，才能使人樂於工作。
2. 激勵原則：惟激勵之採行，才能使人有追尋更高目標之動機存在。
3. 管控考核原則：惟管控考核之執行，才能使人不會脫離正軌，而能中規中矩工作。

(三) 留才面

透過培才與用才這兩階段，將使企業人力資源之發展漸漸成型。不過，這並不表示人力資源規劃就到此為止，最後亦是最重要的階段：留才。再好的人才，也可能因留才措施不當，而揮手離去，這對企業自然是一項人才與時間上的損失。

留才階段，企業所必須做的，就相當廣泛而複雜。這包括員工的自我前程規劃、工作環境、組織氣候、升遷、薪資、年終獎金、企業前景，以及企業家的理念與個性等。

四、人無遠慮必有近憂

「人無遠慮必有近憂」，其實就是說明人力資源規劃與發展的背後原因。在企業界期待明天會更好之前，企業家必須對自己企業內的人力資源，再予以提煉，使其價值更高；也必須再予以深掘，使其潛能更彰顯發揮。能如此的話，則筆者相信，企業內每個人力都將是正面且豐富的資源，而且都像是「法櫃奇兵」一樣，一探法櫃內耶穌基督的十誡聖石。

有時，筆者想起：人力資源的智慧，應相似於法櫃內的十誡聖石，受到那樣的尊崇與保護，甚且流傳久遠。如果企業家對人力資源的規劃與發展，也能有此體認的話，那麼，筆者相信，以宗教的信仰、理念與力量，加諸到現代化的企業上，無異是科學與歷史力量的兩相結合，企業人才哪會有難找的道理？

第 6 節　21 世紀人才的七種特質

知名的 Google 前任全球副總裁兼大中華區總裁李開復先生，以他豐富的經驗，提出他認為 21 世紀人才應具備的七種特質，茲描述如下：

特質1　融會貫通

21 世紀需要能夠在學習上融會貫通，善於思考、推理和應用的人才。融會貫通的一個要點是，必須具有清晰而靈活的思維。必須善於將學習到的知識應用在現實中。想要融會貫通，首先要多實踐。融會貫通也意味著必須學會解決那些從未見過、沒有確定答案的問題，學會用創造性的思維方式分析和解決問題。

特質2　創新實踐

價值源於創新。正因為如此，幾乎所有現代企業都把創新擺在企業發展的最核心位置，包括中國在內的絕大多數發展中國家，也都把自主創新視為可持續發展的根本動力。

創新必須為實踐服務，「重要的不是創新，而是有用的創新」，我們不能因為「新」才去做一件事，而要看它究竟有沒有實用價值，究竟能不能解決實際問題，並被用戶所接受。

特質3　跨領域融合

21 世紀是各學科、各產業相互融合、相互促進的世紀。21 世紀對人才的要求也由傳統的專才，轉向跨領域、跨專業的綜合性人才。

也就是說，現代社會和現代企業不但要求我們在某個特定專業擁有深厚的造詣，還要求我們瞭解甚至通曉相關專業、相關領域的知識，並善於將來自兩個、三個甚至更多領域的技能結合起來，綜合應用於具體的問題。

今天的熱門產品，從 iPod 到 iphone、ipad、line 沒有一個不是跨領域合成的結晶。21 世紀需要的是那些既能對某個專業領域擁有深入的理解和認識，又能兼顧相關領域發展，善於與其他領域開展合作的綜合性人才。

特質4　三商皆高

一個人能否成功，不只要看他的智商（IQ），也要看他的情商（EQ）、靈商（SQ）。也就是說，21 世紀的人才需要在這三方面表現均衡，才能滿足現代企業對人才的需求。

除了聰明才智之外，學校必須培養守誠信和有團隊精神的人才，守誠信就是靈商，團隊精神就是情商。大學四年既是學生可塑性最強，也是最容易被誤導的期間。如果只重視培養智商，那麼走出校門的人才，很可能成為不能適應現代社會要求的「畸形」人才。

特質5　溝通合作

溝通與合作能力是新世紀對人才的基本要求，因為幾乎沒有專案是一個人可獨力完成。跨領域的專案會愈來愈多，所以每個人必須和別的領域的人合作。因為公司會愈來愈授權，所以每個人必須主動與人合作，而不是等老闆來分配工作。如果一個人是天才，卻孤僻、自傲，不能與人正面溝通、合作融洽，將大幅減低他的價值。

高效能的溝通者善於理解自己的聽眾，能夠使用最有效率的方式與聽眾交流，也能夠把複雜的思想用簡單的方式表達。高效能的合作者善於找到自己在團隊中的恰當定位，能快速分清自己和其他團隊成員間的職責與合作關係，並在工作中積極地幫助他人，或與他人分享自己的工作經驗。

特質6　熱愛工作

在全球化競爭中，每個人都要發揮自己的特長，唯有如此，人才和人才所屬的團隊，才能表現出有別於競爭對手的獨特價值。而發揮特長的最好方法，就是找到自己的最愛。做自己熱愛的工作，不但會更投入，更快樂，也會因為投入和快樂而得到最好的結果。

特質7　積極樂觀

培養積極進取精神的各種要素：對自己的一切負責，把握自己的命運；沈默不是金；不要等待機遇，而要做好充分的準備。積極主動的人總有無窮的創造力。不要把失敗當做一種懲罰，而應該把它當做是學習的機會。

自我評量

1. 試述現代人力資源管理有哪五大趨勢？
2. 試述人力資源管理五大原則爲何？
3. 試分析爲何未來人力資源主管地位更加重要？
4. 試闡述及圖示Gary Dessler的策略性人力資源管理架構及內涵。
5. 試分析現代企業經理人員面臨了哪些基本變革？
6. 試分析爲何「組織能力」是公司不可替代的無形資產？
7. 試說明人才資本管理有哪三大要素？
8. 試申述人力資源管理的意義及在管理程序中的角色。
9. 試分析影響企業人力資源管理哲學的因素爲何？
10. 試述在不景氣下的人力資源管理策略有哪些方向？
11. 試述國泰金控公司在人力資源管理方面，做了哪些優良的呈現？

12. 何謂「人力資本策略」？有哪六個基本要素？

13. 試申述企業應如何做好人力資源規劃發展，請就培才、用才及留才面做分析。

14. 試述現代新人資角色的四大變革為何？

15. 試分析現代人資發展的四大趨勢為何？

16. 試簡要圖示人力資源進化論的四階段為何？

Chapter 2

人力資源人事部門的主要任務概述

第 1 節　人力的重要性與人資部門的功能及戰略策訂流程

一、人才在企業經營活動中的重要性

很早以前企業界管「人」的單位，叫做「人事」部門，但這種定位太過狹窄。後來，很多外商公司及國內大企業則紛紛更名爲「人力資源」部門。這有二個面向的涵義：

第一：人才本身就是一種資源，是企業最寶貴的資源。因爲企業所有的營運活動都仰賴人才去規劃、執行與創造，企業亦是人的組織體，沒有人才企業就難以優良營運。

第二：人才自身不僅是一種資源，而且他們亦會影響到企業相關資源是否能夠取得的狀況。例如：企業得靠財務部的人，去向外取得營運的「資金」。再如，企業亦須靠人去取得相關重要的設備、情報、原物料、土地等。有了這些資源，企業才可以全面性展開營運活動。而這些資源的取得快慢、多寡、好壞等，亦都因企業不同的人才狀況及程度而有所決定。

因此，這樣看起來，人才資源的確在企業經營活動中，扮演著非常重要的關鍵性角色。

如圖 2-1 所示，可以看出人才的重要性，因此，對人才如何有效率（efficiency）與有效能（effectiveness）的開發及管理運用，關切著事業計畫與企業目標的達成與否，豈可不敬重乎？

二、人力資源部門的功能

人力資源部門的主要四大功能：就是招才、用才、訓才及留才，即招、用、訓、留四個重點。

(一) 招才（選才）

招募人才或挖角人才，以確保公司在各種發展階段中，都有優秀的人才可得，這是人資部門很重要的第一關卡。人才的質與量，如果招募不足，當然會大大影響到企業的營運活動及結果。

因此，企業每年都要招聘或挖角到適合公司成長之下的各種優秀人才。故

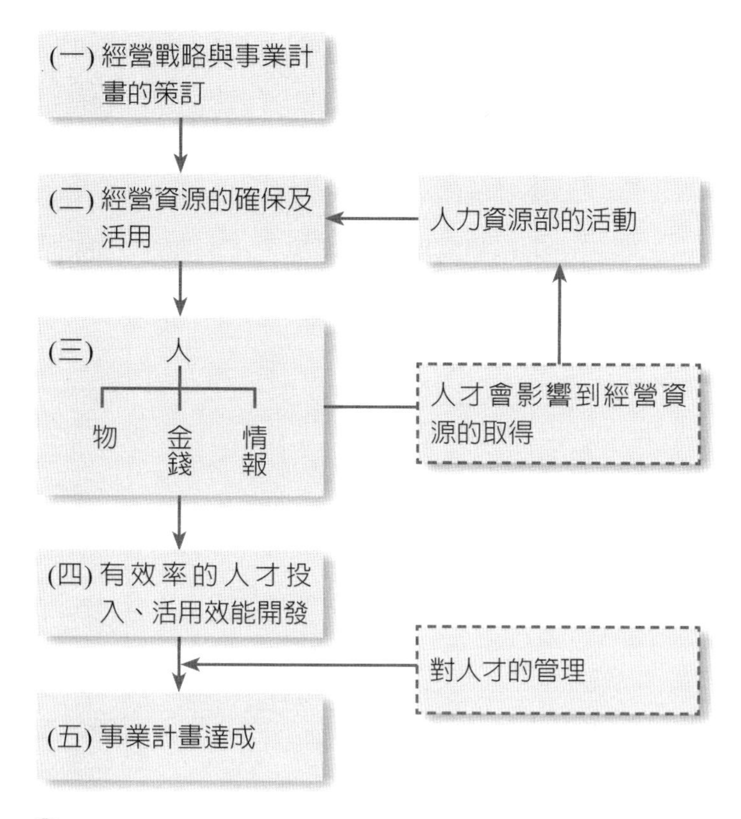

圖 2-1 人才在企業經營活動中的重要性

「找人」是人資部門主管第一件要完成的大事。

(二) 用才

人進到公司之後，如何安排適當的職位、職務及職稱等適當的位置，並且交付適當的工作分配及職掌任務，讓人才能夠獲得發揮，以對公司各種發展能夠幫上忙，這就是用才。

(三) 訓才

人不是萬能的，也不是多元化、很多專長集於一身的，而且人才也必須配合公司成長的腳步及速度。因此，人才的教育訓練就有了它的重要性。

訓才有二種觀點，一個是員工自我學習成長與自我啓發進步，另一個則是被動的接受公司的訓練要求。

(四) 留才

留才也成了今日重大之事，如何在薪資、獎金、股票分紅、各項福利、工作安排、職務晉升等做好妥善規劃，均會對企業留才與否，產生重大影響。

公司的好人才，能夠長期留下來，這個經營團隊的實力就較強壯。如果幹部流動率太高，必然表示公司組織與文化產生若干問題了。如下圖所示，人資部門的幾項較大功能。

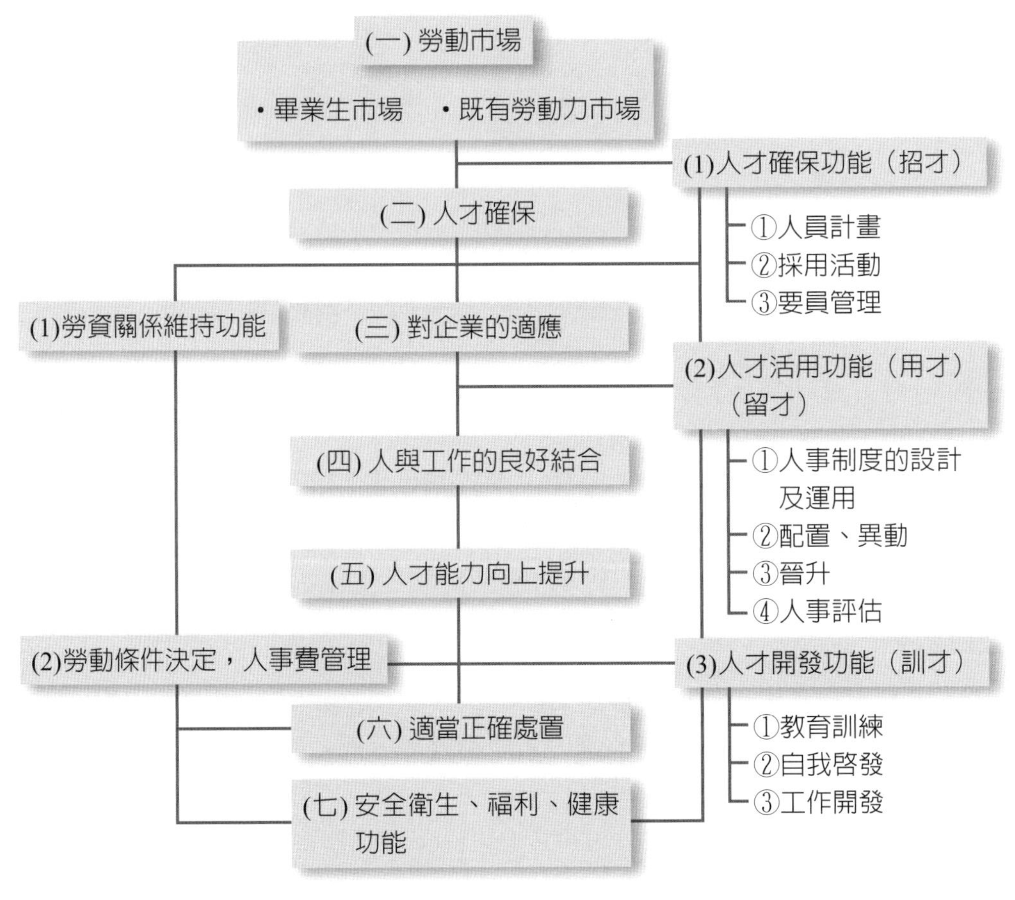

圖 2-2　人力資源（人事）部門的功能

三、人力資源戰略的策訂流程

人力資源戰略的策訂流程，大致如下圖所示。即首先應看公司所面對的整個經營環境的變化，然後依公司高階對經營戰略的決定，與內部組織要因的改革方向與重點，然後即可策訂人事戰略與基本方針。而在人事戰略方面，牽涉到了：

(1)薪資、獎酬與福利政策。
(2)人才訓練與能力開發政策。
(3)勞動條件與時間政策。
(4)高階要員與接班團隊政策。
(5)安全衛生與勞資關係政策。
(6)晉升與調派政策。
(7)招募政策。
(8)中長期人力需求與規劃政策。

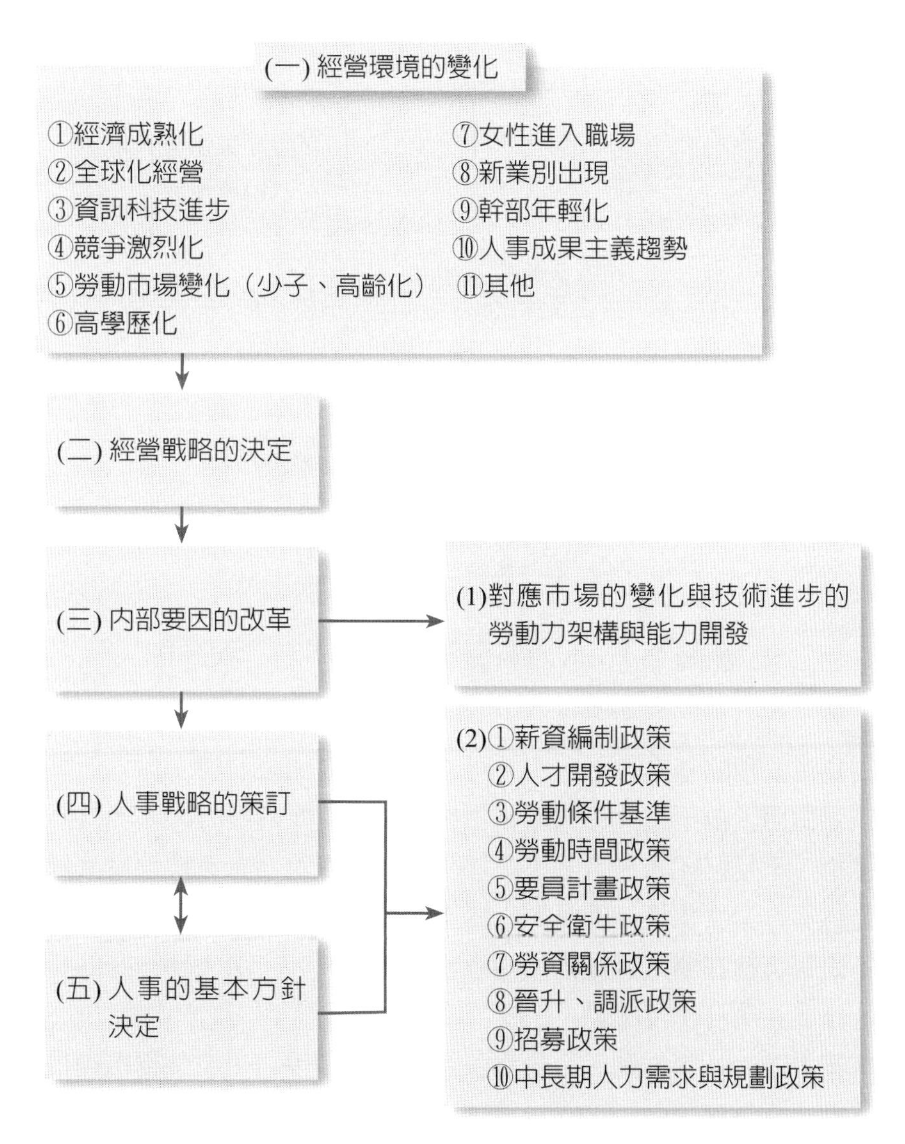

圖 2-3 人力資源（人事）戰略的策訂流程

第 2 節　人力資源管理的基本方針、人才活用與人才能力開發政策

一、人力資源管理的基本方針與原則

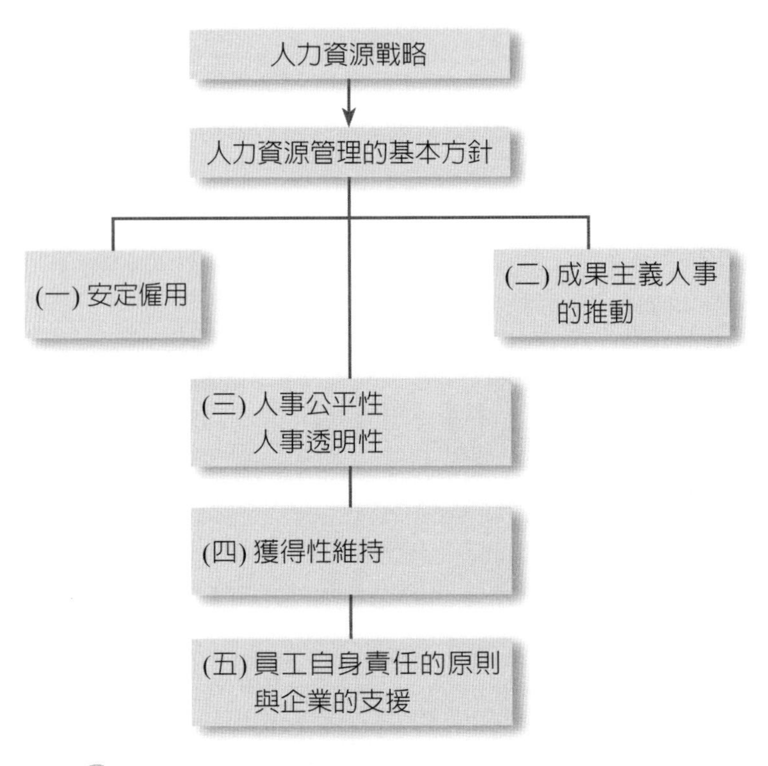

圖 2-4　人力資源管理的基本方針與原則

人力資源管理的基本方針，主要可以從五個方面來看待：

第一：**安定僱用**。並不完全等同於終生僱用制，有好的優秀人才，當然歡迎終生僱用。不是好人才，自然不必終生僱用。但是，企業經營有其延續性、穩定性與企業文化性，因此，大體上企業雖強調組織變革、組織再造，但也不是每天都在變。因此仍須注意安定僱用原則，讓大部分好的員工都能安心為此企業打拼及奉獻。

第二：**成果主義的人事推動**。企業為保持活力與競爭力，自然要重視員工的好壞差別及貢獻度差別。現在以員工所表現出來對公司的「成果」與「績效」

爲主軸思考點。所有的薪資、獎酬、升遷等，均應以個別員工對公司所產生的價值、成果、貢獻及生產力等指標爲主。

此外，人力資源管理的基本方針，還須注意到：

第三：人事處理的公平性、公正性與透明性，這樣員工才會服氣。

第四：對各種領域員工獲得性的維持，不要朝令夕改或時有時無，應具一致性。

第五：對員工自身應負的責任原則，以及企業必然提供各種必要性的人事支援，以讓員工順暢的完成他們自身的工作目標與要求。

二、對關鍵人才（重要人才）的立案與推動

任何優秀的卓越公司，必然是由一個卓越的經營團隊所組成，包括董事長、總經理、各部門副總經理及中層與基層幹部等，這些團隊成員就是公司的重要人才團隊。

但對於這些經營團隊成立，公司應該有一個明確的、積極的及有計畫性的人才接班、成長、晉升與培育計畫，甚至更長遠的退休計畫，才能讓這些公司重要人才幹部，能夠安定與專心的投入在工作上，隨著公司的成敗而成敗。

因此，如圖 2-5 所示，即依據公司各重要事業計畫的推進，公司必須對各種必要人才加以確保，並且進行「關鍵人才管理」與「關鍵人才計畫」。

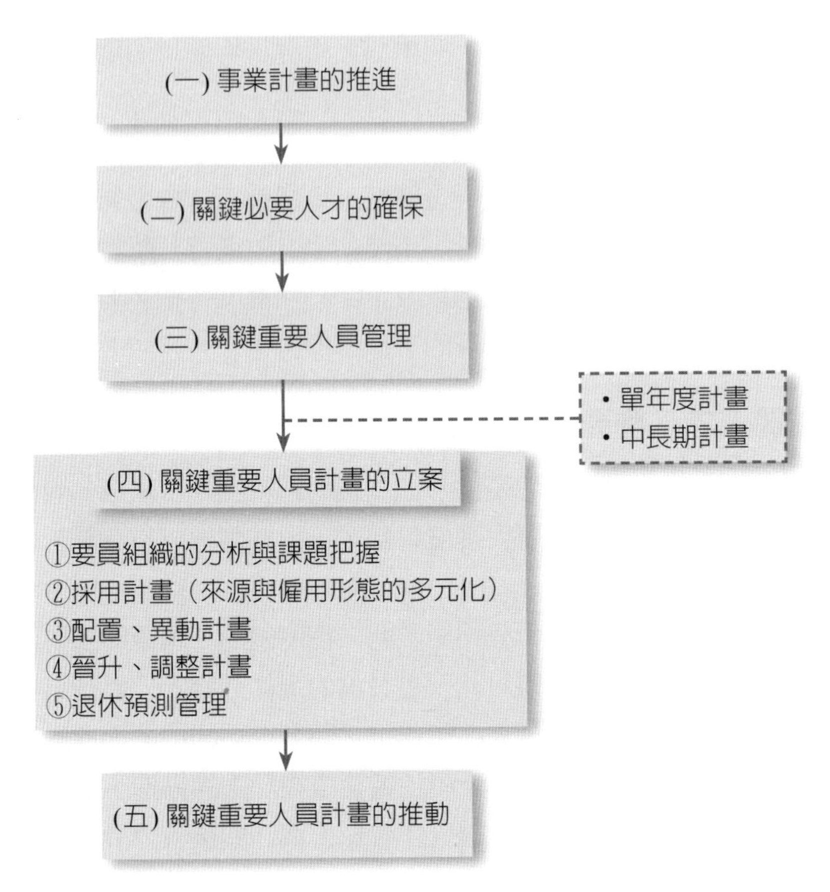

圖 2-5　對「關鍵人才」（重要人才）的立案與推動

三、人才活用功能

對公司各部門的人才，應該以達成能夠活用為最大目標。而如何才能發揮人才活用功能，則必須朝兩個方面著手，包括：

第一：人事制度設計。例如：人事評價制度、薪資制度、員工能力開發制度、福利制度、幹部制度、賞罰制度……。

第二：人事制度的活用。例如：如何有效的配置、異動調整、晉升、培訓、輪調歷練，赴外進修、考核評價……。

總之，透過完整與有效的人事制度設計及活用，即可對人才產生進步與成長的目標，而形成公司經營團隊重要的一員。

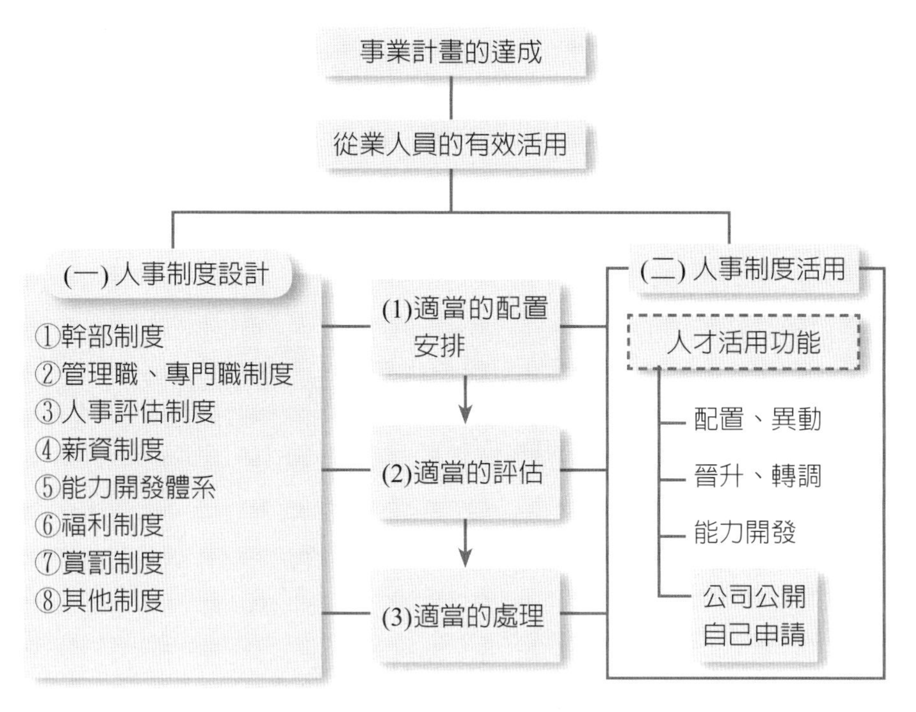

圖 2-6 人才活用功能

四、能力開發政策與推動

員工的潛能必須有計畫性的加以開發與激勵出來，而這種過程內涵，可以從四個方面來著手：

第一：本身工作上的能力開發。

第二：透過教育訓練所產生的能力開發。

第三：員工自己主動不斷的學習而啓發能力。

第四：公司在人事制度上的配合開發。

而員工的能力開發原則與方向，則必須掌握二點：

第一是對員工能力質的轉變與提升目標。

第二是對員工的意識、行動、價值的革新目標。

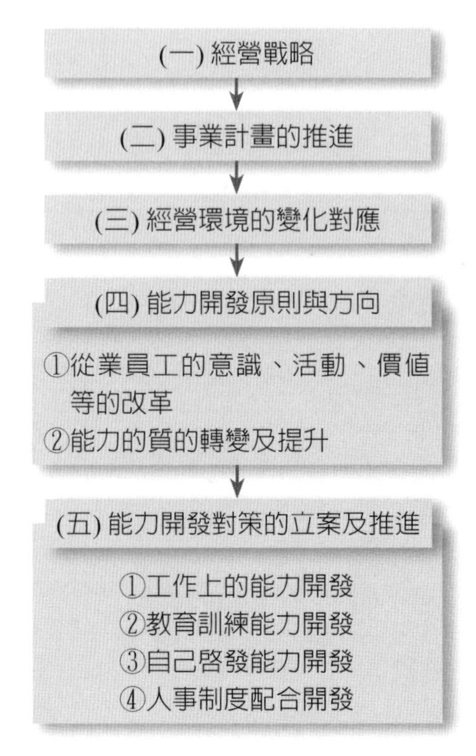

圖 2-7　能力開發政策的立案與推動

五、人才開發體系

對員工人才開發體系，大致可以朝三個方向著手，如圖 2-8 所示：

第一是工作中訓練（on-job-training）（OJT）

不管是在哪一個部門的工作崗位上，都可以有値得學習的地方。這是最直接的人才成長與潛能開發的來源。

第二是工作外訓練（off-job-training）

這包括二個方面，一個是經營管理面知識的研修，另一個則是技能專長的研修。

第三是自己不斷學習與啓發

包括各種學歷、學位的進修，各種專業書報雜誌的閱讀瞭解，各種證照的考取，國外的學習參觀等。

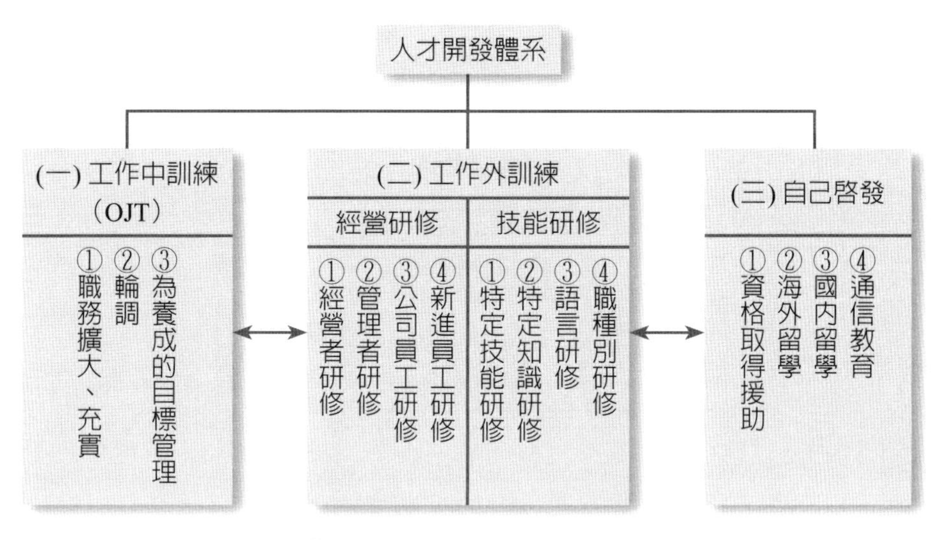

圖 2-8 人才開發體系

六、教育訓練主題決定的過程

對員工教育訓練主題的決定過程，大致可以如圖 2-9 的幾個步驟，包括：內外部環境情報的蒐集，然後進行分析、評估，確定它的優先順位，再由高階核定，成為各部門的研修主題。

而在分析內外部環境情報方面，必須關注到：

(1)經濟動向變化。

(2)業界動向變化。

(3)顧客動向變化。

(4)事業計畫的相關聯性。

(5)人事與組織的相關聯性。

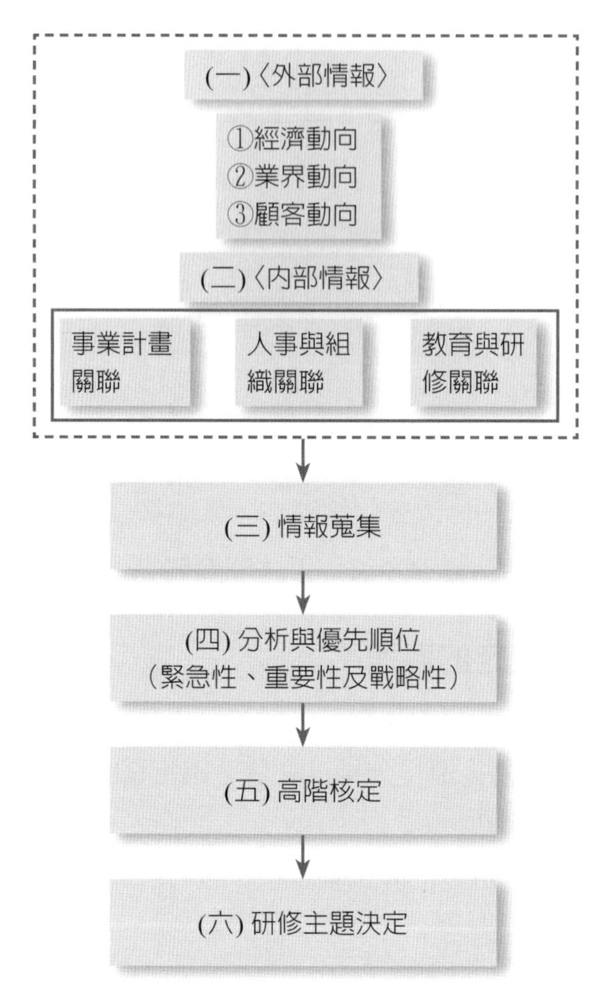

圖 2-9　教育訓練主題決定的過程

七、對教育訓練成果的測定

員工接受各種教育訓練之後，到底真的學習到哪些東西？對工作又帶來哪些助益？這些都必須進一步加以追蹤考核，才算是一個完整的教育訓練循環過程。

如下圖所示，可以就講師及公司員工二個面向，來分析與執行教育訓練得到哪些成果的評價。

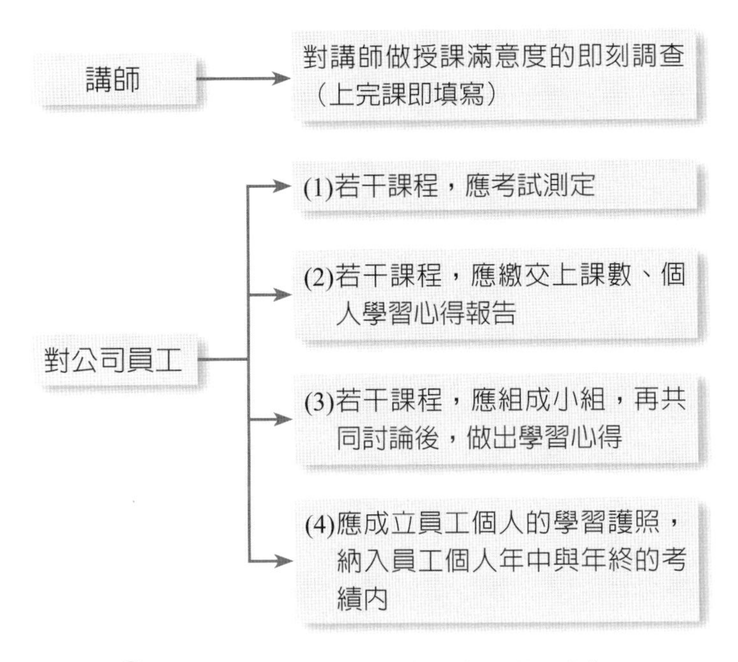
講師
對講師做授課滿意度的即刻調查（上完課即填寫）
對公司員工
(1)若干課程，應考試測定
(2)若干課程，應繳交上課數、個人學習心得報告
(3)若干課程，應組成小組，再共同討論後，做出學習心得
(4)應成立員工個人的學習護照，納入員工個人年中與年終的考績內

圖 2-10　對教育訓練成果的測定

自我評量

1. 試分析及圖示「人才」在企業經營活動中的重要性。
2. 試圖示人力資源部門全體功能的內涵。
3. 試申述及圖示人力資源戰略的策訂流程內涵。
4. 試申述人事管理的基本方針有哪些？並圖示之。
5. 試申述及圖示公司對重要人才（要員）之計畫。
6. 試申述及圖示公司對人才活用之推動。
7. 試說明及圖示公司對人才開發與教育訓練體系之進行。
8. 試說明及圖示對員工教育訓練成果之測定，如何執行？

人才招募與任用

Chapter 3

人才招募與任用

第 1 節　羅致人才的來源與甄選程序

第 2 節　實例：國內知名企業徵才過程及要求能力的重點

第 3 節　企業界對求職新鮮人的調查報告

第 4 節　實例：某公司員工僱用、試用、離職、解僱、移交之管理規章

第 5 節　實例：某公司員工工作時間、休息、休假、請假、出勤，及服務守則之管理規章

第 1 節　羅致人才的來源與甄選程序

一、羅致人才的來源

一般而言，羅致人力的來源有兩個方面，第一是內在來源，第二是外在來源。

(一) 內在來源

1. **意義**

係指由公司內部已存在的各部門人員加以調派遴選填補，以因應工作之需要。

2. **優點**

可充分明瞭員工之特質、專長、優點，及是否適於本項工作。沒有外來空降部隊，可激勵內部員工的新陳代謝及進取心、向心力。讓員工有變換工作的機會，可調整其情緒、提升士氣，使過去長期的教育訓練投資，獲得相對之回饋。

3. **缺點**

(1) 內部所能提供既有人才的數量、素質、專長等均有限制，不易完全供應無缺。

(2) 內部人員沈溺於舊有的想法、作風，不易產生新的觀念與作爲，此將阻礙公司的成長。

(二) 外在來源

1. 意義：即向組織外部尋求人才來源供應。

2. 途徑

(1) 刊登媒體廣告

①媒體以網站爲主，專業人力雜誌月刊、報紙及電視爲次要。

②刊載廣告內容，應具有創新及吸引力，才可望招募理想的人才。

(2) 向各大學、技術學院學校徵募

現在企業也經常直接向各大學、技術學院、高中、商職等學校進行羅致人力。其方式，包括舉辦：①說明會、②建教合作、③工讀機會、④實施參觀等。

(3) 就業輔導機構及人力企管顧問公司、人力網站、獵才公司

例如：向教育部青年發展署、國民就業輔導中心、技職訓練中心及民間人才顧問網、人力網站、私人獵才公司等公私機構均有提供人力供應。

(4) 內部員工介紹外部人才

有時候內部員工亦會推薦外界好人才到公司裡來。當然，也要依循正式作業管道。

(5) 向競爭對手挖角

對於高階主管人才，企業也經常透過主動式挖角方式，獲致優秀人才。例如金融界、高科技業界，即經常如此。

人才資源網站列表

1. 104 人力銀行網站
   http://www.104.com.tw/
2. 1111 人力銀行網站
   http://www.1111.com.tw/
3. 中時人力網 CT Job
   http://www.ctjob.com.tw/
4. 聯合人事線上 udnjob
   http://www.udnjob.com.tw/
5. 行政院勞工委員會、全國就業 e 網
   http://www.ejob.gov.tw/
6. 教育部青年發展署、求才求職服務區、生涯資訊網
   http://www.nyc.gov.tw/
7. 各學校就業輔導組網站

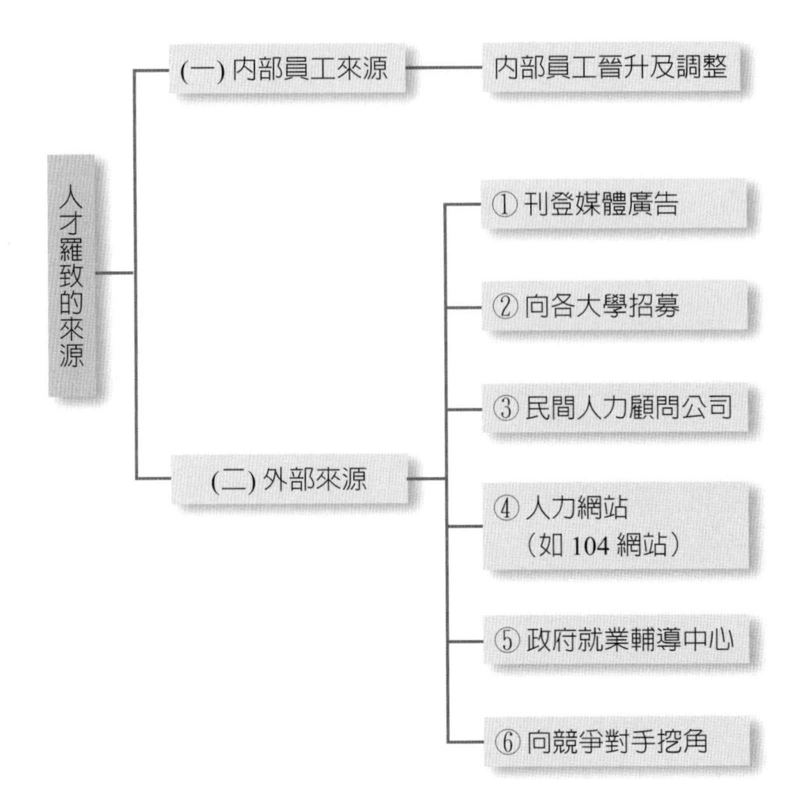

圖 3-1　人才羅致的來源管道

二、甄選人才的程序

(一) 甄選程序

1. 資料審核

應就應徵人員之學經歷之履歷、自傳、成績單或其他著作、報告、推薦函、任職證明等資料進行詳細之審核，審核合格後，即聯絡初試。這部分工作通常由需求部門的主管人員負責書面評選。

2. 初次面談或考試

從初次面談或考試，可以評估應徵人選中，其能力、經驗、學歷、儀表、品行、反應、要求待遇等較符合公司要求條件之二至四個人選，以備下一次較高階主管的複試。有時候面試並不能看出一個人的能力，特別是幕僚人員（如企劃、會計、財務、法務、研發、資訊等），常需要有筆試，才易於判斷出專業知識的好壞。有時候筆試也是必要的，否則有些人很會講話，但專業知識或撰寫報告並不一定很好。

3. **複試**

複試係由最後具有決定權之上級主管進行；主要仍以面談方式爲較常見方式。而複試主管爲求慎重，也經常會有二～三人主管共同參與複試，以尋求眞正找到好人才。

通常一般職員級人員任用，由該單位經理主管複試，而一級主管人員任用，則由公司最高經營者複試。複試的時間應較長且問題應較深入，以期從初試合格中的兩、三個人選裡，正確地挑選最理想的人選。尤其是在經理級、協理級及副總經理級主管的任用上更應謹愼。

4. **決定與通知任用**

複試完之後，上級主管應就人選中決定一人錄取之，並轉知人事單位向該應徵人員聯絡錄取任用；並詢問應徵者是否可到本公司任職，以及何時可到職正式上班。然後人事單位，會依據複試任用表單的批示，轉告應徵人員，即寄出錄取通知單及用電話通知應徵者。

5. **到職與介紹**

員工第一天到職後，應將公司內部相關管理規定表發給該員工參考，使其瞭解公司基本規定。此外，人事單位主管應陪同該員工到各部門去做介紹，使雙方能有所認識，避免大家都不曉得這位新員工是哪個單位的。大公司作業程序上，也會舉行新進人員職前訓練。

6. **建立員工檔案資料**

人事單位最後一個步驟，應該建立此新進員工之人事檔案資料，供人力資源規劃與發展之參考。另外，在網路應用普及的今天，企業也有很多內部員工網站，可以瞭解有哪些新員工到了公司裡。人事員工檔案，也可稱爲公司的人才庫系統，記載著員工的過去及現在的各種人事員工的動態。

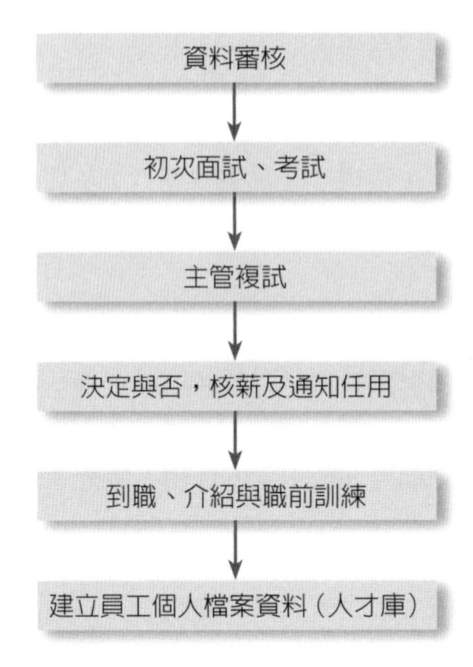

圖 3-2　甄選人才的程序步驟

(二) 測驗的種類

測驗的種類，大致可有四種分類，不一定會全做，而是部分執行測驗。

1. **成就測驗**（achievement test）

   亦稱知識測驗，係針對應徵人員之專業知識或技藝進行測驗，以確實瞭解應徵人員在該項工作的專技能力上是否能夠勝任。包括申論題或選擇題。

2. **智力測驗**（intelligence test）

   又稱學習反應測驗，係用來衡量應徵者的智力水準、推理能力、反應能力、計算能力、應用能力等。

3. **性向測驗**（aptitude test）

   本測驗之目的，在鑑定應徵人員個人可發展的潛能方向與潛能成就為何。此測驗著重未來性而非過去的成就。

4. **人格測驗**（personality test）

   本測驗主要是要衡量應徵人員的個性，以瞭解他的人格特質，例如合作性、優越感、服從性、樂觀性、支配性、耐性、細心度、領導性、忠誠性及協調溝通性等。這些人格特質與工作之成就是有關聯的，因為實證研究顯示，某些員工能力很強、智力很高，但卻未能成功，即是因為未能與人和睦相處，或者不懂領導統御藝術。

(三) 面談（Interview）的種類

面談的方式，大致可區分為四個類別：

1. **問題式的面談**（problem type）

此係對個別應徵人員或一組的應徵人員，提出一項問題或計畫，請其予以解決或完成。其目的是要觀察應徵人員對此情況之反應、推理與決策的表現能力程度如何。

2. **定型的面談**（patterned type）

此係一種有計畫的面談，是經過預先規劃的。面談人員就依據資料表所列事項，逐一進行詢問與答覆；當然，必要時，也可以問些定型以外的問題，以求更瞭解應徵人員。

3. **非引導的面談**（non-directive interview）

此種方式，面談人員可自由的和應徵人員交換意見，不受設定問題的僵硬引導。持此種方式的理由，係認為如此可使應徵者更能顯露眞正的自我。但應用此種方式，面談人員必有高度的技巧，預防避免流於聊天的成分；而不能獲得應徵人員的資料。

4. **深度的面談**（depth intervicw）

此法是以窮究不捨的方式，針對某一事項發問，逐步深入，詳細而徹底，以觀察應徵人員的機智、應變能力，並對問題深入瞭解的程度與概念。

雖然有以上四種分類，但在實務上，並沒有嚴格的區分，大部分都是混合進行發問與回答。

(四) 面試常被問到的題目

以下是應徵者經常被問到的問題：

1. 請您簡單說明一下您的學經歷？

2. 您爲什麼要離開原有的公司？
3. 您有什麼專長，可以爲本公司貢獻的？
4. 您過去有什麼最值得肯定的工作成果？
5. 您爲何換工作如此頻繁？
6. 您過去曾領導過多少人？
7. 您能否詳述一下您的專長工作內容？
8. 您爲什麼選擇本公司？
9. 您對本公司有哪些認識？是否上過官網看過？
10. 您在國內外主修什麼？
11. 您的英文能力如何？能否簡單用英文介紹自己？
12. 您將來的工作生涯規劃怎麼樣？
13. 您的抗壓力如何？您可以超時工作或配合加班嗎？
14. 您可以簽二年工作合約嗎？
15. 您對薪水有何要求？
16. 您可以適合本公司的企業文化嗎？
17. 請問您瞭解本公司嗎？請問您爲何想到本公司應徵呢？
18. 您爲什麼要應徵這份工作？您喜歡類似這樣的工作嗎？
19. 請問您學生時代對什麼課程最有興趣呢？爲什麼？
20. 請問您短期還有繼續進修的計畫嗎？您預計可以在這裡工作多久呢？
21. 可以談談您的家庭背景或父母的教育方式嗎？
22. 可以談談您的價值觀嗎？可否簡單描述一下您的個性？
23. 如果錄用您，您希望在本公司能有怎樣的發展呢？您對這份工作的期望是什麼？
24. 這份工作上下班時間不固定，您願意配合嗎？若是需要常加班，您的時間可以配合嗎？
25. 可以談談您最近讀的一本書，讀完後您的想法或心得嗎？

案　例

面談評分表

面試日期：　年　月　日

應徵類別：	聘用單位：	應徵人姓名：	
面試項目	評核要點	占分	給分
1. 應徵者之儀容、態度、健康、精神	衣著、儀態、談吐是否整潔得體、健康及精神狀態	10 分	
2. 應徵者對這工作之認識及瞭解	對工作內容的瞭解程度、專業知識及相關工作經驗	10 分	
3. 應徵者對工作之配合度與學習意願（領導統御之能力）	輪值班、加班、出差、簽約等之配合度	10 分	
4. 應徵者之專業能力（學經歷）	是否適任本職位要求	10 分	
5. 應徵者對產業之認知及對公司之認識	對媒體之認識或如何得知本公司之訊息	10 分	
6. 應徵者對當前社會（政治、經濟、治安等）現象的看法	對環境之警覺性與敏感度、見解之正確性等	10 分	
7. 應徵者是否具培訓及發展潛能？	自我認識之程度，未來發展之潛力等	10 分	
8. 應徵者曾處理過最困難及最滿意的事是什麼？其關鍵點及改進事項是什麼？	想像力、表達力、執行力及危機應變能力	10 分	
9. 應徵者離開上一個工作之原因是什麼？	工作適應力、穩定性及與人相處能力	10 分	
10. 應徵者對本職位的期望及生涯規劃	生涯規劃及人生目標是否明確及對未來之展望	10 分	
總　分			

其他項目	1. 特殊技能或職業執照：						
	2. 希望待遇：				目前待遇：		
	3. 何時可以報到：　年　月　日				4. 希望工作地點：		
面試評語							
初評意見	□擬試用　□不予錄用　□建檔儲備 試用期限：□三個月　□其他____ 錄用職位：____等____ 擬敘薪資：試用____正式任用____			複評意見	□擬試用　□不予錄用　□建檔儲備 試用期限：□三個月　□其他____ 錄用職位：____等____ 擬敘薪資：試用____正式任用____		
初評主管				複評主管			
董事長		總經理		人事單位		部門主管	

(五) 影響正確面談的不當因素

下面的因素對於面談的結果，有其不利的影響：

1. **過早決定**（premature decision）

   不少的面試主管常常在見應徵者的幾分鐘內就做決定，有的則是看了第一位之後，以後的幾位應徵者，就不必面談了。此可能易於導致不是最佳的選擇。

2. **是否眞正瞭解工作？**（Do you know the job?）

   有時面試人員並不是眞正瞭解應徵工作的內容，他只是代理面試或不是主管人員。因此，在此種狀況下，也通常不能瞭解應徵者應具備哪些有用的條件，而產生錯誤選擇。

3. **受壓力下的僱用**（pressure to hire）

   往往面試主管對各方面推薦的人選，有不得不優先採用的壓力，即使他並非最理想的人選。此外，任用時刻的急迫性需求，也影響面試主管無法細心的精挑細選。

4. **面試人員的經驗**

   有經驗的面試人員，會使面談更具可靠性與有效性，因此面試人員的經驗程度豐富與否，是一項決定性的因素。

5. **結構性對非結構性面談**（structured vs. unstructured）

   根據研究顯示，結構性面談較非結構性面談更能產生可靠性和有效性。

6. **不利情報的支使**（unfavorable information predominate）

   面試人員對第一印象（書面或外表）的不利印象或情報，常會影響他對應徵人員的評價。很多面試人員就往往犯了這種主觀的錯誤。

7. **對比的結果**（contrast effect）

   當應徵人員排列在好幾個不理想的應徵者後面，會較排列於好幾個理想的應徵者後面，能得到較高的評核成績。

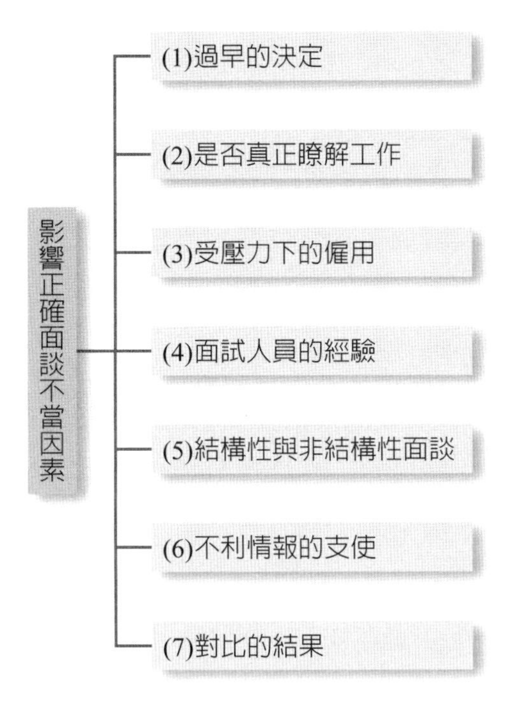

圖 3-3 影響正確面談不當因素

(六) 面談人員的工作準則

依據前述影響面談的不利因素之後，可以歸納出，一個正確與有效的面試人員，應遵守下列原則：

1. 應使用結構性之指導方針。
2. 眞正瞭解工作之需求條件。
3. 應訓練面試人員。
4. 應讓應徵人員多說話、多表示意見。
5. 著重於更具正確性評價的特性。
6. 勿過於快速決定。
7. 強調有利情報的使用。

小　結

總體來說，在基層人員而言，應不必太在乎或要求面試人員的精確度，畢竟，面試主管人人不同，每個主管也有他用人與選人的理念、想法、判斷及習性，這是可以容忍及尊重的。不過，對少數高級主管人員而言，則必須比較愼重的進行面試作業爲宜。因爲，高級主管的好與壞，影響公司比較大。

三、應徵者應注意的面試要點

(一) 面試時留給面試主管的第一印象確實很重要，而給人最直接的印象就是一個人的穿著打扮。所以首先可以注意一下面試服裝。通常當外表印象獲得肯定時，面試主管的表情也會比較放鬆，而當時的緊張氣氛也會相對地減低。

選擇服裝應該以簡單、清潔、整齊爲基本原則，如果沒有套裝，穿套制服，應該也不太失禮。但是切忌在頭上戴著花花綠綠的夾子，或在脖子上戴一串太搶眼的頸飾，更不要有全身都是名牌的打扮。而是穿上一雙半高跟鞋，是可以讓自己在面試時精神奕奕、充滿自信。

(二) 然而重要的是，要先對所應徵的工作性質和職位有初步認識，進而所選擇的服飾搭配也要合你的「職位身分」，儘量讓自己看起來就像這家公司的一分子。如果可以，最好花點時間上網看看面試公司的訊息，這能夠讓你在面談時對於公司有基礎的瞭解。

(三) 在訪談過程中要注視著對方，展現自信；回答簡單明瞭，不要長篇大論，並且表現出積極態度；善用你的肢體語言，對於問題最好誠實以對，避免出現似懂非懂的答案。如果可以，不要拘泥於只答不問的角色。

(四) 針對面談主管提出的問題，除回答問題之外，事前可以準備一些問題；提出讓面試官印象深刻的問題，也能爲自己加分。再者，表現出誠懇、自信和對工作的高度興趣，都有助於加深面試主管的印象。

(五) 另外，面試時要記得攜帶履歷表、作品、筆記本、備忘錄、筆等。最好比約定時間提早 15 到 20 分鐘，提早到目的地，就有充裕的時間可以稍微留意一下該公司的周圍環境，因爲面試主管或許會問到相關事物，藉此來觀察你的敏銳度。

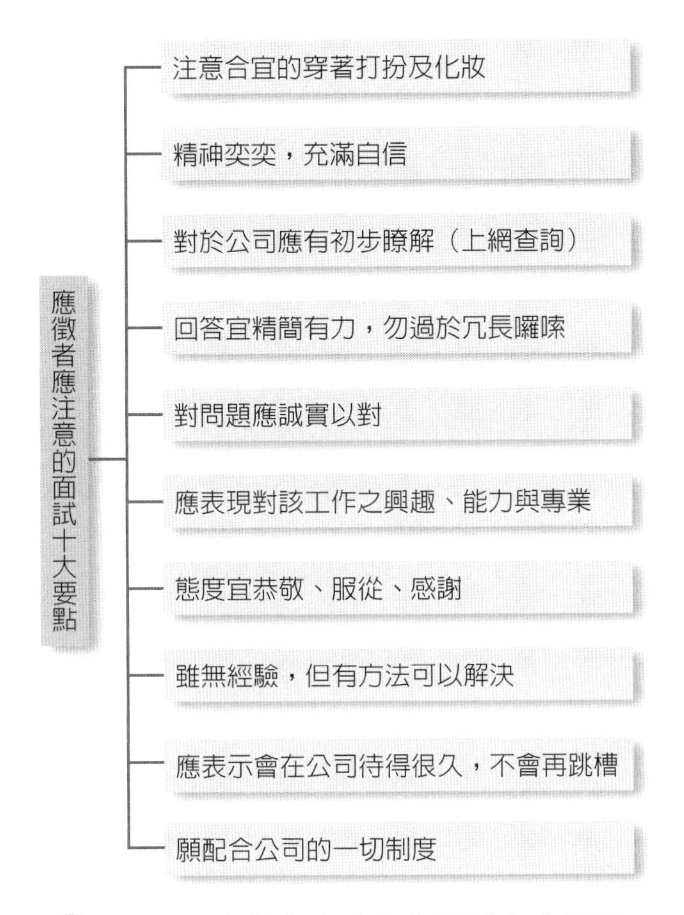

圖 3-4　應徵者應注意的面試十大要點

四、個人職場九大競爭力（Personal Capabilities）

國內 104 人力銀行總經理楊基寬先生曾在一場座談會中指出，個人職場要勝出，必須培養自己的七種能力：

(一) 閱讀財務報表的能力

要能瞭解一個企業的財務運作。至少別人拿公司的財務報表給你看的時候，你不要還是一頭霧水。

(二) 人事的管理能力

簡單來說，就是讓周遭的人願意被你管，而其中的關鍵是，自己要先培養被人管的雅量。

(三) 英文能力

國際化的年代，至少精通一種國際通用語言。有人認爲只要英文聽說讀寫「過得去」就行，如此一來，你已經無法和中國大陸的人才競爭了，因爲他們的外語能力——至少在英文方面，比一般人想像的好很多。

(四) 業務能力

一個不懂業務的人沒有能力縱觀市場行情，而且沒有辦法開發新市場。有個統計數據指出，60% 以上的 CEO 都有業務經驗，而這些人也深信，「業務」是養分最多的工作，因爲他們兼具說服、財務和策略規劃能力。所以，業務是人生當中必備的一項生活歷練，而不是一項工作。

(五) 專業能力，而且是絕對不能打折扣的專業能力

今天一個中國大陸大學的畢業生，他們專業能力和你差不多，但是要價只有臺灣人的 1/2。如此一來，你的競爭力在哪裡？

(六) 分析事情的能力

它可以增加你想問題時「自動化」的程度，也是增加競爭力的重要指標。

(七) 情緒控制的能力

當我們的 IQ 不是 180 的時候，需要靠 EQ200 來彌補。回想一下在職場裡，你想到一個人的時候，不一定會記起他的能力，而是會想起他個性的成熟度。

作者本人認爲這七項之外，應該還要加上二項，即：

(八) 解決問題的能力

分析問題完了之外，即要提出解決對策，並展現執行力。對問題的解決力，遠比問題分析力更爲重要。畢竟，只有解決問題才對企業更有助益。

(九) 抗壓力

現代企業競爭激烈，也經常超時工作，超量工作，各部門的壓力均很大。因此，員工的抗壓力就成爲很重要的特質。抗壓力愈高，表示愈能克服逆境及挑戰目標。

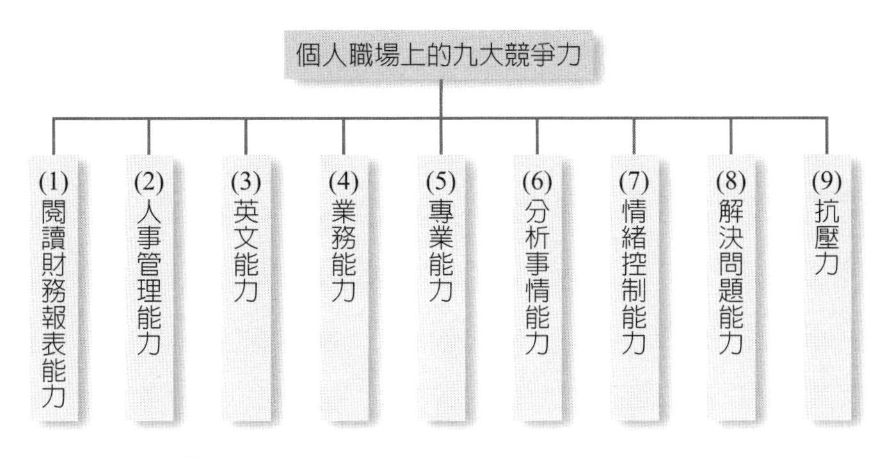

圖 3-5　個人在職場上的九大競爭力

第 2 節　實例：國內知名企業徵才過程及要求能力的重點

一、寶僑（P&G）公司（日用品、美容保養用品）

(一) 必備特質：領導能力、解決問題、創新

1. **第一關：履歷篩選——淘汰20%**

學歷：應徵業務、後勤、資訊最低門檻大學畢業，行銷、財務分析師一定要 MBA；最希望學校剛畢業或工作未滿三年的應徵者。

2. **第二關：筆試→選出800人→再淘汰60%**

解決問題測驗：考數學能力、閱讀理解、分析邏輯，共 50 題，滿分 50 分，31 分以上通過。

(二) 領導能力測驗：60 題選擇題

1. **第三關：面試——選出250人**

審查面談：由一位協理級以上的資深主管面試，就領導能力、解決問題、創新三方面，給一到五級評分。

綜合面談：由三位主管分別或一起面試，就領導能力、解決問題、創新、承擔風險、能力發展、團結合作、專業技能七方面，給一到五級的評分。

2. 第四關：篩選錄用——依職缺不定期、不定額錄用

二、統一超商公司（便利超商服務業）

(一) 儲備幹部：5 年計畫培訓 50 位

必備特質：眞誠、創新、共享

1. **第一關：履歷篩選**

   基本條件：學歷——碩士以上

2. **第二關：筆試**

   筆試項目：性格測驗、潛能開發測驗、語文測驗

3. **第三關：面試**

   主考官：人資處、營業單位主管

4. **第四關：篩選錄用**

(二) 後勤人員

1. **第一關：履歷篩選**

   基本條件：大專以上，科系視職務而定，例如：品質企劃人員以食品營養系畢業爲佳

2. **第二關：筆試**

   筆試項目：性格測驗、專業測驗（包括英語、專業科目）

3. **第三關：面試**

   主考官：人資處協同單位事業主管面試，約 2 至 3 位面試主管

(三) 門市人員

1. **第一關：履歷篩選**

   基本條件：學歷：高職、專科以上資歷，有服務經驗爲佳

2. 第二關：面試

主考官：地區部經理

3. 第三關：篩選錄用

三、微軟公司（資訊軟體公司）

(一) 管道一：透過臺灣微軟員工介紹

每年平均有 40% 的新進員工經由微軟員工介紹，屬於臺灣微軟特有的徵才方式。

1. 第一關：履歷篩選

基本條件：職缺相關科系之大學以上畢業生

2. 第二關：面試

正式投遞履歷

(二) 管道二：正式投遞履歷

1. 要點：最好以英文撰寫，同時突顯個人特質

(1) 第一關：履歷篩選

基本條件：職缺相關科系之大學以上畢業生

(2) 第二關：面試

正式投遞履歷

2. 微軟面試常問的五大問題

(1) 至目前爲止，您最引以爲傲的成就爲何？

(2) 至目前爲止，您曾經面臨最困難的狀況是？您如何克服？

(3) 您最大的長處 / 弱點爲何？

(4) 談談一次失敗的工作。

(5) 在您目前的工作中，您受到哪些發展上的限制？如何加強？

四、台積電公司（晶圓代工科技公司）

(一) 必備特質：誠信、正直、國際觀、創新、溝通

以某年 1 月至 5 月，台積電收到 25,000 封履歷表之非技術人員爲例：

1. 第一關：履歷篩選淘汰88%，3,125人進入面試

第一階段：以電腦設定篩選條件挑選出50%的合格者（約選出12,500人）。

第二階段：以人工篩選前 25%，（3,125 人有機會被約見）。

2. 第二關：面試再淘汰75%，780人被錄用

第一階段：英文測驗（以文法、單字及溝通能力爲要素）、性向測驗（無一定標準，各種性向的人都符合台積電需要）。

第二階段：事業部門主管與人力資源處人員共同面試，以開放式問題，確立應徵者的人格特質，是否符合台積電及部門需求。

(二) 台積電如何找出志同道合的主管

1. 第一關：調查

(1) 查證目標對象在業界的聲譽

(2) 向曾經共事者查證其品性、操守、專業技能

2. 第二關：多次面談

(1) 多部門主管與應徵者多次面談，共約 16 至 24 小時（處長級最多 10 次，副總級以上及重要處長，董事長張忠謀會親自面試）

(2) 實際參與團隊運作半個工作天，評估共事可能性，並探詢團隊對新主管的評價

五、花旗銀行（銀行服務業）

(一) 必備特質：創新、應變、彈性、操守

1. 第一關：履歷篩選→淘汰87%，200人進入面試

以招募儲備幹部，收到 1,500 封履歷表爲例：

進階條件：企研所或商管所碩士畢業生、過去工作及在校表現優異，經歷愈豐富愈好。

2. 第二關：面試→再淘汰96%，8人被錄用，試用期3個月

第一階段：人力資源處、事業部門主管面試（選出 20 人）

第二階段：資深主管（總經理指派）面試（約選出 8 人）

錄取率：0.5%

3. 一般人員不定期，不定額招募

第一關：履歷表篩選

第二關：筆試（英文測驗、數字比對測驗、性向測驗）

第三關：人資處面試

第四關：事業部門主管面試，試用三個月

第 3 節　企業界對求職新鮮人的調查報告

國內人資雜誌《遠見雜誌》在 2016 年 2 月公布，曾針對國內 1,000 大企業，進行「2016 年 1,000 大企業最愛大學生調查」，其幾個重點結果，摘示如下：

(一) 九成企業認為大學學歷不是品質保證

表 3-1　企業對於大學生的品質認定想法（可複選）

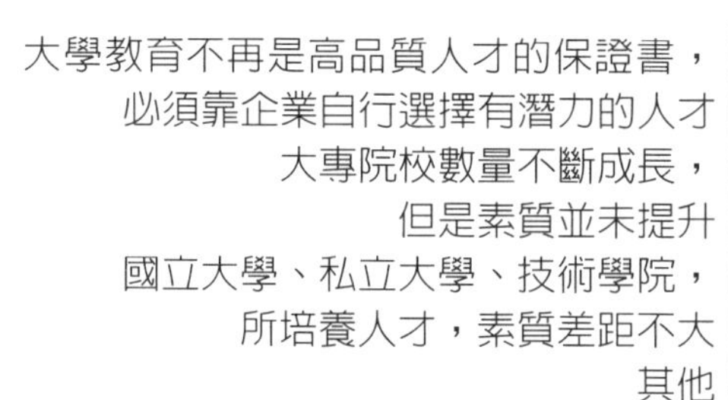

大學教育不再是高品質人才的保證書，
必須靠企業自行選擇有潛力的人才
大專院校數量不斷成長，
但是素質並未提升
國立大學、私立大學、技術學院，
所培養人才，素質差距不大
其他

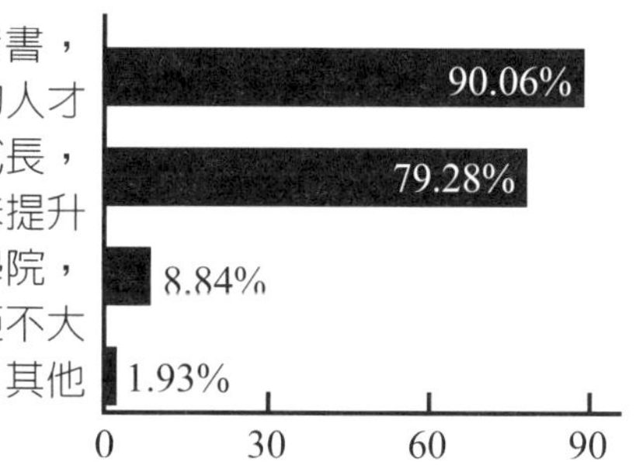

90.06%
79.28%
8.84%
1.93%
0
30
60
90

(二) 企業用人前三大標準：學習意願、穩定度與抗壓性

表 3-2　企業挑選社會新鮮人的考慮標準（可複選）

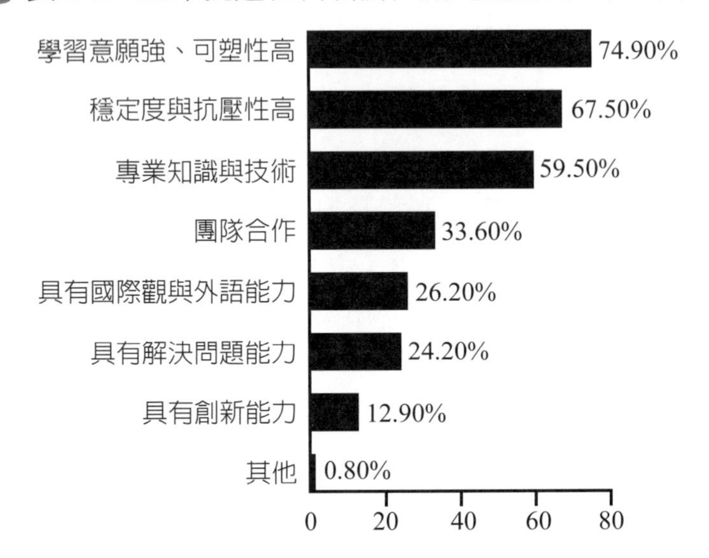

(三) 新鮮人最缺乏：穩定度與抗壓性

表 3-3　企業認為目前社會新鮮人最缺乏的工作能力與態度（可複選）

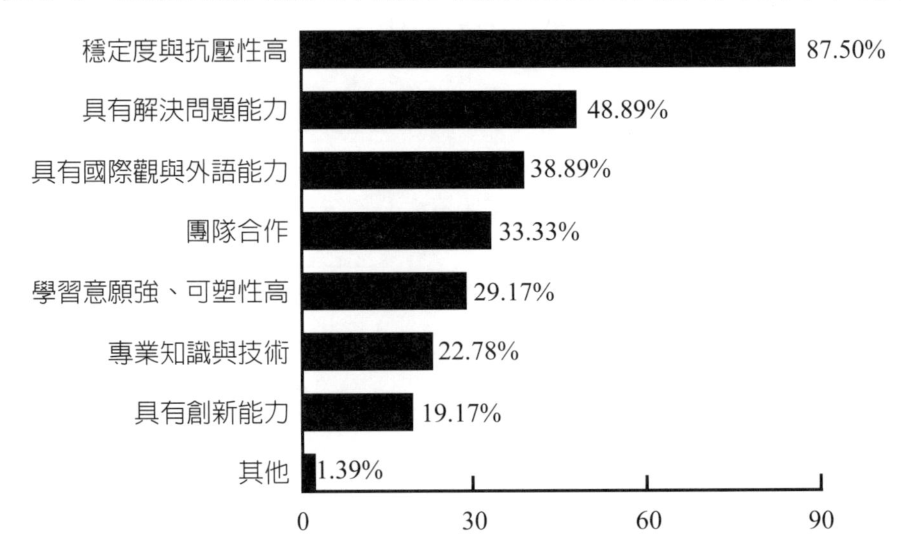

(四) 六成七的企業並不會以畢業學校做為優先錄取標準

表 3-4　企業錄取社會新鮮人的優先順序

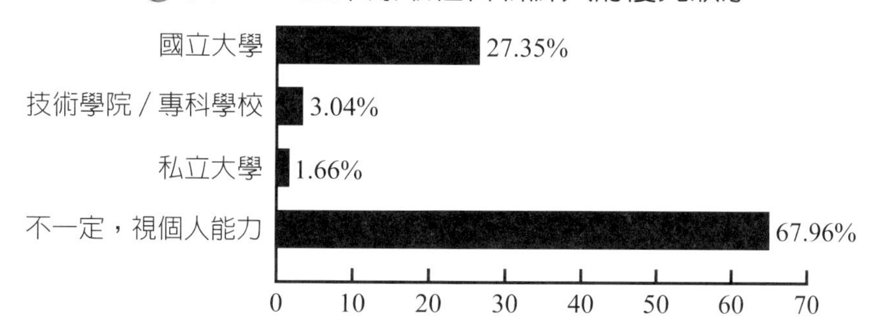

(五) 研發與業務職缺最多

表 3-5　企業招募社會新鮮人的主要職務需求

研發	46.47%
業務／銷售	46.47%
製造與品管	39.00%
客服與售後服務	20.75%
行政／祕書	19.50%
系統軟體設計	16.60%
財務／會計	16.18%
行銷／廣告	12.86%
管理	11.62%
採購	6.64%
顧問法律	0.41%
其他	12.03%

第 4 節　實例：某公司員工僱用、試用、離職、解僱、移交之管理規章

一、僱用原則

受僱於本公司之員工，均須經審核或甄試合格，方得依規定僱用之。本公司聘任各職級員工，悉依該職位所需之學識、技能、經驗、品德、體格及能力做爲甄才標準。

二、僱用限制

凡具有下列情事之一者，不得僱用爲本公司員工：

(一) 曾在本公司或關係企業任職期間，被懲處免職處分或未經核准、未辦妥離職手續擅自離職者。

(二) 通緝在案或吸食毒品者。

(三) 受有期徒刑之宣告，尚未結案者。

(四) 受禁治產之宣告，尚未撤銷者。

(五) 經醫療機構體格檢查不合格者。

(六) 患有精神病、傳染疾病或身體衰弱不堪任職者。

(七) 未滿十五歲者。

(八) 受僱爲駕駛人員，而未具駕駛車輛所需之證件者。

(九) 受僱爲需有證照之專業技術人員，而未具執行該專業技術之證件者。

(十) 無合法身分證明或工作許可證明者。

三、報到手續

應徵人員甄選合格後，應於接到通知時，按照指定日期及地點親自辦理報到手續。

經甄選合格之人員未於通知時間及地點辦理報到手續者，視爲拒絕受任或自動放棄，該通知即失去效力，但經本公司同意延期報到者，則不在此限。

四、報到應繳文件

新進人員報到時須據實檢具、繳驗下列證件：

(一) 員工基本資料表。
(二) 薪資所得稅報稅資料卡。
(三) 人事保證契約書。
(四) 服務同意書。
(五) 本公司指定銀行帳號影本。
(六) 最高學歷證件影本。
(七) 最近半年內，二寸半身脫帽相片三張。
(八) 戶籍謄本或身分證影本一張。
(九) 體格檢查表一份。
(十) 有關證件及國民身分證正本。
相關證件正本核對後即發還。
新進員工未依本條約定繳驗各項證件者，視爲未完成報到手續，不予敘薪。

五、新進試用

本公司新進員工，除副總級（含）以上高階主管或經核定人員以外，均應酌予試用。

六、試用期限

一般員工試用期間以三個月爲原則，經理級（含）以上試用期間以一個月爲原則，應其事實需要得延長一期。

七、試用考核

試用期間由其直屬主管負責考評。試用人員之考評應於試用期滿前核定。
試用期滿經公司考核評定合格者，予以正式任用，成爲本公司正式員工。
試用期滿經公司考核評定不合格者，應即停止試用並終止聘僱關係，並依勞基法第十一條、十二條、十六條、十七條規定辦理。

八、勞動契約

本公司得依業務需要與員工簽訂定期契約與不定期契約，契約內容得口頭或書面契約爲之。

九、年資計算

本公司員工之工作年資以受僱於本公司之日起算。

十、預告終止勞動契約

本公司發生下列情事之一者，得經預告終止勞動契約：

(一) 歇業或轉讓時。

(二) 業務緊縮或虧損時。

(三) 因不可抗力因素而須暫停工作達一個月以上時。

(四) 業務性質變更，有減少勞工之必要，又無適當工作可供安置時。

(五) 勞工對於所擔任之工作確定不能勝任時。

十一、不經預告終止勞動契約

凡本公司員工有下列情形之一者，本公司得不經預告終止勞動契約：

(一) 於訂定勞動契約時爲虛僞意思表示，致本公司誤信而受損害或有受損害之虞者。

(二) 對於本公司負責人、負責人之代理、上級主管、同事及其家屬，威脅恐嚇、實施暴行或有重大侮辱之行爲者。

(三) 受有期徒刑以上刑之宣告確定，而未諭知緩刑或未准易科罰金者。

(四) 違反勞動契約、員工工作規則，情節重大者。

(五) 故意損耗本公司之物品，或故意洩漏本公司營業機密，致公司遭受損害者。

(六) 無正當理由連續曠職三日，或一個月內曠職達六日。

(七) 偷竊公司或同事財物，挪用公款者。

(八) 未經公司同意在外從事或兼任與公司相同或相關之工作，影響勞動契約之履行者。

(九) 攜帶違禁品（爆炸物、槍械、毒品、腐蝕性物品）進入工作場所者。

(十) 在工作場所聚賭、酗酒或鬥毆者。

(十一) 聚眾要脅，妨礙辦公秩序之進行者。

(十二) 同年度內經功過相抵後，仍記大過達二次以上者。

(十三) 利用公司名義在外行事，招搖撞騙，致公司蒙受損失者。

(十四) 辦事不力，疏忽職守，有具體事實，情節嚴重者。
(十五) 因職務或執行業務收受不當饋贈、回扣或其他不法利益者。
(十六) 逾越職權或假公濟私，有具體事實，情節嚴重者。
(十七) 張貼、散發煽動性文字圖（表），造謠生非，足資破壞勞資關係者。
(十八) 拒絕聽從上級主管指揮、監督，經勸導仍不聽從合理指揮，情節重大者。
(十九) 拒絕接受公司因業務需要且符合法令規定調動職務者。
(二十) 考績成績在五十九分（含）以下者。
(二十一) 依本規則獎懲及其他法令規定應予免職者。

十二、核定資遣

本公司從業員工在產假期間或職業災害補償期間，若公司遭天災、事變或其他不可抗拒因素，而致事業不能繼續，得報經主管機關核定後資遣從業員工。

十三、資遣預告

本公司依本規則第十五條或第十七條規定終止勞動契約時，預告期間依下列各款之規定：

(一) 繼續工作三個月以上，未滿一年者，於十日前預告。
(二) 繼續工作一年以上，未滿三年者，於二十日前預告。
(三) 繼續工作三年以上者，於三十日前預告之。

本公司員工於接到前項預告後，爲另謀工作，得於工作時間內請假外出，其請假時數每星期不得超過二日（或十六小時）之工作時間，請假期間之工資照給。

十四、辭職預告與手續

自動請辭之公司員工，準用前條預告期間向部門主管及人事部門提出書面申請，辦妥離職移交手續方得離職。

十五、發放資遣費

凡依第十五條規定終止勞動契約之員工，除依規定予以預告或未及預告照規定發給預告期間的薪資外，並依下列規定發給資遣費：

(一) 在本公司繼續工作，每滿一年發給相當一個月平均薪資的資遣費。

(二) 依前款計算之剩餘月數或工作未滿一年者，依比例計算給付。未滿一個月者以一個月計之。

十六、離職證明

勞動契約終止時，員工經辦妥離職手續者，本公司即於最近發薪日發給當月份薪資所得；並依員工申請得發給服務證明書。

十七、申請留職停薪

本公司員工具有下列情形之一者得申請留職停薪，唯留職停薪需辦妥離職及移交手續後始得生效：

(一) 服務滿一年以上之且其年中（終）考績列甲等以上者，因進修深造或因病療養者。

(二) 應徵入伍服役且期間超過一個月者。

(三) 服務滿一年後，於每一子女滿三歲前，得申請育嬰留職停薪，期間至該子女滿三歲止，但不得逾二年。

(四) 其他因特殊情形經董事長或總經理核准者。

十八、命令留職停薪

本公司員工具有下列情形之一者得命令留職停薪，並視需要辦妥離職及移交手續。

(一) 觸犯國家法律，嫌疑重大而被扣押或提起公訴者。

(二) 病假或工傷假逾限，經以事假或特別休假抵充後仍超過期限者。

十九、留職停薪期限

留職停薪期間以一年爲限，且不計年資，法令另有規定者，從其規定。留職停薪期滿或留職停薪原因消滅後，應於十日內申請復職，逾期視同自動辭職。

二十、移交手續

本公司員工凡經管下列業務者，於調職或離職時應就職務範圍內之業務及經管之財物，詳列清冊一式三份辦理移交手續：

(一) 現款、票據、有價證劵、帳冊憑證。

(二) 資材、成品、財產設備、器具。

(三) 印信、戳記、圖章。

(四) 圖書、規章、文書、設計圖表、技術資料。

(五) 檔案證件。

(六) 重要經營資料。

(七) 持續中之業務及已辦未結之案件。

(八) 原配給和領用之工具及非消耗性之文具。

移交清冊經核對無誤，由移、接交人及監交人（該職務之直接主管或其指定人）簽章後，一份存管理部門、一份交接交人、一份交移交人。

二十一、移交時限

離職員工應於正式離職三日前，辦妥移交手續。調職員工應於接到調職通知書七日內，辦妥移交手續。

移交時，交接雙方對於移交事項查有遺漏或手續欠妥者，應會同監交人核對補辦，並於三日內補交清楚，不得拖延。

二十二、移交手續之代辦

員工因傷病、亡故或失蹤、潛逃時，其直屬主管應代辦移交手續，惟責任由經辦當事人及其保證人負責。

二十三、監交人

監交人應由其部門直接主管之上一級主管擔任。

二十四、未辦妥移交之懲處

調職員工逾期不移交或未辦妥移交手續者，監交人應即簽報懲處。逾期五日以上申誡一次，逾期十日以上記過一次，逾期二十日以上免職處分；情節重大者，依法移送司法機關究辦。

離職員工逾期不移交或未辦妥移交手續者，監交人應即簽報停發未領薪資及其他可領之款項。如有虧短舞弊情事，由保證人負責賠償；情節重大者，依法移送司法機關究辦。

二十五、移交不確實之懲處

交接後經發現移交不確實，有虛僞、捏造、遺漏等情事，除懲處前任人員，追償虧短，並視需要依法究辦外，其直接主管及監交人若經查屬知情不報者，應同受議處。

第 5 節　實例：某公司員工工作時間、休息、休假、請假、出勤，及服務守則之管理規章

一、工作時間

本公司員工每人每天正常工作時間八小時（不含休息時間）。工作時間因工作特性而不同時，從其規定。

前項正常工作時間，得視業務需要經員工同意後，將其週內一日之正常工作時數，分配於其他工作日。唯分配於其他工作日之時數，每日不得超過二小時。

二、工作和休假時間之調整

(一) 本公司因業務及作業之需要，得分配員工採輪班制，並調整員工工作時間和休假時間。惟調整休假時間時，得於其他時間另行補休同等時數之假期。

(二) 補休假日數上半年及下半年各結算一次，每次累積日數以八日爲限，並應事先報請權責主管核准。超過八日者應報請總經理核准，逾期未請者視爲放棄。

(三) 員工之子女未滿一歲須親自哺乳者，除規定之休息時間外，每日另給哺乳時間二次，每次以三十分鐘爲度，哺乳時間視爲工作時間。

(四) 員工爲撫育未滿三歲之子女，得請求下列事宜，部門主管得視業務實際情況核可請求：

1. 每天減少工作時間一小時；減少之工作時間不得請求報酬。
2. 調整工作時間。

三、例假日

本公司員工，每七日中，有二日或依法定日數之休息，做爲例假。例假日工資照給。

四、休假日

本公司於國定紀念日、勞動節日及其他中央主管機關規定應放假之日，均予休假。其實際休假日數及確定日期，悉比照人事行政局或權責主管機關規定及公告。休假日工資照給。

五、特別休假

本公司員工於本公司繼續工作滿一年以上者，每年得依下列規定給予特別休假。特別休假日工資照給。

(一) 服務滿一年以上未滿三年者，每年休假七天。

(二) 服務滿三年以上未滿五年者，每年休假十天。

(三) 服務滿五年以上未滿十年者，每年休假十四天。

(四) 服務滿十年以上者每年加給一天，但總數每年不得超過三十天。

(五) 工讀生休假適用本規定；但計時聘任者得依比例計算核給。

六、特別休假期間之計算

特別休假以員工到職日起算至當年度 12 月 31 日止依比例計算給假日數，並自次年度元月一日起給假。

特別休假期間如遇星期例假日及國定假日不予計入。

特別休假之計算應扣除留職停薪之期間。

七、特別休假之安排與停休

部門主管得根據業務需求，安排部門人員之休假時間。員工特別休假期間，本公司如遇業務需要，得通知停止休假並改期補休。

八、特別休假之申請

特別休假必須事先申請。連續四天（含）以上之特別休假應於十天前，連續十天（含）以上者，應於一個月前提出申請。

連續四天（含）以上之休假，須經總經理核准。部門主管休假，不論天數均應經總經理（或董事長）核准。

九、特別休假之限制

特別休假非經核可，不得保留到下一年度續休。

十、給假規定

本公司員工因婚、喪、疾病或其他正當理由，得申請婚假、喪假、病假、公傷假、產假、事假和公假等七種。准假日數及薪資給付，悉依下列各款規定：

(一) 婚假

員工本人結婚給予婚假八日（不含例假日），薪資照給；婚假須檢附結婚證明文件，連續一次申請，且以婚後三個月內申請爲限。

(二) 喪假

1. 父母、養父母、繼父母、配偶喪亡者，給予喪假八天，薪資照給。
2. 祖父母、外祖父母、子女、配偶之父母、配偶之祖父母、配偶之養父母或繼父母喪亡者，給予喪假六天，薪資照給。
3. 兄弟姐妹喪亡者，給予喪假三天，薪資照給。
4. 喪假須檢附死亡證明或訃文，可分次申請，但需於百日內申請完畢。

(三) 病假

員工因普通傷害、疾病或生理原因，必須治療或休養者，得依下列規定請普通傷病假；請假連續二日（含）以上者須附繳醫師診斷書。

1. 全年病假累計不得超過三十天。
2. 全年病假累計達三十天，經以事假或休假抵充後，仍未痊癒者，得申請留職停薪，但以一年爲限。期滿仍不能工作者，應依規定辦理退休或資遣。
3. 普通傷病假全年未超過三十天部分，薪資折半發給。
4. 女性受僱者因生理日致工作有困難者，每月得請生理假一日，其請假日數併入病假計算，生理假薪資之計算，依各該病假規定辦理。

(四) 事假

員工因事必須親自處理者，得請事假。事假全年合計不得超過十四日。事假期間不給薪資，其超過部分以曠職論。

(五) 產假

女性員工分娩前後得停止工作，給予產假八週（含例假日），薪資照給。

1. 妊娠三個月以上流產者，應停止工作，給予產假四週，薪資照給。
2. 妊娠二個月以上未滿三個月流產者，應使其停止工作，給予產假一星期。
3. 妊娠未滿二個月流產者，應使其停止工作，給予產假五日。

男性員工因配偶生產，給予陪產假三天，薪資照給。

女性員工如受僱於本公司未滿六個月者，薪資減半發給。

產假應提出證明文件連續一次申請。

(六) 公假

員工奉派出差、考察、訓練、兵役召集，或其他政府規定給假之公民選舉投票日及其他依法令應給予之公假等，依實際需要天數給予公假，薪資照給。

公假時間不論長短應事先申請。

(七) 公傷假

員工因職業災害而致殘廢、傷害或疾病者，其治療、休養期間給予公傷假，薪資照給。

醫療期間屆滿二年仍未痊癒，經指定醫院診斷審定為喪失原有工作能力，且不合於殘廢給付標準者，本公司得一次給付四十個月之平均薪資後，免除薪資之給付責任。

(八) 家庭照顧假

員工於其家庭成員預防接種、發生嚴重之疾病或其他重大事故須親自照顧時，得請家庭照顧假，其請假日數併入事假計算，全年以七日為限。家庭照顧假薪資之計算，依各該事假規定辦理。

十一、請假手續

員工因故必須請假者，應事先填寫請假單，並檢附相關證明文件經權責部門主管核定後，始可離開工作崗位。

如遇急病或臨時重大事故，應於當日委託同事親友，或以函電告知單位主管或人事部門代辦請假手續。如需陳述理由或提供證明，當事人應於三日內提送，由其工作單位按權責核轉。

十二、請假違規之處分

本公司員工請假假期屆滿，未行續假或雖已續假尚未核准而不到職者，除因病或臨時發生重大意外等不可抗拒之情事外，均以曠職論。

本公司員工依本規則所請各假，如發現有虛僞情事者，除以曠職論處外，並依情節輕重予以懲處。

十三、請假計算單位

員工請事、病假最少爲一小時，喪假、特別休假最小單位爲半日。

十四、留職停薪之限制

申請留職停薪者，非因公傷以一年爲限且以一個月爲最小單位。申請留職停薪者，於規定限期內回復工作時，得依公司情況，由部門主管依當時任務需求，重新指派工作及職位。

十五、遲到早退

本公司員工應準時上下班，並依規定按時簽到或打卡。有關遲到早退及曠職之規定如下：

(一) 員工逾規定上班時間簽到或打卡者，視爲遲到。但偶發事件經主管核准請事假者，視爲請假。

(二) 員工於規定下班時間前簽到或打卡者，視爲早退。

(三) 遲到早退逾三十分鐘而未請假者，以曠職論；但因公務或不可抗力因素經主管證明並核准者，得免以遲到早退論處。

(四) 每月遲到及早退累計四次者以事假半日論。

十六、忘記簽到或打卡之處置

員工確實按規定時間上下班而忘記簽到或打卡者，可請單位主管（或職務代理人）於考勤卡上簽認，惟每月累計次數達三次（含）者以事假半日論。

十七、曠職規定

員工在工作時間內，未經准許及辦理請假手續，無故不到職、擅離工作場所或外出者，以曠職論，並依有關規定議處。曠職期間不支薪並應予懲處。

十八、加班

員工因工作繁忙或時效之需要，在規定上班時間以外之時間工作爲加班。

十九、加班之申請

員工需加班時，應事先填具加班申請單，呈權責主管核准始得加班。員工加班時應簽到或打卡。

二十、加班費之計算

(一) 週一至週五晚上加班一律由下班半小時後起算（半小時爲員工用餐時間），超過三小時以上，加發夜點費六十元。
(二) 週一至週五延長工作時間依法令規定計算加班，加班時間以一小時爲單位，不滿一小時部分不予計算。
(三) 國定假日或例假日加班，原則上擇日補休，但以三個月內爲限。
(四) 補休以半日爲計算單位，不滿半日發給加班費。

二十一、基本工作態度

(一) 員工應忠勤職守，遵奉本公司工作規則及有關制度規章之規定，確實執行；服從各級主管人員之合理指揮，盡忠職守，不失職怠工、敷衍塞責。
(二) 各級主管人員對員工應親切指導，公平考核。
(三) 員工對客戶或來賓，態度應謙和有禮。
(四) 對於一切公物應愛惜珍用，不可毀損及浪費。
(五) 不違抗上級命令，如有正當意見，得提出申訴和建議。
(六) 愛護公司信譽，致力研究發展，提高服務品質。
(七) 妥善控制各項成本與費用之支出，減少異常之發生。
(八) 經辦業務力求精確踏實，不得有虛報或疏忽怠惰而發生錯誤情事。
(九) 上班時間應保持精神旺盛，注意服裝儀容之整潔，並佩掛識別證，不得穿著汗衫、短褲、拖鞋。
(十) 下班時應將文件資料妥爲收存，不得隨意放置桌面；專用辦公室應注意門鎖。

二十二、命令服從之準則

員工對於兩級主管同時所發布之命令或指揮，以上級主管之命令或指揮爲準。對於同級主管同時所發布之命令或指揮，以直接主管之命令或指揮爲準。

二十三、出勤打卡

本公司員工除經核定之主管外，均應按作息時間，準時並親自簽到或打卡上下班。若替人簽到或打卡，代簽到或打卡者及被簽到或打卡者該日均以曠職論，並各記大過乙次處分；再犯者予以免職處分。

二十四、上下班進出規定

上下班打卡及進出行動，應遵守下列規定：

(一) 無論何種班次，上班時間內不得外出用餐或處理私事。

(二) 下班時應先簽退或打卡後再外出。

(三) 下班時間到方得停止工作，不得在未下班前即等候簽退或打卡，如有違反規定，即以擅離職守論處。

(四) 襄理級（含）以上不打卡，惟外出洽公應塡寫公出單。

二十五、工作時間禁止事項

工作時間內，不論任何班次，凡有睡覺、擅離工作崗位、聊天、打牌等，均依規定懲處。

二十六、服務守則

公司員工應遵守下列規定：

(一) 除辦理本公司業務外，不得對外擅用本公司名義。

(二) 對於本公司機密，無論是否爲個人經管事務，均不得洩漏。

(三) 對於所辦事項不得收受任何餽贈、回扣或其他不法利益。

(四) 非因職務上需要，不得動用公物或支用公款。

(五) 對所保管使用之文書、物品及一切公物，應善盡保管維護之責，不得私自出售或出借。

(六) 不得從事或投資經營與本公司業務有關、類似或直接關係之業務或兼任本公司以外職務，但經特准者不在此限。

(七) 不得任意翻閱不屬自己管理之帳簿、表冊或文件。

(八) 不得攜帶彈藥、槍砲、危險物品、違禁品、引火物品進入工作場所。

(九) 未依規定登記，不得私帶親友進入公司內，也不得攜帶孩童進入辦公室。

(十) 禮貌對待同事，與同事和諧相處，協調合作，不搬弄是非，不因循苟且，也不得有性騷擾等不良或不法行爲。

二十七、工作場所安全

員工應遵守工作安全、衛生及整潔，並防止竊盜、火災或其他自然災害。

二十八、違規懲處

員工若有違反工作場所安全之行爲，應依情節輕重予以懲處。

二十九、識別證製作

本公司員工於到職時，應即繳交照片製作識別證，並於進入公司時及上班期間，隨身佩帶。若有主管或安全管理人員要檢查核對，不得拒絕。

三十、識別證補發

員工之識別證若有遺失或毀損，應通知人事部門，並重繳照片申請補發。員工於未攜帶識別證或申請補發期間，應行佩帶訪客用識別證進出辦公區域。

三十一、識別證繳回

員工離職時，應將識別證繳回人事部門。

自我評量

1. 試說明企業羅致人才來源管道有哪些？

2. 試述企業對外甄選人才的程序步驟爲何？

3. 試述企業對人員招募的測驗方式有哪幾種？

4. 試分析面試（Interview）的方式類型有哪幾種？

5. 試闡述何謂「行爲面試法」及「網路徵才法」？

6. 試分析有哪些因素會影響到正確面試成果？
7. 試說明面談人員應注意哪些面試準則？
8. 做爲一個應徵人員，應注意哪些面試的重點，才容易被錄用？
9. 試述員工個人在職場上，應培養的九種競爭能力理由爲何？
10. 試列舉國內知名大企業徵才過程及要求能力的重點何在？
11. 何謂跨國人才委外？爲何會成爲趨勢？試分析之。
12. 試分析企業爲何紛紛到大學校園舉行徵才活動？
13. 何謂徵才作業上的「工作性格分析」？其目的何在？
14. 試述企業在實務上聘僱申請作業流程及管理要點？
15. 試述企業在實務上人員新進報到作業流程及管理重點？

Chapter 4

工作分析

第 1 節　工作分析

一、工作分析的意義（Job Analysis）

工作分析之意義，就是對某項工作，就其有關的內容與責任之資料，進行縝密的研究、蒐集、分析與規範之程序。因此，工作分析意指：

1. 勝任某項工作之組織成員，所應具備之條件、資格，應予明確訂出。
2. 每一項工作的執行細節，均應明確陳述與規範。
3. 每一項工作應該尋求完整性與正確性之目的。

一般來說，工作分析應該獲得與提出的資料，可從四個角度來看：

1. 員工在做何事。
2. 員工如何做。
3. 爲何要做。
4. 做好它，需要何種技術與經驗。

其中前三項係在說明工作之性質與範圍，是屬於「工作說明書」的範圍；而後四項則屬於「工作規範」的內容主體。

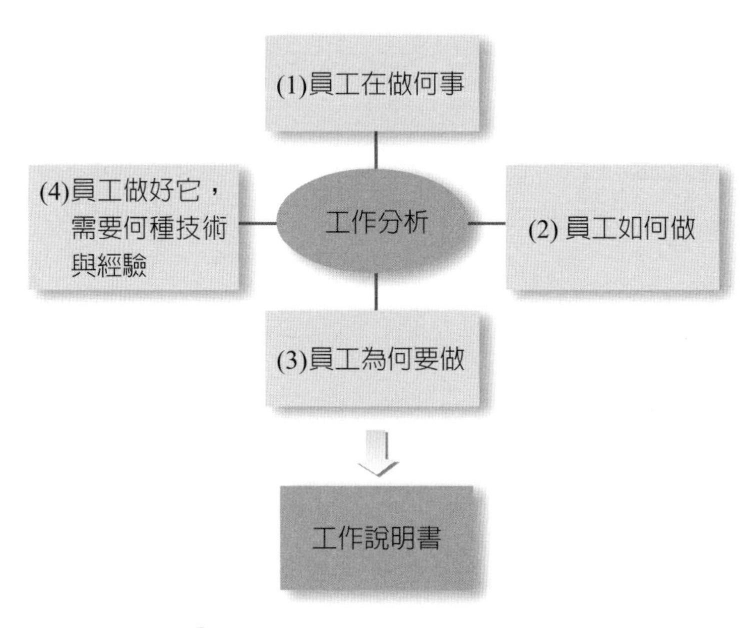

圖 4-1　工作分析之意義

二、工作分析的產物與用途

(一) 組織或機構進行工作分析之後，其主要的結果產物有兩項

第一是：編撰各項工作任務之「工作說明書」（job description）。

第二是：編撰各項工作任務之「工作規範」（job specification）。

(二) 工作分析之用途

工作分析之後，透過工作說明書及工作規範，在人力資源管理上，可有下列用途：

1. 人員網羅與任用標準明確化

透過工作規範之詳實的說明，可對任何一項工作之人員任用的條件及標準，有一明確化基礎可遵循；減少出現用人不當的情況產生。

2. 做爲訓練教育的基礎

根據工作說明書與工作規範，可以很清楚地瞭解到每一個組織成員在哪一個工作職位上，需要哪些有效與適當的訓練教育與進修計畫，以期培養出更多更好的人才。

3. 有利於工作評價

工作說明書與工作規範，係爲工作價值評斷的主要依據之一，故亦有利於「工作評價」（job evaluation）事務之推展，從而，也成爲員工核薪之參考數據。

4. 有利考績工作的執行

工作說明書內容，陳述工作執行的步驟與標準，也指出員工的工作目標。此目標係爲績效考核之主要根據。

5. 新進員工的工作指導

工作說明書的建立，可提供組織中的新進人員，對公司組織編制、所負擔工作職掌、權責、執行與目標有所認識。

6. 工作簡化研究

透過工作分析的過程，可以對重複性、浪費性、不必要性的工作，加以刪

除及簡化；以達工作流程順暢及精簡之目的。

7. **升遷、調職之途徑**

透過工作分析及其書面資料，可供員工瞭解個人未來的升遷、調職之途徑與方向。

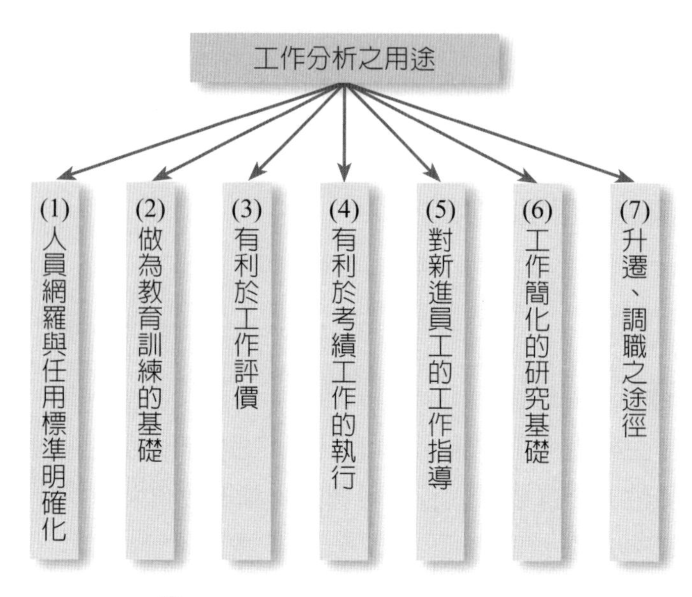

圖 4-2　工作分析之用途

三、工作分析的程序

工作分析的程序，大致上可透過下列五項程序來執行：

(一) 準備工作前分析

在尚未與各工作之現場或幕僚人員進行面對面接觸之前，工作分析人員應該先行在辦公室內研讀該工作之有限的書面資料，並且稍做主觀的結構分析概念。俟有初步理解後，再到執行單位去訪談、觀察，以免被人誤會狀況不清楚。

(二) 安排工作分析配合事項

工作分析人員應於事前和現場工作人員聯繫，請其安排工作分析所須配合之事項，包括現場人員、現場的操作、小組會議、現場的服務，以及現場的環境等。

(三) 要求提供工作上之資料

工作分析人員應於事前要求現場工作人員提供現有的組織編制、工作產銷資料、統計報表、技術手冊、製造流程、服務流程、工作程序等。

(四) 實地進行工作分析

實地進行工作分析，可使用下列方法進行，分述如下：

1. **觀察**（observation）

觀察係工作分析人員到現場實地去查看員工的操作情況、銷售情況或服務情況。觀察的要領，必須掌握：

(1) 員工在做什麼（What）？

(2) 員工如何做（How）？

(3) 員工爲何要做（Why）？

(4) 員工做的技能（Skill）好不好？

(5) 以及何時做（When）？

(6) 要做多久（How long）？

在觀察中，對於可以改進、簡化的工作事項，應該予以記錄起來，帶回去深入研究。觀察法大多應用於瞭解工作條件、工作危險性，以及所使用的工具、設備，機器等。

2. **撰寫調查表**（questionaire）

此係由工作分析人員，研擬幾項要點，而要求現場工作人員依據本身過去工作經驗而加以撰寫。例如項目包括：

(1) 所操作的工具設備如何使用。

(2) 工作上所必須之知識與經驗。

(3) 工作上所面臨的困難。

(4) 需要別單位配合的事項。

(5) 人員的調派。

(6) 操作的動作與程序。

(7) 時間的要求。

不過，此法由於必須書寫文字，故對於現場的作業員並不太適合。

3. 面談（interview）

有些工作分析則使用面談方法，以尋求瞭解各單位各項工作的實況與資料。面談可以獲得觀察上所不能得到之資料，亦對所獲得之資料加以印證，故此法尚屬不錯，面談形式，又可分為：

(1) 個人面談。

(2) 集體面談。

(3) 管理主管人員、店長、廠長等人員。

綜合來看，應該混合此三種方式，如此，才能對工作分析眞正做得透徹與瞭解。

4. 工作日誌

可要求工作人員將每天所做事情，一一記錄在工作日誌上；然後再藉以參考與瞭解。

(五) 資料分析與編寫

工作分析人員在獲取工作分析之實證、觀察、面談與書面有限資料後，最後的工作，就是必須將這些資料進行分析、彙整、改善，然後形成文字式、表列式的制式規範，並做工作分析總結報告，呈事業部主管或最高管理階層參考。

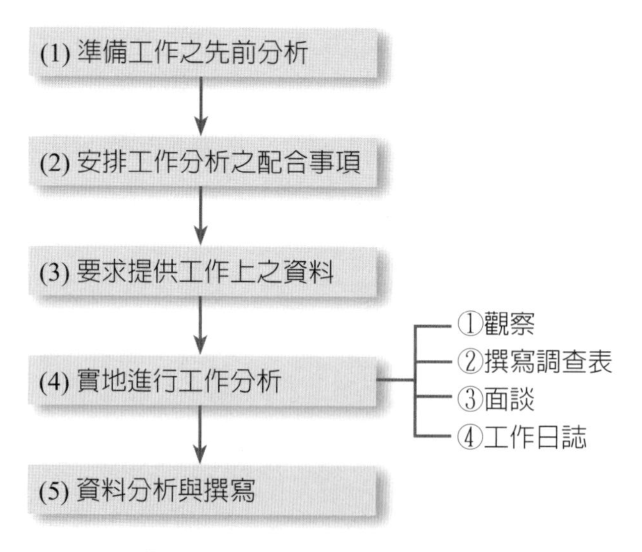

圖 4-3　工作分析的程序

四、工作分析之項目

工作分析所牽涉之內容項目，須視不同的工作而有所不同，但大體而言，主要包括以下各項（以製造業爲例）：

(一) 工作名稱

工作名稱必須明確，不可令人弄不清楚。例如：以「技師」而言，必須加以細分爲何種性質、何種等級之技師。以「管理師」而言，亦復如此，因爲管理師可區分爲財務管理師、人事管理師、行銷管理師、企劃管理師等不同工作名稱以及不同高低等級。

(二) 僱用人員數目

一項工作所僱用人員的數量及性別，應加以記錄，以瞭解工作的負荷量及人力配置。

(三) 組織表位置

該項工作係在整個公司或整個廠的哪一個組織位置，例如：歸屬哪一個部門、哪一個廠、哪一個課、哪一個組別，另外，該組織表位置與其他縱向、橫向單位之權責關係又爲何，均須予明確化。

(四) 職責

所謂職責，就是這項工作的職掌與責任爲何，其可表現在：

1. 對原物料、零件之職責。
2. 對成品之職責。
3. 對機械設備之職責。
4. 對工作程序之職責。
5. 對其他人員之工作職責。
6. 對其他人員合作之職責。
7. 對其他人員安全之職責。

(五) 工作知識

係爲有效完成此項工作任務，其所應具備之應有的或可加以訓練養成的工作知識與技能。

(六) 智慧運用需求

係指在執行過程中，所須運用到的智慧；包括判斷、決策、警覺、主動、積極、反應、適應等。

(七) 執行工作之步驟

係在完成一項工作之所有過程與步驟，均應明確及有次序地加以記錄分析，使整個工作在完成的目標下，可茲指導及遵行。

(八) 經歷

從事此項工作，是否需要有先前的經歷，其程度爲何。

(九) 機械設備工具

在從事工作時，所須用到何種機械、設備、工具；其名稱、性能、用途，均須記錄。

(十) 熟練及精確度

每一項工作對員工的作業技術熟練度及精確度有所不同，某些工作必須100% 精確，否則就是不良品。

(十一) 體力需求

有些工作必須站立、彎腰、半蹲、跪下、旋轉、搬動、視力、聽力、推進、提高等消耗體力的需求，亦應加以記錄並做具體說明。

(十二) 工作環境

包括室內、室外、濕度、寬窄、溫度、油漬、噪音、灰塵、光度、突變、震動等條件，均應說明之。

(十三) 工作時間與輪班

該項工作的時間、工作的天數、輪班次數、長度等均應說明。

(十四) 工作人員特性

係指執行工作的主要能力，包括力量、靈巧程度、感覺辨識能力、記憶、計算與表達能力。

(十五) 選任方法

此項工作，應以何種選任方法，亦應加以列示說明。

茲圖示如下：

圖 4-4　製造業工作分析應含括的項目

五、工作說明書（Job Description）

(一) 意義

工作說明書是工作分析演變出來的一個結果，它記載著工作人員做什麼，如何做，爲什麼做。而這些資料又用來研擬出工作規範，其中列明工作必備的知識、能力和技巧。工作說明書，基本上乃是說明性質的書面文件。

(二) 內容

1. 工作識別

(1) 工作頭銜。

(2) 工作說明書日期。

(3) 工作範圍。

(4) 工作單位別。

(5) 工作等級。

2. 工作內容程序摘要

對各工作程序要項進行細節與重點說明。

3. 職責與任務

本段內容須記述工作者之職掌、責任與任務。

4. 工作狀況和實際環境

本段應列出任何特殊的工作狀況，例如：噪音程度、危險狀況、熱度等。

(三) 撰寫指南

下列各點為研擬工作說明書之指南：

1. 文字敘述應力求簡要、清晰、明確。
2. 工作相關之項目，應全部包括進去，勿遺漏。
3. 工作說明書必須充分顯示出每個工作的不同處。
4. 工作說明書的內容應與其工作的目標與任務相一致。
5. 應標明編寫日期。
6. 應包括編寫人、核准人、核准日期。
7. 驗證可行：

   當一個新進員工在閱讀完工作說明書之後，應詢問他是否看懂。

六、工作規範（Job Specification）

(一) 意義

工作規範（job specification）係為合理與有效執行其工作，此工作人員所應具備與勝任之最低條件之書面說明。

(二) 內容

1. 工作性質。
2. 工作人員應該具備之資格與條件。
3. 工作環境。
4. 任用期限。
5. 發展速度與晉升管道。

其中以第 1、2 項爲主要內容。

(三) 如何研訂

工作規範雖係經過工作分析而得，而在工作分析裡，係以下列兩個方式爲基礎：

1. 以判斷爲基礎

以主管主觀之思想判斷而加以研訂出。

2. 以統計分析爲基礎

以過去工作人員條件與特性，然後再對照其表現之績效，從而決定雙方之關係，並做爲推測之參考數據。

七、表格實例

工作（職務）說明書

填表日期：＿＿／＿＿／＿＿

部門名稱		直屬主管門名稱	
職務名稱		直屬主管職務名稱	

職掌摘要	
主要工作項目	
工作項目	工作成果／具體產出
符合資格	
教育程度	
工作經驗	
語文能力	
技能訓練	
相關證照	
其他條件限制	

工作（職務）說明書

職務名稱		工作單位		所屬部門	
職務編號		本職務職等		現任人姓名	

一、本職務人員所須資格條件（工作規範）

注意：這是此職務必要的需求，不是你自己的資歷。

二、職務概述（簡述本職務所屬部門及設立本職務之目標）

三、職務組織關係：（標明本職務在公司組織中的位置）

董事長

總經理

總經理室

組　組　組　組

四、本職務主要工作項目及所負職責

工　作　項　目　　　　所負職責（作業項目及流程表單說明）

五、本職務權限之範圍

六、上級主管所予之監督：主管通常怎麼監督你的工作，透過定期正式報告書，或非正式的口頭報告，以及多久向他報告等。

上級主管職稱：總經理室部門主管

正式書面報告：專案企劃之書面報告

工作日誌

非正式口頭報告：1. 隨時向主管口頭報告工作執行事項並簽核公文

2. 主管不定期召開會議報告

監督本職位方式：工作重點之提示、工作執行之督導及成果檢核。

七、對所屬人員之監督

所屬人員職稱及人數：

予所屬人員監督之方式：

八、工作上須接觸人員（包含公司外人員），以及接觸的目的與性質是什麼？

與誰接觸	頻度	原因
部門主管	每天	部門主管
企劃人員	每天	管理與執行工作
其他部室人員	不定期	業務需要

九、會議

你需要參加什麼會議？你在會議裡扮演的是什麼角色？你為什麼要參加？

會議名稱	頻度	你的角色	為什麼參加

十、本項職務必要參加之訓練課程

1. 相關法規之研討
2. 相關產品之認識
3. 相關制度之認識
4. 策略規劃相關知識與技巧

十一、本項職務績效評估項目及標準

項目	考核細項	考核項目
績效品質60%	例行事項	◆規劃之周延性、完整性之程度 ◆監督部門各項工作以期能如期完成且正確之程度 ◆對於各項工作流程或內容提出創新及改善之程度 30%
	專案	◆出現市場機會所撰寫企劃案之貢獻度 ◆規劃之專案或提案周延性、完整性之程度 30%
態度考核30%	積極性	◆主動積極學習工作上所需之知識及積極處理問題之程度 ◆主動提供專業知識，協助組員完成工作或主動對異常事項提出具體對策之程度 ◆對團隊精神建立之程度 15%
	協調性	◆協調其他部門即時取得協助並完成工作的程度 5%
	責任感	◆對於部門各項工作之執行有始有終且具有責任感的程度 ◆對工作之完成目標能全力以赴，且帶領團隊一起達成 10%
能力考核10%	特質	◆管理並完成主管交付任務的能力 5%
		◆管理風格 ◆個人品行 ◆遵守公司規定 5%

核准：　　　　審核：　　　　填表人：

八、某公司部分單位之工作職掌圖說明

＊經營企劃室人力預估統計＊

機能單位	編制	現有	增補
本部	1	1	0
企劃中心	11	11	1
民調中心	8	8	0
合計	20	19	1

（1 位兼職顧問未列入）

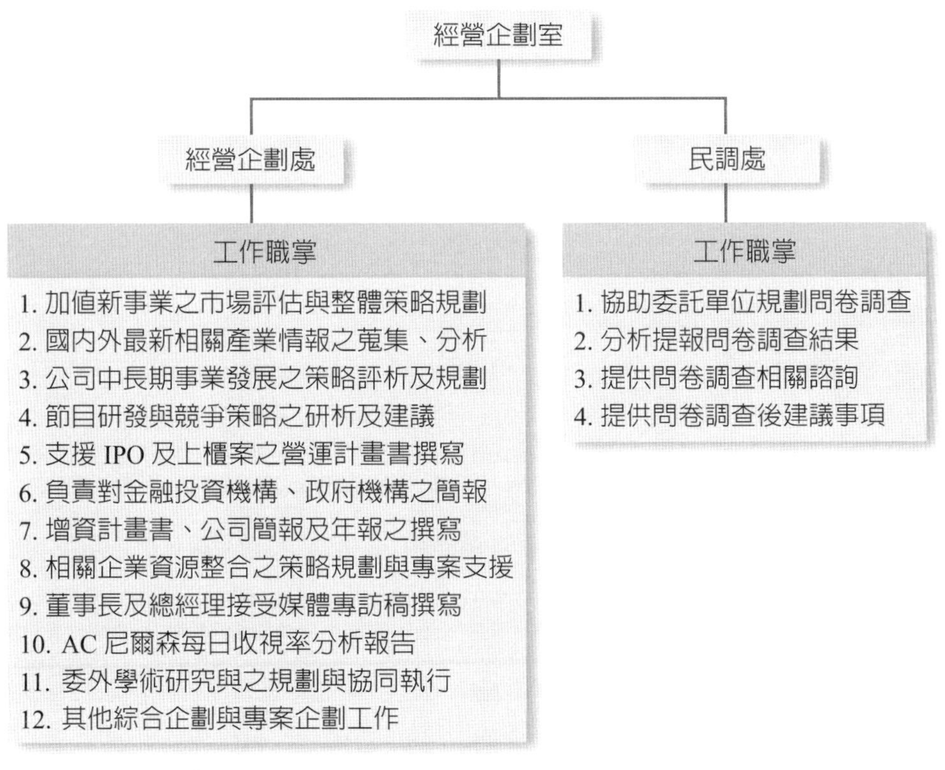

經營企劃室
經營企劃處
民調處
工作職掌
1. 加值新事業之市場評估與整體策略規劃
2. 國內外最新相關產業情報之蒐集、分析
3. 公司中長期事業發展之策略評析及規劃
4. 節目研發與競爭策略之研析及建議
5. 支援 IPO 及上櫃案之營運計畫書撰寫
6. 負責對金融投資機構、政府機構之簡報
7. 增資計畫書、公司簡報及年報之撰寫
8. 相關企業資源整合之策略規劃與專案支援
9. 董事長及總經理接受媒體專訪稿撰寫
10. AC 尼爾森每日收視率分析報告
11. 委外學術研究與之規劃與協同執行
12. 其他綜合企劃與專案企劃工作
工作職掌
1. 協助委託單位規劃問卷調查
2. 分析提報問卷調查結果
3. 提供問卷調查相關諮詢
4. 提供問卷調查後建議事項

圖 4-5　經營企劃室工作職掌及組織圖

＊總管理室人力預估統計＊

機能單位	編制	現有	增補
本部	4	3	1
營運管理處	7	8	–1
資訊管理處	6	1	5
研發管理處	6	2	4
採購處	5	0	5
法務處	10	10	0
合計	38	24	14

（另增 3 員）

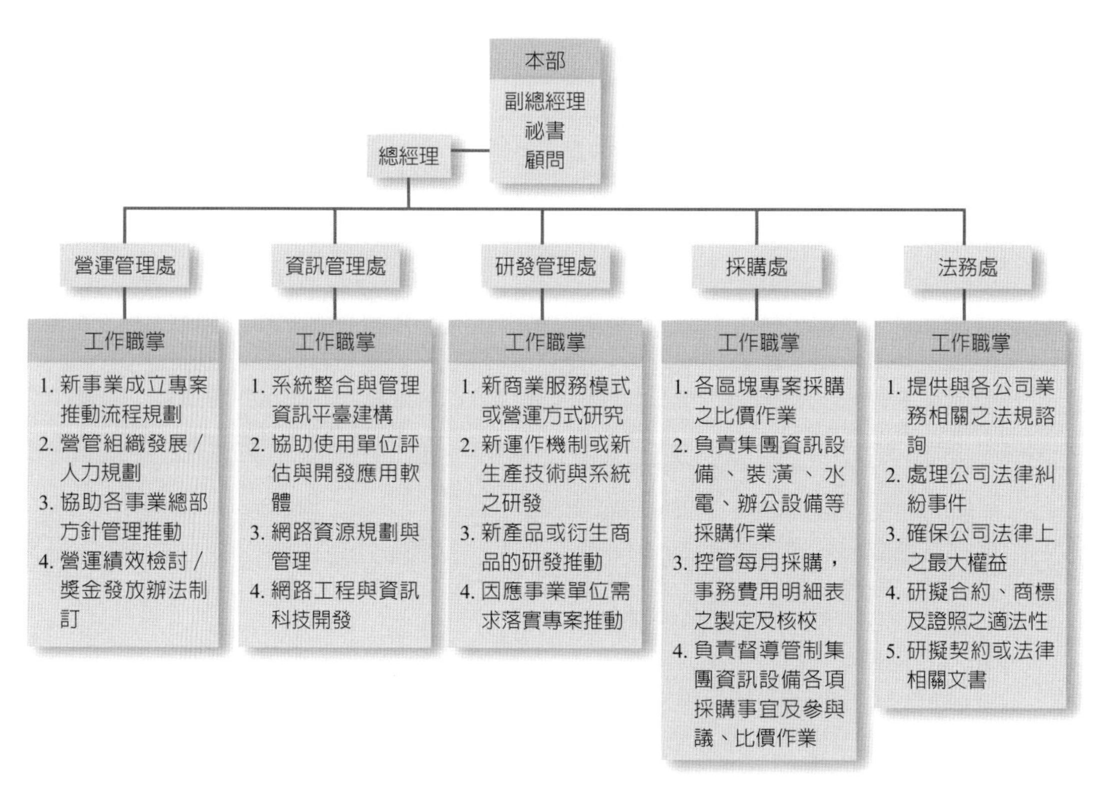

圖 4-6 「總經理室」工作職掌及組織圖

＊財務部人力預估統計＊

機能單位	編制	現有	增補
本部	4	4	0
會計處	10	10	0
財務處	6	6	0
財務規劃處	9	7	2
合計	29	27	2

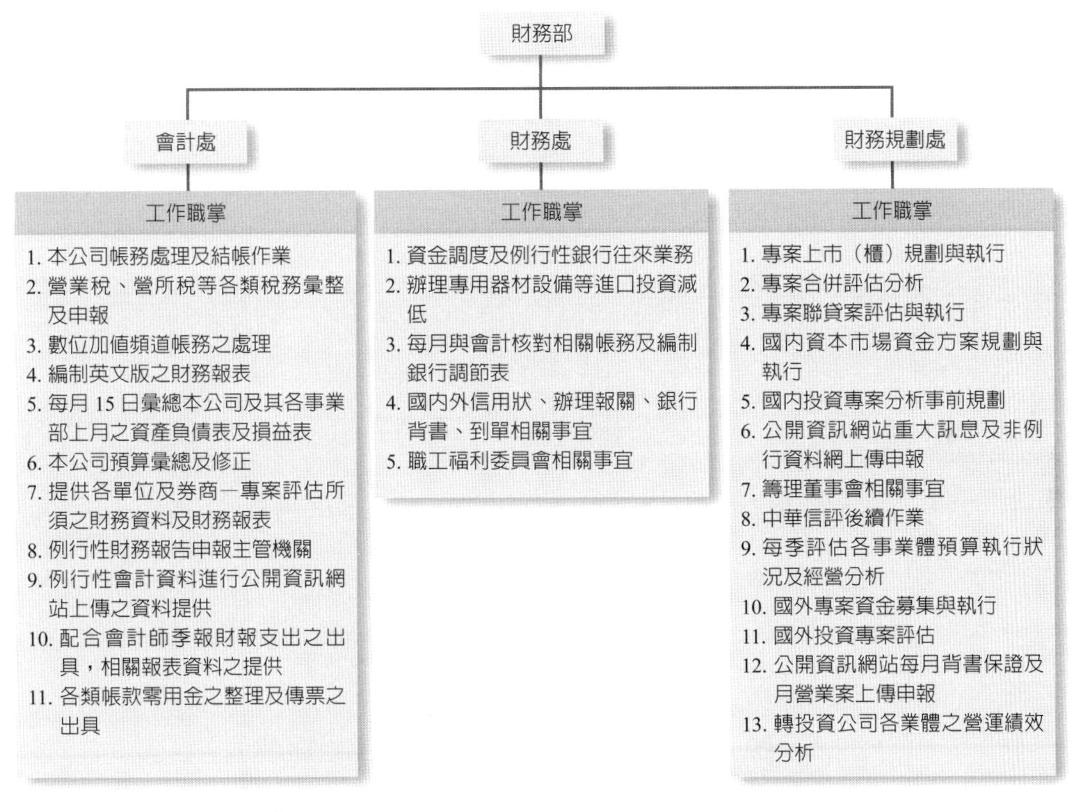

財務部
會計處
財務處
財務規劃處
工作職掌
1. 本公司帳務處理及結帳作業
2. 營業稅、營所稅等各類稅務彙整及申報
3. 數位加值頻道帳務之處理
4. 編制英文版之財務報表
5. 每月 15 日彙總本公司及其各事業部上月之資產負債表及損益表
6. 本公司預算彙總及修正
7. 提供各單位及券商－專案評估所須之財務資料及財務報表
8. 例行性財務報告申報主管機關
9. 例行性會計資料進行公開資訊網站上傳之資料提供
10. 配合會計師季報財報支出之出具，相關報表資料之提供
11. 各類帳款零用金之整理及傳票之出具
工作職掌
1. 資金調度及例行性銀行往來業務
2. 辦理專用器材設備等進口投資減低
3. 每月與會計核對相關帳務及編制銀行調節表
4. 國內外信用狀、辦理報關、銀行背書、到單相關事宜
5. 職工福利委員會相關事宜
工作職掌
1. 專案上市（櫃）規劃與執行
2. 專案合併評估分析
3. 專案聯貸案評估與執行
4. 國內資本市場資金方案規劃與執行
5. 國內投資專案分析事前規劃
6. 公開資訊網站重大訊息及非例行資料網上傳申報
7. 籌理董事會相關事宜
8. 中華信評後續作業
9. 每季評估各事業體預算執行狀況及經營分析
10. 國外專案資金募集與執行
11. 國外投資專案評估
12. 公開資訊網站每月背書保證及月營業案上傳申報
13. 轉投資公司各業體之營運績效分析

圖 4-7 「財務部」工作職掌及組織圖

＊管理部人力預估統計＊

機能單位	編制	現有	增補
本部	3	2	1
人事處	8	7	1
總務處	11	14	-3
採購資材處	1	3	-2
其他（總機、工讀）	13	13	0
合計	36	39	-3

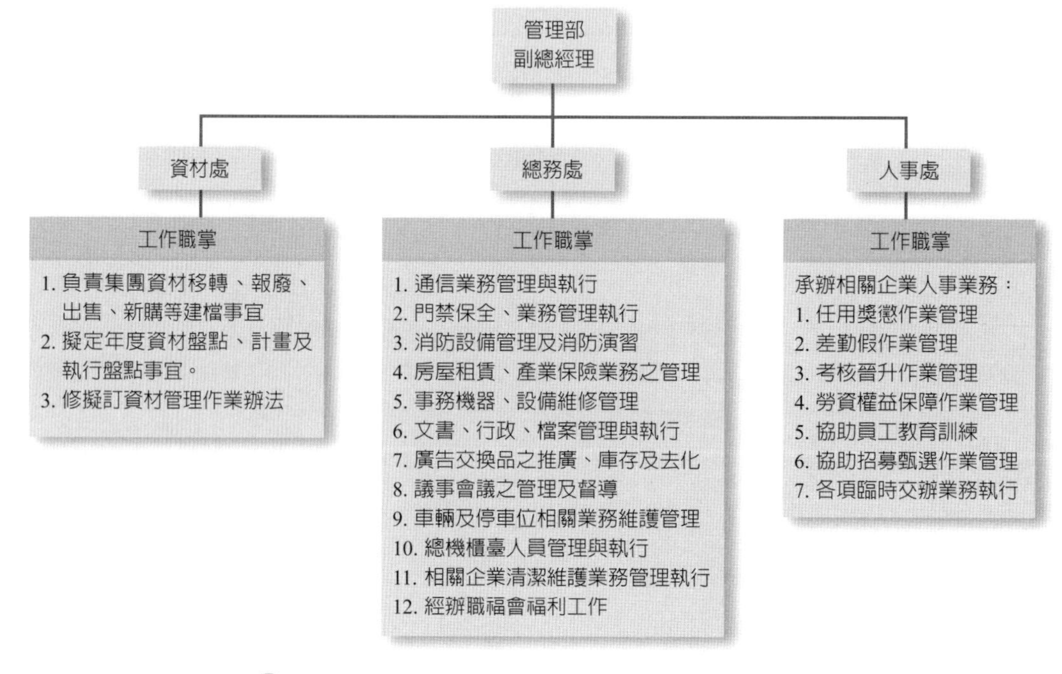

圖 4-8　「管理部」工作職掌及組織圖

訓練、升遷、能力開發、組織學習與考績

Chapter 5

員工教育訓練企劃

第 1 節　教育訓練之意義、重要性與方法

一、教育與訓練之區別意義

教育與訓練是一體的兩面；但教育與訓練仍是有差別的，很多人都將它混爲一談，這是錯誤的。

(一) 教育係以「課程知識」爲重，主要在傳播一般性與專業性之知識，希望建立正確邏輯思考、推理、大範圍認知與決策判斷力，係屬長期性與概括性的觀念深化工作。

(二) 訓練係以「工作能力」爲重，主要在提供爲有效與正確完成工作任務之技能、步驟、工具、方式與手段之目標；係屬短期性與特定性的實務深化工作。

二、教育訓練的重要性

教育訓練對企業或組織機構之重要性，包括下列七點：

(一) 提高生產力（upgrade productivity）

生產的數量、品質與效率，跟員工的知識、技術與能力有絕對的相關性。透過教育可增加其知識與判斷力；而透過訓練可增加其解決工作困難的能力；此二者，均將使組織運作及生產能量提高，亦即生產力提高，每個員工對公司必須要有貢獻力才行，不能做冗員或沒有生產力的員工。

(二) 減少各層主管監督負擔（reduce supervision）

組織內每一個員工的觀念、技能與知識都能進步後，就可由其自我管理、自我發揮，不需管理階層太多的繁複監督。

(三) 減少意外事故（reduce accident）

生產性的工作，往往因爲操作機械的不當，而產生員工身體受到傷殘的不幸事件，爲減少意外事件，可透過現場訓練的途徑，有相當之幫助。

(四) 增加組織的士氣（increase morality）

組織成員接受公司廣泛而深入的教育與訓練課程之後，會深覺受到公司之重視，並引發其上進的意念，此均對組織士氣的提高有相當之幫助。有進步的員工，就會有進步的組織體。

(五) 確保組織的生存（protect survival），不斷進步

隨著經營環境的劇變，諸如科技變動、生產自動化設備、自然生態維護、消費者保護意識、法律規範、競爭者出現、政治經濟變化等；此均對組織的生存狀況產生相對影響，組織要尋求穩定生存，必然要全員有足夠的新知、智慧與技藝去因應；故教育訓練的推展，將使組織能適應環境之變化而生存著，否則，易為競爭環境所淘汰。

(六) 提高共識，齊一行動

有些教育訓練課程，是為全體員工建立企業發展、企業文化、專業計畫之共識建立，然後才能齊一行動，同心協力，整合資源力量，達成公司預計的各種目標。

(七) 加強顧客服務，提升顧客滿意度

對客服中心、店面人員、維修服務人員、工程技術人員及營業人員提供的教育訓練，主要目的之一，即在加強顧客服務，提升顧客滿意度與忠誠度。

茲圖示如下：

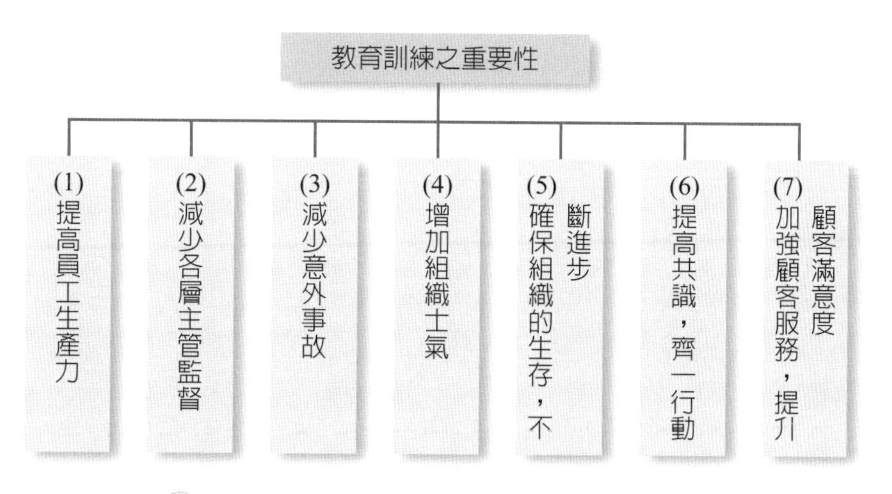

圖 5-1 教育訓練之重要性（目的）

三、員工教育訓練之途徑分類

在一企業中，對員工工作訓練的方法，大致有以下五種，茲分述如下：

(一) 工作中訓練（on job training, OJT）

1. 意義

所謂工作中訓練，係指主管要求受訓人員在工廠或在研究中心或在店面及總公司接受工作之指導與訓練。

2. 優點

(1) 可使其一面工作，一面訓練；不會妨害工作之中斷。
(2) 不須另設專責的人與設備；可達經濟效果。
(3) 可易於判斷訓練之成效是否良好，以及人員是否可以勝任此項工作職務。
(4) 訓練者與受訓者是一對一的訓練方式，可以建立彼此的親密感與信任感。

3. 缺點

(1) 訓練之主管如果本身不是很優秀，或未認清訓練之重要性而敷衍過去，都可能使受訓人員無法學到什麼技能與知識。
(2) 其範圍較小，只限於此項工作本身的實際作業，較缺乏宏觀的與有計畫性的教育訓練過程，故充其量，只適於中、低階人員的教育訓練，對高階經營與管理人員則嫌不足。

(二) 設班訓練

1. 意義

所謂設班訓練，就是指在現場（工廠或辦公室或店面）以外之地方，專門另設訓練課程及地點進行。此種方式可能係由於現場不適於訓練或受訓人員數量太多，無法一對一指導，故採此種方式。

2. 優點

(1) 合乎專業化原則，主講人員及受訓人員可較專心主講與聽講。
(2) 訓練不會影響生產作業之順暢進行。

3. **缺點**

(1) 由幕僚主辦訓練課程，萬一成效並非十分理想，則易引起直線現場主管人員之抱怨，造成兩方面之衝突。

(2) 此種訓練仍然缺乏眞實性的感覺，特別是屬於操作機械或儀器測試的工廠工作；所以，設班訓練完成，可能仍須在現場熟悉一段時間。

(3) 成本花費較高，特別是屬於需要有模擬設備的教育訓練。

(三) 特別課程訓練（special course training）

1. **意義**

所謂特別課程訓練，主要有二個特點：

(1) 針對某項特定工作及特定人員進行連貫性與完整性的教育訓練課程。

(2) 其內容包括工作實務以及一般性的知識兩類。

例如：要對新進一批營業人員教育訓練，可設定特別訓練課程，其內容包括：

(1) 公司的組織、成立歷史、發展、定位與變化。

(2) 產品的專業知識。

(3) 生產過程或服務過程之認識。

(4) 消費者之認識。

(5) 訂單處理、推銷技巧、廣告促銷、銷售通路、營業區域訂定及客戶聯繫等之瞭解。

(6) 市場競爭者之認識。

2. **優點**

此種訓練方式，較具一套的完整性，可讓員工周全的瞭解整個關聯情況。

3. **缺點**

如果課程天數太長，會令人有疲累之感。

(四) 學校進修訓練（university training）

1. **意義**

所謂學校進修訓練課程，係指透過大學或專業教育機構之地點，進行相關之進修研讀，此種是適合於較高階經營管理及研究開發人員的訓練方式。目前，有很多大學、政府機構都附設有在職進修課程，諸如臺大管理學院、政大公企中心、各大學 EMBA 班、資訊策進會、外貿協會等。另外，企業界亦很鼓勵員工再到學校進修，取得碩士或博士的學位。（註：設有 EMBA 企管碩士在職專班的學校，包括有臺大、政大、中興、中山、成功、臺科大、交大、清大、臺北科大、輔仁、淡江、文化、逢甲；此外還有各縣市科技大學，以及傳播學院的世新、銘傳等，亦均有類似的碩士在職專班）

2. **優點**

此種方式，較偏重理論性、觀念性與統合性的教育訓練內容；對組織成員的高瞻遠矚眼光、決策的思考力與現代化經營管理及科技的吸收，都有正面的貢獻。

(五) 學徒訓練

所謂學徒訓練，係指透過技術較高的師父，藉由現場實地工作中或課堂講解，而將技術、技能傳授給較低層的各級學徒；讓他們在短期內吸收師父的技能。

此方式，較適合於學徒制的行業中，例如：車輛維修廠、手工藝廠、車床加工廠、理容美髮師、美容師、麵包師、餐飲業等。

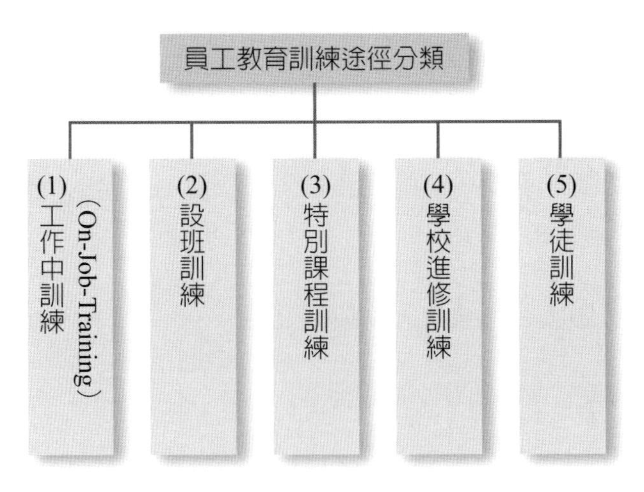

圖 5-2　員工教育訓練途徑分類

四、員工的訓練上課進行方式

另外，訓練方法如從另一個角度來看，亦可區分爲八種模式。訓練的方法有很多，每種方法皆有其優缺點，講師應依據不同的訓練目標來選擇合適的訓練模式。以下將介紹幾種常見的訓練模式：

(一) 演講法（lecture）

演講法乃指講師以講述的方式傳遞所要教授的課程內容，爲應用最廣的訓練之一，頗適合口言訊息的教授。採用此法的優點爲，可以同時訓練多位學員、成本比較低廉及可在短時間內傳遞較多的資訊給學員。但其最大的缺點爲學員被動地接收訊息，因此較缺乏練習與回饋的機會，然而講師可在演講結束後以討論或問答的方式予以彌補。

(二) 簡報講授法（power-point presentation）

視聽技術法乃以投影片、幻燈片及錄影帶等視聽器材進行訓練。採用此法的優點爲：可吸引學員注意、提高其學習動機、可以重複使用、成本低廉及訓練的時間較易掌控，其缺點則與演講法相似。

(三) 個案研討法（case study）

個案研討法乃指提供實例或假設性的案例讓學員研讀，並從個案中發掘問題、分析原因、提出解決問題之方案，並選擇一個最合適的解決方案。採用此法的優點爲：可增進學員分析與判斷的能力，並從中歸納出原則，使學員在面臨工作上的難題時，有能力解決。

(四) 現場模擬（simulation）

模擬乃指創造一眞實的情境讓學員做一些決策或表現出一些行爲，而這些決策會導致和眞實狀況相似的結果。例如：飛行員的模擬飛行訓練，其目的是爲了讓學員在訓練中感受到眞實飛行時可能遇到的狀況，並於訓練後能將所學應用於工作中。採此法的優點爲可減少實地練習時所可能帶來的危險、節省成本。

(五) 角色扮演（role play）

角色扮演乃指給予一個故事情節讓學員演練，適用於人際技巧方面的訓練課程。此法是讓學員有機會從他人的角度看事情，以體會不同的感受，並從中修正自己的態度及行爲。採用角色扮演法的優點爲，學員參與感較高，可立即演練課堂中所學得的技能，但對於較內向的學員可能會造成情緒上的不安。

(六) 戶外活動訓練（outdoor field training）

戶外活動訓練乃指利用戶外活動來發展團體運作技巧，以增進團體有效性的訓練方法。這些團體活動可增進學員解決問題、團隊合作的能力，並在講師帶領下，將活動中所得感受與工作相連結。

(七) 數位（網路）學習（e-learning）

數位學習乃指受訓學員透過電子媒介學習，而電子媒介包含電腦、網際網路、光碟等電子儀器。數位學習之目的是仰賴資訊科技之發達，讓受訓學員能不受時間地點之限制遨遊知識的領域。企業導入數位學習將有助於減少訓練執行時瑣碎的行政作業，且讓訓練人員有充裕的時間致力於提升訓練課程的品質，同時確保訓練課程品質一致，讓每位受訓者都享有相同的學習效果。開發數位學習之初，企業通常必須花費相當大的設置成本（如軟硬體設備、電腦程式設計等費用），然而一旦開發成功，其日後的成本將隨著使用人數的增加而遞減。

國內企業進行訓練，最常使用上述哪些方法呢？一項針對國內卓越企業研發單位人才培訓制度之研究指出，企業界最常使用的方法依序爲演講法、簡報講授法與個案研討法。無論採用哪一種訓練方法，企業組織皆應依據訓練課程目標來選擇最合適的訓練方法，如此方能確保訓練的成效。

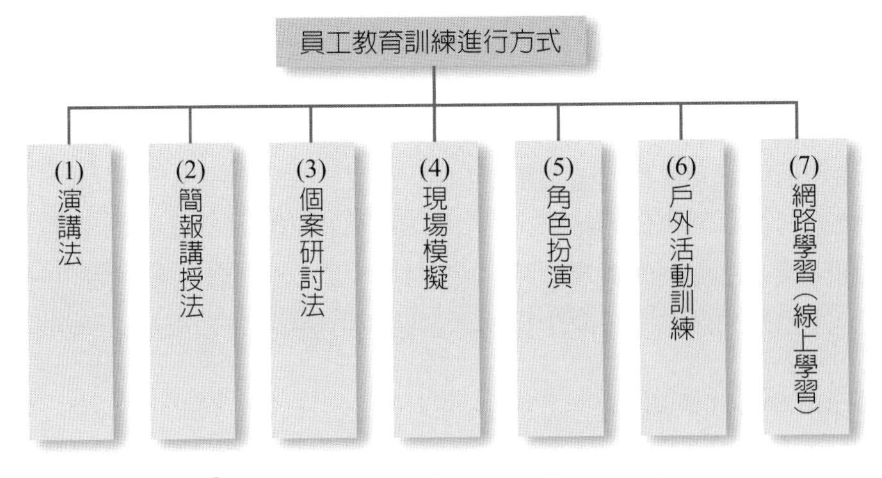

圖 5-3　員工教育訓練進行方式

第 2 節　企業大學蔚爲風潮

美國企業大學已超過2,000家

「企業大學」（corporate university）主要提供企業內員工教育訓練，以滿足企業目標需求。不同於一般定期開設的在職訓練班，企業大學能爲企業量身訂做所需的訓練類別，並設計系統性的學習課程，一旦學習完成，即授予憑證，做爲敘薪、考核、升遷或晉升下一階段課程的依據。

案例 1

台灣人壽企業大學

爲提高員工服務品質，民營化後的台灣人壽創辦台灣人壽企業大學，以系統化、階段性的課程安排，規劃壽險行銷、經營管理、財稅規劃、醫學保健、師資培訓等五大學院，共 52 項訓練課程，協助員工在競爭激烈的保險業裡，創造更高產值。台壽大學約有 1/3 的師資爲外聘講師，若員工業績達到某一標準或某一管理階級以上，台壽會替員工支付 1/2 到 1/3 的學費。此外，員工可公假參加訓練課程。平均每位台壽員工一年受訓時數 30 小時，比業界一年平均 15 小時的受訓時數超過一倍。企業要永續經營，必須透過人員培訓，不斷提高員工素質，更重要的是留住人才。以保險業爲例，從新人到獨當一面的業務員，至少要兩年時間，若企業不能提供充電機會，協助員工從工作中成長，員工很容易被競爭對手挖角，屆時不只是人才流失，客戶、保單都將跑到對方手上，損失難以估計。近幾年來，即使外商保險公司大舉挖角，台壽員工的流動率相當低，也未發生集體跳槽的情況，而且，上百萬躉繳型的保單愈來愈多，這都是企業大學發揮的成效。

案例 2

企業教育訓練策略——全家便利商店「全家企業大學」培育未來核心幹部人才的搖籃

(一) 師資來源來自企業內部主管及外部名師

籌備多時的全家企業大學開學，「校長」是全家副總經理葉榮廷。「督學」全家董事長潘進丁說：「全家將邁入第二個創業期，企業的核心是人才，全家將更重視人才培育和傳承，今日的學員未來是接棒的核心幹部。」

全家便利商店成立的全家企業大學設在淡水，原本是提供加盟主教育訓練的場所，未來更重要的職能是做為全家基層幹部和中高階主管的進修機構。這所企業大學由全家總務人事部經理石朝霖規劃，太毅國際顧問公司協助承辦。師資陣容有多位企管顧問名師及中高階幹部。

(二) 人才培育是企業成長茁壯的原動力

潘進丁說，全家至 2020 年創立已有 31 週年，年底也將突破 3,400 家店。全家即將跨入第二個創業期，幹部必須有更高的視野與格局。全家在 POS 系統、物流、鮮食廠、店鋪改裝等硬體，投資 12 億元。不過，全家更在乎人才培育，因為「人」是企業成長茁壯的原動力。

(三) 儲備人才，先要投資

1. 兼企業大「督學」的董事長潘進丁表示，企業大學是全家的人才庫，今日的學員將成為未來公司的核心幹部。基於臺灣便利商店市場漸趨飽和，全家有意加速中國大陸事業版圖，並發展新事業，「人才」就成為總部強而有力的後盾。
2. 儲備人才，先要投資。全家每年平均花費兩、三千萬元在人才培育上，企業大學就占約一半經費。籌備近一年，這套為全家量身訂作的課程，模仿大學系統性的學習模式，學習完成後授予憑證，做為敘薪、考核、升遷或晉升下一階段課程的依據。

(四) 課程內容規劃

1. 企業大學不是要蓋一座象牙塔學校，而是將知識帶到校園圍牆外，更契合工作需求。要成為人才培育的搖籃，完善的教育訓練體系、完整的績效評估體系、健全的課程開發規劃及優秀的講師缺一不可。

2. 在課程規劃方面，全家企業大學針對「個人職務能力」，規劃三年六階的學程，除了職能及理論課程之外，加強專業管理知識的吸收。
3. 翻開課表，第一年的基礎課程有管理學、統計、會計學、行銷管理與實務、人資管理、策略管理、流通發展管理、策略管理、流通發展史……乍看之下，和傳統的企業課程大同小異。全家教育訓練部補充，企業的學習是要解決工作上的問題，因此，統計學就學資料搜尋、情報蒐集，以應用於店鋪的 POS 系統；會計學也不需要重頭做起，只是讓學員至少看的懂財務報表。
4. 第二、三年課程著重職務能力和專業能力，規劃更多實務課程，例如模擬企業運作模式。

   事實上，企業大學類似 EMBA 的概念，不過，全家企業大學更針對企業內部的需要客製化，有理論性的紮根課程，也有實務性技巧演練的課程，另有針對趨勢議題所開設的名人講座，透過全方位的課程規劃，讓學員能培養職場能力，同時能吸收管理新知，掌握趨勢。
5. 因此，全家大學除了自學界延攬講師，也與有豐富輔導企業經驗的顧問公司合作。在理論和實務融會貫通下，學員漸漸改變認知、行爲模式，以所學的管理知識處理工作上的問題。

(五) 企業終身學習與員工生涯發展

全家大學第一屆學生，選定人數多的三級專員開跑，他們平均要管七、八家店，是總部的第一線人員；第二屆學生則鎖定課長級幹部。隨著事業體規模擴大，也規劃高階幹部培訓班。

全家企業大學校長葉榮廷表示，隨著產業競爭環境快速變化，全家企業大學強調企業終生學習與員工生涯發展，希望經由塑造企業內學習的文化，提升員工專業技能，更爲企業創造意想不到的資產。

展望未來，全家大學將透過課程設計，傳遞集團的經營理念與價值，並朝學歷、證照制度發展，加強與大專院校合作，開設相關課程，成爲名副其實的流通大學。

葉榮廷也不排除再設立「研究所」，朝向研究發展，帶領學員研究經營課題，累積企業智慧資本，提升整體競爭力。

案例 3

日本三越百貨公司設立「三越零售學院」

日本三越成立「三越零售學院」，目的就是要培訓人才。位居銷售前線的經理 400 人和店主 850 人共 1,250 人一起參與兩天一夜的研習，還邀請計時工和派遣員工在晚上參加舉行兩小時的研討會。員工上完課後，最重要的是把學到的內容融入工作，因此公司還會配置指導員在現場教導。

爲了獎勵員工，日本三越還實施雙管道的薪資制度，除了傳統的升遷方式外，另有專任方式，員工若善用自己的技能，提升效率，不必升到課長或部長也能加薪。另一方面，表現不佳的人也會減薪、甚至降薪等。

案例 4

遠東企業內大學簡述

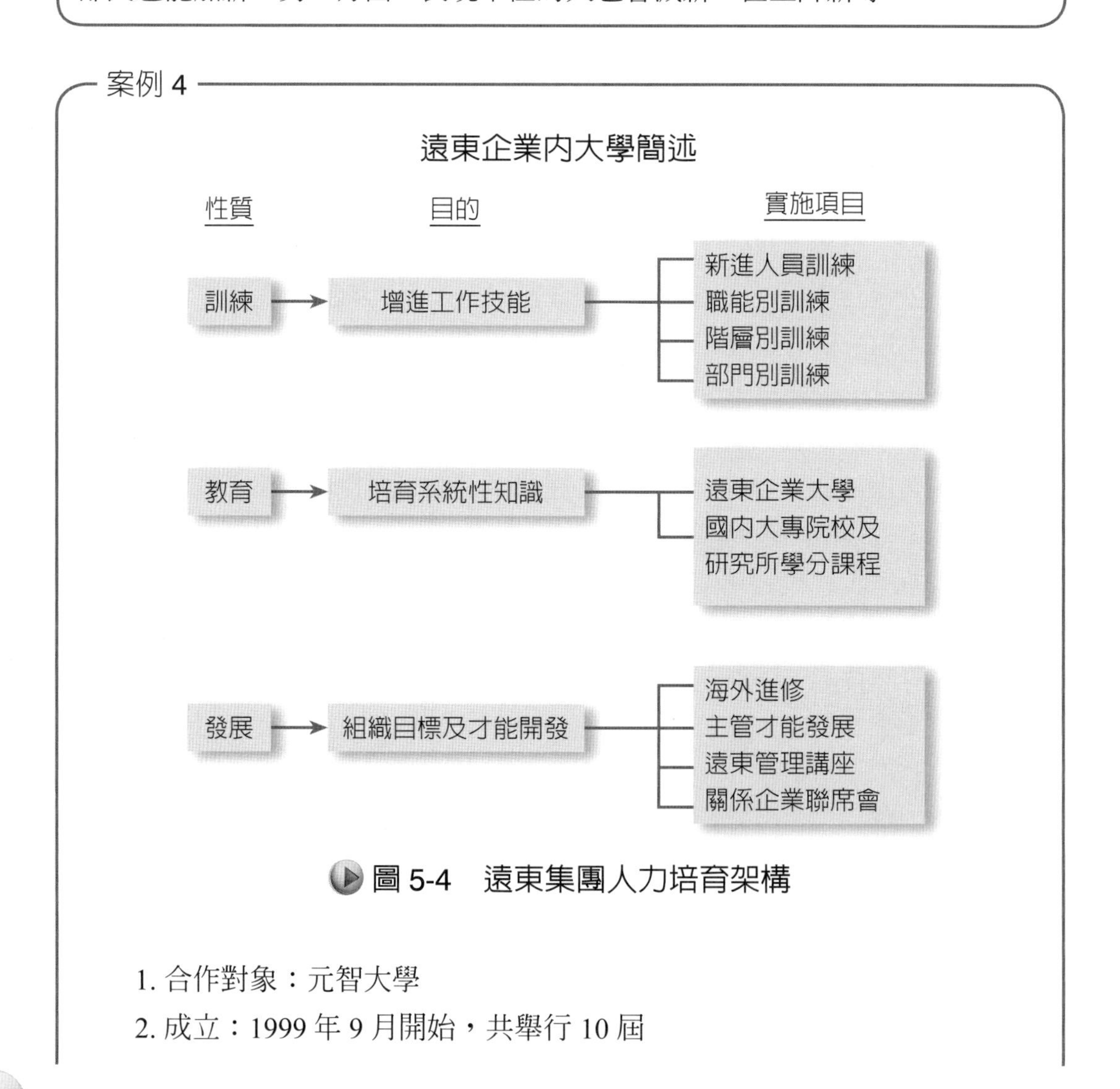

圖 5-4　遠東集團人力培育架構

1. 合作對象：元智大學
2. 成立：1999 年 9 月開始，共舉行 10 屆

3. 修業年限：三年
4. 修業規定：36 學分＋論文
5. 進修方式：公假＋下班後時間
6. 費用：公司負擔學費、學雜費、書籍費、交通費，如有中途輟學、離職、成績不及格需自行負擔費用。
7. 課程設計

規定	科目名稱	規定	科目名稱
必修科目	電子商務	選修科目	服務業管理
	科技與創新管理		知識管理
	組織暨人力資源管理		網路行銷
	行銷策略管理		創業經營
	供應鏈管理		激勵與領導
	網路金融暨投資管理		網路消費行為
	顧客關係管理		
	管理專題研究		
	EMBA 論文寫作		

第 3 節　教育訓練計畫四大程序與對員工學習原則

一、訓練計畫四大程序

一個完整的人員訓練計畫，必須包括以下四項程序，現分述如下：

(一) 確定訓練的需要（identify training need）

任何教育、進修及訓練均必須要有其需要性及目標性，才值得推展：否則只是徒然浪費入力、物力、財力；而勞師動眾，引發眾怒而已。故有訓練之需要，係整個訓練的先決要件。

那麼，要如何確定訓練的需要呢？此可從三方面的分析加以決定：

1. **哪些組織單位需要訓練？**

此可透過「組織分析」（organization analysis），針對整個組織、機構或企業的經營目的、使命、方向、策略與資源等各重大方面加以做整合性之分析與判斷；尋找出組織的訓練方向及重點應置於何處才最符合組織的最大利益。

例如：公司是一個高科技產品的廠商，那麼訓練的重點就應放在研發單位及人員的深入研發技術進修與作業員精密訓練課程上。

2. **哪些工作需要訓練？**

此可透過「工作分析」（job analysis），係針對某些影響組織運作與產銷重大之工作任務，須進行評估，以篩選需要訓練的工作項目。其重點在於事，亦即人員該如何有效執行工作任務，而非在於人。例如：同上所述，對於科技產品製程中的精密焊接能力的工作項目，進行訓練。

3. **哪些人員需要訓練？**

此可透過「人員分析」（employee analysis），係分析員工在現有職位上，其擁有的技術、知識、態度與反應是否足以擔當工作的任務要求；從而再決定其應受訓練之內容。

目前，在企業界裡，對於如何確定訓練需要，大抵都透過下列幾種方法，以得知：

(1) 長期性組織發展的計畫。
(2) 定期績效評估所反應出的狀況報告。
(3) 對員工進行問卷調查。
(4) 高階幕僚透過觀察、查訪與經營分析的結果報告。
(5) 單位主管人員提出的需求。
(6) 重大損害事件產生後之避免再重複而進行訓練。
(7) 工作分析及工作簡化後，也需進行訓練。
(8) 透過全員代表大會或單位主管全體會議中所提出之訓練意見。

(二) 選擇訓練方式（training style）

一般而言，基本的訓練方式，大致可區分爲三大類：

第一類為：正式的訓練班

係指在一定的課程計畫，每週規定上幾個小時的課，又可分為：

1. 公司內部正式的訓練班（由公司來主辦）。
2. 公司外部正式的訓練班（委託外界訓練機構主辦，包括外部的各大學、企管顧問公司或人力訓練公司等）。

第二類為：工作中的訓練

係指一邊工作，一邊隨即予以指導，是屬現場的訓練，非課堂的訓練。

第三類為：兩類之混合使用

係指一方面員工接受工作中訓練，另一方面公司又指派到外界機構去接受新知識與新技術之訓練。

至於選擇哪一類的訓練方式，須視下列情況而定：

(1)人員的職位層次。
(2)人員的數量多寡。
(3)職務的重要性或普通性。
(4)職務性質的不同（幕僚、銷售、生產、研發、行政）。
(5)效果的考量。
(6)內部與外部訓練成本的比較。
(7)成本與效益的評估。
(8)訓練時效迫切性的程度。
(9)過去沿襲的訓練模式及系統。
(10) 內部與外部講師素質的衡量。
(11) 訓練外的附加效益有無之考量。
(12) 訓練設備、地點的有無。

(三) 受訓員工與主講人的挑選（selection for appropriate persons）

1. 對於受訓員工的挑選，應有下列幾項原則

(1) 具有可訓性。
(2) 工作任務有其迫切需要。
(3) 未來具有發展潛能及實力。

2. **對於講師之挑選，應有下列幾項原則**

(1) 如係內部講師，應具備主管職位，曾長期做過該項工作、熟悉該項工作之知識與技術，此即應建立內部「講師團」之目標。

(2) 如係外部講師，應具備該領域專長且具聲望之講師。

(3) 此外，這兩類講師，均應精於教學方法，富有熱誠，並且理論兼具實務經驗，則為最佳之主講人選。

(四) 評估訓練成果（evaluate training performance）

訓練自然要求要有成果及績效出來，否則還不如不要浪費人力、財力。

一般而言，評估一項訓練計畫的成果，有四種標準，可加以衡量：

1. **功能標準**（function standard）

係指衡量受訓人員是否能在其功能部門上發揮其專長功能的績效。例如：生產效率是否提高了？製程是否簡化了？研究困難點是否突破了？報表編製速度是否加快了？業績是否有成長了？作業流程是否順暢了？

2. **工作行為標準**（work behavior standard）

係指受訓人員，在其工作崗位上，其做事之思考、觀念、反應、推理、判斷、處事、待人、協調等方面是否已有改善？並且影響到別的同事？

3. **學習測驗標準**（learning test standard）

對受訓人員進行學習效果之測驗，包括：①口試、②筆試、③操作測試及④撰寫心得報告等四種方式，用以得知真正學到了多少東西。

4. **反應標準**（response standard）

係對受訓人員詢問本次訓練計畫是否對他們有實質與有效的幫助？程度有多大？下次又該如何改善？如果受訓人員反應均良好，表示訓練計畫成功了一半，也沒有人再畏懼上訓練課程。

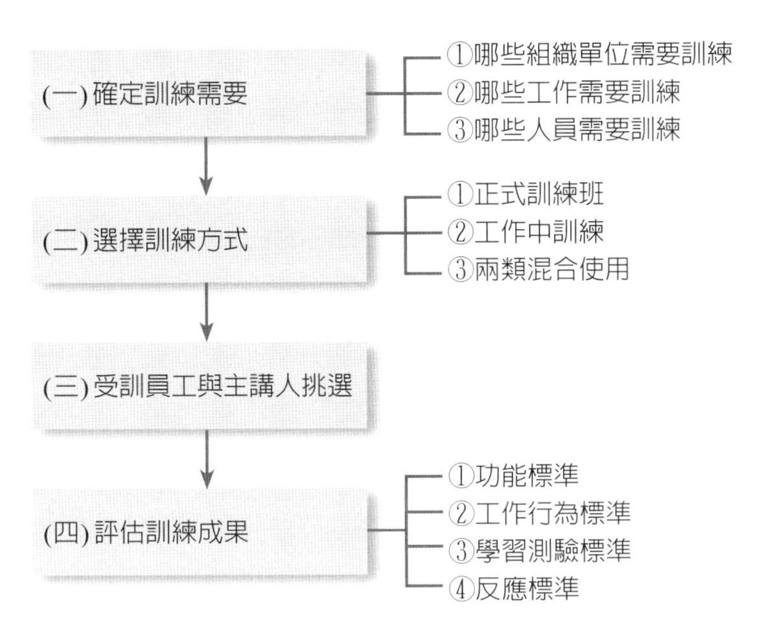

圖 5-5 教育訓練四大程序

二、對員工學習的六大原則

學習是一種頗複雜的程序，不過，仍可歸納出其六大基本原則：

(一) 激勵（stimulus & incentive）

激勵的方式分爲二種：

1. 內在激勵

係指員工因爲有求知慾、有工作的興趣、有面對挑戰的動機，而要得到需求的滿足；此種係屬由員工自己內部激勵。

2. 外在激勵

係指員工因爲受到物質與精神的獎勵與懲罰而努力。例如：受過訓練課程是晉升高階主管的必要條件之一，那麼必然會激勵中、低階員工參加教育訓練的課程。

(二) 回應（response）

在學習的過程中，如果受訓學員明瞭或感到、吸收到的成效愈大，則會對學習愈有興趣，所以講師必須以正面的態度，經由各種精神的嘉勉或實地的操作成果回應給學生，讓學生感到學習的代價，避免學員厭煩、害怕、拒絕。

(三) 參與（participation）

係指受訓人員能從「實踐中以學習」（learning by doing），亦即學員參與愈多，學習就會愈有效，故不能只由講師一直陳述，必須雙方一起溝通及參與實作。

(四) 應用（application）

受訓人員在課堂上學到新技術與新計畫，必然急於應用在工作上試試看，此時，組織必須讓他們有施展技能的機會，否則久了，會使效果大打折扣。

(五) 理解（understanding）

理解就是領悟，領悟它的道理、來源、去向、縱橫關係，才是眞正的理解。唯有眞正理解受訓內容，才能將訓練所學習到的新知，實際與有效的運用出來，否則一知半解是沒什麼用的。

(六) 重複（repeat）

遺忘是人類的天性，防止遺忘就是要重複，俗話說「一回生，兩回熟」就是此意。

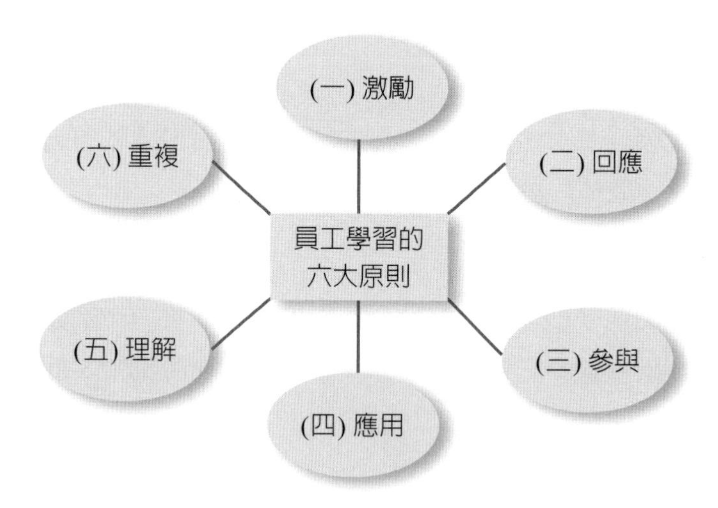

圖 5-6　員工學習的六大原則

三、教育訓練失敗的真正原因

1. 不在乎訓練課程內容無聊或師資講授能力差，無法引發員工學習興趣。
2. 員工未能瞭解訓練的眞正目的，更不知道爲何要接受訓練。
3. 員工確實需要此課程，但訓練的時間點安排得不恰當，導致員工的學習意願下降。
4. 課程內容無法與實際工作相連結。
5. 講師的授課方式及內容，無法讓員工產生共鳴。
6. 訓練課程的安排與個人的生涯規劃無關等原因。
7. 沒有測試的配套作業要求，亦即壓力不夠。
8. 沒有與年度考續作業連結在一起，誘因與壓力不足。

第 4 節　e-learning（線上教學）

一、e-learning（線上教學）基本原則

不可否認的，線上的教學方式仍處於發展初期，還有許多尚待改進的環節，但有幾項基本原則可以使線上學習更有效率，包括教學方式、教學內容、課程設計等各個面向。無論是實體課堂或者虛擬網路的學習方式，都需要以高度標準化、結構化的教學方法爲前提，才能獲致預期中的成效。

(一) 教學方式必須以豐富的簡報內容做爲輔佐，藉此指引學生練習，並隨時評估其學習效果。

(二) 課程內容除具備清楚而明確的目標，彼此之間也要有所關聯，並搭配實務問題的解答。

(三) 課程架構也是相當重要的一環，在網路上漫遊的習慣完全無助於學習，早在設計課程之初，就必須先行排除引發類似情況。

(四) 選擇內建頻繁互動與即時回饋機制的軟體，做爲促進學習成果的關鍵元件。

(五) 所有的課程內容都要提供從簡而繁的練習，強化學員的吸收。

(六) 以變化來爲學習助興，各式各樣的媒介如文字、圖形、動畫與音效，都能強化學習的內容。

二、實例：IBM公司e-learning學習機制

(一) 從課程來說，IBM 寰宇大學（Global Campus）提供了超過 2,300 個課程，快速、豐富且容易使用，讓員工得以擁有方便多元且滿足個人需求的選擇。至於在落實部分，為了鼓勵員工多使用 e-learning 課程，IBM 已將經理人員的訓練課程，全部放在內部網路上。

(二) 這套名為 Basic Blue for Manager 的學習課程，主要是針對新上任的經理人，結合 e-learning 和實際指導的訓練，提供甫獲擢升的經理人必要的管理概念，以及帶領團隊的技巧。經理人除了必須利用公司內部網路連上資料庫，瞭解 IBM 經理人的使命與工作執掌，更可以採取「情境模擬」方式的互動教學，研習相關的管理個案。除此之外，經理人也會面對面接受講師的指導，或是與同僚之間交換心得，以彌補虛擬學習所缺少的經驗交流。截至目前為止，全球 IBM 已有四成的員工使用線上學習機制。

(三) 在導入 e-learning 之後，光 2001 年 IBM 所節省的企業費用高達 2 億 6,500 百萬美元。由此可知，e-learning 不僅為 IBM 創造知識競爭力，更有效地節省許多費用支出。其實，尖端的科技與精采的課程並不足以促使 e-learning 的成功。

(四) 真正使 e-learning 深植於組織的成功因素，包括學習性的文化、高階主管的支持、適切的推廣方式，以及堅持到底的教育訓練人員。畢竟，從導入、瞭解到適應，e-learning 是一條漫長的路，卻也是一條值得堅持的大道。

三、實例：數位學習，教育網路——全家便利超商積極推動

(一) 全家數位學習網站上線之後，架構出總部員工、店長和工讀生接收資訊的重要管道，網站以動畫取代文字的商品情報，高階幹部、內部講師當「主角」，錄製教育課程。各地方營業部設立電腦教室，店長和工讀生可以就地學習。

(二) 超商是連鎖加盟體系，由分散在各地的單店組成，每家店都需要龐大的人力資源，總部時刻都針對店長、工讀生開課。全家董事長潘進丁就說：「全家總部不單是買賣東西的零售業，而是提供加盟主 know-how 的教育產業。」店長和工讀生能夠貫徹總部政策，才能發揮單店戰力。

(三) 同時，課程 e 化後，可以節省教育支出與潛在的受訓成本。全家總務人事部經理石朝霖說，隨著課程 e 化程度提高，加上店數每年增加，節約的費用會更多。

(四) 全家著手架構數位學習網站，先將門市實務操作、法務、人事等課程上網，之後並繼續鼓勵員工上網交流工作經驗與心得，讓網站成爲累積知識的活資料庫。

(五) 另外，全家數位學習網站針對總部員工，推出自我成長課程。石朝霖說：「總部員工必須不斷追求成長，成爲學習型組織，才能帶領全家往前進步。」因此，網站提供總部員工透過公司內部網路，上網學英日語、談判等課程。

第 5 節　實例：台積電、臺灣應用材料、中國人壽、和泰汽車、P&G、聯合利華

案例 1

台積電公司

常見的培育人才，不外乎教育訓練、在職進修或出國短期培訓等。不過，在做法上，台積電不特別強調遴選優秀人才受訓、上課，而是自定一套個人培訓計畫 IDP（individual development plan），一改過去由上而下、學徒制的培訓課程。完全由員工自行挑選需要的課程接受訓練，而不是過去照單全收的情形。台積電開始推動 IDP 計畫，先由工程師開始實行，依個人職位訂出技術藍圖（training roadmap），再與主管協調勾選合適的課程，成爲其在公司內每年的 IDP 計畫。此計畫的特性，除了員工可選擇自己需要的課程受訓外，更能提供公平的培訓機會，不致有分配不均的情形。相較於其他企業，台積電最特別的課程，應該是董事長張忠謀論壇，這個由張忠謀帶著副總級以上主管親自授課的講座，只有處長級以上的主管才能參加，這也就是台積電的 Executive Forum。此外，台積電更有別家沒有的特權，就是能夠邀請到世界一流的學者專家，飛來臺灣爲台積電的同仁上課。台積電目前與麻

省理工學院（MIT）維持良好關係，不定期邀請學者來台積電授課，有別於其他公司派人出國上課的做法，這點，除了台積電外，其他企業也不容易擁有此貴賓級的服務。

案例 2

臺灣應用材料公司

臺灣應用材料公司則是採用專業技術培訓與員工進修方式爲主，在專業技術培訓方面，臺灣應材除與交大合開半導體製程課程，專供臺灣應材的員工前往接受訓練外，還開了一門電漿電視技術課程，供員工進修瞭解科技新知。由於臺灣應材是美商應材分公司，美商應材在美設有應材全球大學（Apply Global University），臺灣應材也會不定期派工程師前往受訓，接受總公司最新的半導體製程技術。除了技術性的課程外，臺灣應材也鼓勵員工進修，包括選讀各大學的在職專班或 EMBA 課程，讓員工繼續進修求學。據瞭解，公司十分鼓勵員工進修，每年還有十萬元的學費補助，算是半導體界最慷慨的公司。公司也開放員工藉 e-learning（線上教育）方式取得德州奧斯汀大學管理碩士學位，申請許可者，應材公司負擔全數費用，這也是一般科技廠商所沒有的福利。

案例 3

新人訓練做法

(一) 法商 L'ORÉAL 化妝保養品公司

法商 L'ORÉAL 的新人在職訓練長達九個月，由於 L'ORÉAL 擁有百貨公司、開架市場、藥房和美髮沙龍等四個通路，新人會跟著業務人員在不同的通路中磨練。L'ORÉAL 的人資總經理郭秀君說，市場是最好的教室，彩妝品是高度與社會脈動連結的行業，新人要有一番社會歷練，蒐集很多資訊，知道消費者在想什麼，怎麼生活，爲什麼一樣是化妝品專櫃，消費者會忽略 L'ORÉAL 的櫃子，直接走到別家去？這些問題的答案，要由新人去市場上找尋，未來他們才知道如何去設計商品。

新人必須在半年內摸熟產品發售、倉儲、運送、門市展售的全套流程，並提出缺點報告。然後，調回公司內部，三個月時間內，在不同的部門內輪調，自己為前半年提出的缺點報告，找出改進解決方案。

公司高層對新人提出的改進建言都十分重視，一方面是給新人磨練，同時也會藉由新人的眼睛尋求公司內部的改進。L'ORÉAL 表示，這套訓練方式全球一致，由於具啓發性，又挑戰十足，很受新人歡迎。

(二) 信義房屋

信義房屋人資協理陳錫琮說，「信義對員工提供的訓練分成企業經營理念、房仲業專業知識和輔導考照。」新人報到後，要先去不動產訓練中心協會上三天半的課，取得不動產仲介營業員的執照。接著要到公司報到，進行九天的集訓，其中有一天要到各分店去體驗，形同職場模擬考。

新人在體驗日中，要與客戶接觸、應答，由店長與同仁觀察其行為，並進行評分，在一天結束後，將評分結果報回總公司，換句話說，由分店決定這個人是否可用。通常，只有三成的新人可以通過體驗日的考驗。

往後，信義房屋還提供三個月的基礎訓練，一年的進階訓練以及主管的管理訓練。陳錫琮表示，「我們希望新人都有成為主管的企圖心，所以我們只錄取有高度企圖心者。」

(三) 中信金控

中信金控對新人的教育分成兩塊，第一是企業組織與文化的瞭解，員工可透過線上系統自己進修，同時也有安排講師的授課教學；第二是二至五天的分科教育，依職務而有不同。

中信金另有一套歡迎大學生申請的「在學菁英學習專案」，大學生利用課餘時間，排班至中信金實習，畢業後，可參加求職考試，一經錄用，由於業務熟悉，往往可以很快進入狀況，對公司與個人都有好處。

案例 4

訓練中心策略——中國人壽教育訓練中心啓用

中國人壽舉行教育訓練中心開幕典禮。中壽董事長王章清說，中壽是一隻老虎，訓練中心就像一雙翅膀，員工參加訓練班出來後，將是「如虎添翼」，可以更多專業知識迎接市場挑戰。

中壽訓練中心位於捷運北投站前，占地 490 坪，架設最先進 e 化的電腦設備與網路系統，提供最新電腦多媒體教室、最新型的 Pentium4 級 IBM 電腦、隨時隨地無線上網、訓練課程即時數位錄影及各教室同步影音顯示上課等完善舒適環境，準備培育更多、更精良的業務尖兵。

中壽積極網羅優秀菁英，配合教育訓練再訓練，擴大業務組織，五年內將由現有業務組織近 3,000 人擴增至 10,000 人，以強大的精實部隊為客戶提供更優質的服務。

案例 5

和泰（TOYOTA）汽車公司實施員工個人發展計畫（IDP）——將訓練系統化，落實知識傳承

(一) 過去員工進修訓練的缺失

員工進修課程沒有系統規劃，進修課程不見得與公司期望相符，導致這些知識無法有效轉化為公司競爭力。例如：企業內勤員工，拿公司的資源去上阿拉伯語課，對提升工作能力並無直接幫助；部分員工這個月上英語課，下個月上電腦課，學得分歧，根本無法累積知識。

過去公司統一補助員工在職進修的方式，要求上一定範圍的課程，並無法滿足或貼近每位員工的需求，公司的美意反而成為員工的負擔，必須去上不適合或沒興趣的課程，更可能導致員工滿意度下降。

(二) 今年起實施「員工個人發展計畫」（IDP）

和泰汽車今年起透過實施員工「個人發展計畫」（簡稱 IDP），讓主管瞭解員工工作上真正的知識需求，為員工規劃完整的進修課程，期待員工能將課程習得知識吸收，轉化為工作上的競爭力，協助員工成長，進而達成提升員工滿意度的最終目的。

和泰汽車管理部經理劉松山表示，現代企業為提升員工競爭力，常會提供員工進修的管道與經費補助，但員工該上什麼課？上了課後有沒有吸收？能力有沒有提升？多因公司缺乏後續追蹤，無從瞭解。

和泰汽車管理階層經過討論後，決定從今年起，實施 IDP 的管理制度，透過對員工進行問卷調查，針對六項職能指標：「問題分析能力」、「積極主動」、「顧客導向」、「持續學習」、「團隊合作」與「溝通表達」設計問卷，初步讓主管瞭解員工的進修需求，也讓員工認識自己能力不足、有待

加強之處。

其次，單位主管與員工進行面對面溝通，確認員工的意願與需要補強的知識，也讓員工瞭解公司與主管對他的期待，共同找出最需要與最適合的進修課程，公司再來協助員工安排課程、參加活動，或提供需要的書籍。劉松山認爲，透過提供員工最需要、最適合的進修課程，可提升員工能力，進而轉化爲公司競爭力，也會讓上課是種負擔的心態轉化，體會公司是在幫助員工，無形中對於員工滿意度也會帶來加分的效果。

(三) 評量制度

當然和泰汽車也訂出一套評量員工進修成果標準，替這套新制度把關。劉松山舉例，例如：向公司申請英語學習補助的員工，在課程結束後，必須要通過一定級數的全民英檢資格；學習行銷企管的人，也要將上課心得成果，撰寫報告上呈。

(四) 知識傳承——KM 系統

同時，爲求將員工在外學習的知識累積傳承，和泰汽車也籌設知識管理系統（KM），將員工在外學習的心得、報告放在 KM 系統上，透過內部網路，提供給所有員工線上學習，進一步發揮知識傳承累積的功用。

案例 6

各大公司推動「知識管理」

(一) 中鋼公司

中鋼公司從 91 年開始推動 e 學習，後來發現其中的核心能力學習，必須和知識管理相結合，翌年也搭上知識管理列車。初期挑選煉鐵廠、設備處、電控處、技術規劃發展處、資訊系統處、人力資源處管理師、工程師等師級以上人員，做爲種子團隊。這六個部門涵蓋了中鋼的主要業務部門，部門間的互動，和彼此間的較勁心理，有助於加速知識管理的推動。

在知識管理發表會上，六個先導部門繳出漂亮的成績單，讓所有中鋼人感受到知識管理的價値，更有信心的跨出下一步。

人力發展組組長趙立功說：「生產部門全部要進來。畢竟生產是中鋼的核心技術。」

他表示，中鋼知識管理的重點工作是「鞏固成果，形成文化」，打算製作知識管理手冊、獎勵辦法、知識社群推動辦法，將知識分享落實爲企業文化的一部分。

此外，中鋼將根據六個先導部門的知識平臺模式，建構跨公司的平臺。在知識社群推動方面，中鋼也有更積極的作爲，希望將專家社群的功能由解決問題，提升爲創新、改善。

然而，推動知識管理最後的關鍵在於高層主管的決心和投入。中鋼董事長林文淵在發表會上宣示，中鋼獲利高，要把大部分用在人的投資，發揮中鋼人的腦力資源，建立智慧資產，因此會提撥充裕的知識管理經費。

(二) 奧美廣告公司

奧美集團則在導入知識管理四年後，邁向國際化。隨著品牌全球化的趨勢，世界各地的奧美公司要架起一個共用的知識平臺，進行知識、經驗的交流。臺灣奧美廣告公司行銷研究中心總監籃雅寧期許，透過這項「松露」計畫，有助於臺灣奧美和國際接軌，擴大視野。

奧美集團初期利用廣告人愛面子的心理，以競賽方式充實「藏金閣」知識庫，結果在十天的期限內，各事業部卯足勁拚業績，有些人爲了避開物件傳送高峰造成的網路塞車，淩晨趕到公司送件，創造出比預期多出三倍以上的成績。

但在激情過後，奧美還是訴諸於責任制。行銷研究中心總監籃雅寧表示：「推動知識管理必須建立員工的正確態度，讓知識管理的推動跟整個企業的體制相結合，變成每個人工作的一部分，而不是當做一項指派的差事來應付。」

案例 7

企業知識管理入口網站——日月光集團積極導入

日月光目前員工數涵蓋作業員大約有 1.3 萬人，眞正需要使用以及從知識管理中，獲得所需的知識工作者範圍約有 3,000 人，推展將近二年的時間已經有 1,000 位元工程師使用，預計 2005 年可以全部落實到各個實用階層知識工作者。並以擴散的方式來進行，運用 OJT 的手法將知識管理融入員工的在職訓練。另外，在日月光知識管理入口網站的規劃上，也以人性化訴求爲主，以問題點分析與對策來做知識管理資料庫的文件管理分類架構，再以關鍵字與分類樹的模式來搜尋解決工程問題所需的顯性知識，而經營知識社群則是依循重點製程分析出重大議題加以成立，期望能透過這十多個同儕團體進行經驗分享與找出最佳解決問題的典範做法。也就是說藉由知識管理的推動，使得問題點可以不斷地往下 Down 到最精準、最為深入的部分。

協助工程師找出問題點遠比任何其他有價值，同時也可以促進員工對知識管理的認同。另外，經由幾次跨部門的知識管理協調工作，郭銘晟認為，「許多單位可以利用「複製」的手法來進行知識管理的運轉，舉例來說，和流程相關的部門就可以用相類似的模式來進行，強化知識管理的運轉。

案例 8

英商聯合利華培訓新人，進行三年全方立訓練計畫，培植成中堅幹部

(一) 挑選大學剛畢業有潛力新鮮人

這套名為「儲備幹部培訓」的計畫，其實早在聯合利華各國的分公司中行之多年。十多年前引進臺灣後，已成為公司財務、客戶發展、行銷、供應鏈、研發及人力資源等六個部門用以招募新人的重要管道。

在每年畢業季開始之前，聯合利華就會到各大專院校擺攤宣傳，在 1,000 多名競爭者中，挑選 5 至 6 位新鮮人進行培訓。終極目標是要讓這些具潛力的新人，在三年內成為公司 90 多名經理人中的其中一員。

聯合利華人力資源部協理龍遠鳴表示，社會新鮮人就像一張未經汙染白紙，最適合接受一套有系統的培訓。在公司量身訂做的計畫下，年輕人可以很快熟悉公司的文化與各部門的運作，未來擔任經理人時也更將得心應手。

要如何才能成為這些雀屏中選幸運兒呢？龍遠鳴表示，公司並不迷信學歷和名校，而是從「領導力」、「團隊合作」和「待人處事」三個面向中，看出一個人的未來發展性。

(二) 培訓計畫內容

因此，在公司的培訓計畫中，也涵蓋這些主題課程。例如：讓新人輪調不同部門，培養跨領域的合作基礎；或是讓新人實際執行一項方案，以訓練臨場作戰的經驗；甚至派到海外受訓，與其他國家的儲備幹部互相交流學習。

為了不讓培訓人員感到徬徨，公司不但指派高階主管擔任講師，每六個月並開會討論新人的表現。龍遠鳴表示，十年前開始的儲備人才培訓計畫，

至今已成功培育出數十位專業經理人，其中並有二位成員，已在有計畫的栽培下，進入臺灣聯合利華最高的決策單位——協理會。

觀察臺灣的人力素質，龍遠鳴說：「一直都相當不錯。」他表示，近幾年的畢業生不但有創意，更有敢秀、敢現的衝動，「七年級」的新進員工，甚至喜歡接受挑戰性的工作，十分符合聯合利華「passion for winning」的企業精神。

正因爲員工追求卓越的態度，使聯合利華不受市場景氣和 GDP 成長趨緩的影響，過去兩、三年的銷售額均高於市場水準，今年更逆勢成長 7 至 8%。龍遠鳴說：「Winning is a team.」

(三) 教育訓練費用

聯合利華每年固定投入 2,000 萬元的經費改善訓練課程，以激勵工作士氣。正如龍遠鳴爲人才培訓所下的結論：「公司要能成功，就要從人才培養做起；人才培育得宜，公司才能永續經營。」

案例 9

寶僑家品（P&G）公司建教合作，大一生到研究生，三階段考核

(一) 招募未來領袖俱樂部學生，提前尋覓優秀學生人才

由於寶僑每年必須招募將近 20 名新員工，雖然頂著外商名號，能博得不少優秀人才青睞，然而，透過一般性的校園徵才活動，經常必須和台積電、鴻海或 IBM 與惠普（HP）等知名企業同臺較勁，因此，寶僑決定將選才眼光放遠，瞄準在大一、大二學生。

此外，不同於「建教合作」制度，獲邀加入「未來領袖俱樂部」的學生，寶僑每年仍進行審核，淘汰率超過八成，而非照單全收。

(二) 嚴格徵才標準，必須先闖三關

寶僑的「未來領袖俱樂部」在每年九月開始啓動，寶僑會先以申請學生的人格特質測驗成績做初步篩選，再進行筆試與面試，通過三關考驗的學生，則會獲邀參加寶僑舉辦的兩次 workshop（專題討論會），從討論會中，寶僑會再視學生的臨場表現選出俱樂部會員，往後，每季仍會進行追蹤考核。

(三) 測試真正實力的實戰任務，熟悉未來工作內容，並區分為三個等級的校園人才

在這個招募人才辦法中，寶僑將校園人才分為三個等級，分別是「白金卡」、「金卡」與「普卡」。當中「白金卡」是針對研二生與大四生，「金卡」的持有者是研一生與大三生，而「普卡」則是提供給大一與大二生申請。

凡持有「白金卡」者，畢業後篤定能進入寶僑工作，這意味著，在畢業前一年就已經領到一張進入國際級企業的工作證；而持有「金卡」者除得優先申請「白金卡外」，還能獲得在寶僑實習兩個月的支薪工作機會；至於拿到「普卡」的大一、大二生，則是挑戰「金卡」的當然人選。

簡單來說，一位能進入寶僑的新進員工，多半在求學時代就已開始過關斬將，展現出不凡的實力。要想拿到寶僑的「白金卡」並不容易，除了最基本的面試、筆試外，寶僑會尋求與學校教授密切合作，透過教授對學生最直接的接觸來瞭解學生潛力，並每季進行追蹤。

而「金卡」學生為期兩個月在寶僑實習的工作機會，更堪稱魔鬼訓練，寶僑會交付給實習學生一項實戰任務，這段時間內，學生必須提出一份完整企劃書。舉例而言，若這項任務是推動寶僑旗下知名化妝品牌 SKII 新產品上市，則包括廣告預算、鋪貨地點、代言人選定與產品包裝等，全都得詳細編列在內。

因此，能「存活」下來的「未來領袖俱樂部」學生，多半已相當熟悉寶僑的企業文化與未來工作內容。

(四) 成立個人導師的配套措施，提高存活率

在「未來領袖俱樂部」徵才制度下，寶僑設立「個人導師」的配套措施，讓每個持卡學生都能擁有一位專屬的「個人導師」，除扮演持卡學生解惑排難的老前輩角色外，最重要的，寶僑要透過「個人導師」，讓這批未來將進入寶僑工作的「準」員工，得以提前瞭解寶僑的企業文化。

對寶僑來說，採行「未來領袖俱樂部」招募人才辦法，主要目的並非只是提前找到公司需要的人才，最重要的，是讓這批人才在進入寶僑前，就已熟悉企業文化與未來工作內容，提高新進員工的「存活率」，並降低新員工在教育訓練或業務交接的時間成本。

案例 10

美商臺灣惠普（HP）公司，花一年時間養成經理人的實戰訓練

(一) 惠普（HP）鐵人集中營

臺灣惠普對具備管理潛能的明日之星集中培訓，初期培訓時間是兩個月，成效並不明顯；惠普與康柏進行合併，因應新組織產生，各主管必須擔負的責任加重，「惠普鐵人集中營」因此誕生，訓練時間延長為一年。開辦至今，主管晉用率從逼近七成攀高至九成，員工滿意度則一直維持在 85% 以上。

惠普鐵人集中營的培訓內容，涵蓋五次的小組討論、三次的全天 workshop（專業研討）訓練課程、以及多次的讀書會及演講。訓練重點在強化這批未來主管的領導、管理與溝通能力，而當中最具特色之處則是，必須經歷十次以上的實戰訓練。

(二) 用角色扮演的方法，學習如何下決策

在實戰訓練中，這些明日之星可以先熟悉主管究竟要做些什麼？瞭解各種可能碰上的狀況？藉由課程潛移默化，成為中堅管理菁英的心智地圖，培養出全方位的經理人。

以「鐵人集中營」一項名為「經營大富翁」的課程為例：五人為一組，分別擔任執行長、財務長及行銷總監等角色，實戰演練一家公司的三年營運計畫。各組必須達成三年後業績成長 20%、客戶滿意度 95% 與員工滿意度 85% 的目標。

每一組可先擬定年度營運計畫。接著在每一個季度，都會出現類似大富翁遊戲中的「命運」卡片，卡片內容經常是突如其來的變數。例如：市場上出現競爭者採取降價競爭手段，這時，每一組可撰擇；降價跟進、增加客戶服務項目或提供贈品三種選項。

這三項選雖然都可以維持原訂的業績目標，但結果卻是大大不同；若選擇降價，長期下來會造成利潤降低；若是附送贈品，則是短期的成本增加；若增加客戶服務項，則會增加長期成本，降低員工滿意度。選擇不同，就會影響原訂的目標達成進度，因此，隔年的營運計畫必須再做調整。

這套訓練的目的，讓未來主管們懂得進行任何一個決策，都是牽一髮而動全身，不只影響單面向；因此，須顧及不同層面的影響，做出較完善的決

策。

(三) 更好溝通的人脈網絡

在「集中營」裡，還可以建立公司內部人脈網絡。領導和管理溝通能力是企業教育訓練的基本項目，惠普更進一步將公司內部人脈當成重要課題，因此，鐵人集中營打破部門藩籬，匯聚業務、行銷、工程、研發、財務、法務、會計、採購、人資、公關等單位人才。

不同部門的人，在長達一年的課程中成爲同期同學，建立革命情感，各自晉升爲部門主管後，在進行跨部門溝通時，「同學」情誼，即成爲溝通、合作的一大助力，尤其，臺灣惠普員工達八百人，組織龐大，內部合作與協調情況頻繁。

案例 11

臺北遠東大飯店：優質員工訓練市場致勝關鍵

(一) 卓越的教育訓練，是給員工最好的福利

「卓越的教育訓練，是給員工最好的福利」，香格里拉遠東國際飯店總經理顧樂嘉（Wolfgang Krueger）表示，教育訓練是企業從優質到卓越的致勝之道（From good great-Training is key）。他強調，受到客人愛戴的飯店，靠的是員工，絕不是靠著豪華的水晶燈或價昂的地毯。因此，完善的培訓計畫與良好的員工福利，成爲立足市場的關鍵。

香格里拉遠東國際飯店在臺灣國際觀光飯店市場，住房率與平均房價的常勝軍，價量齊揚亮眼成績的背後，憑藉的就是前述兩股力道支撐。

(二) 提供多元進修課程

顧樂嘉表示，香格里拉遠東國際飯店培訓員工，除館內訓練課程外，尚包括香格里拉管理學院、以及遠距授課的康乃爾大學網上進修課程。他表示，因應集團全球擴張腳步，香格里拉酒店集團於 2004 年 12 月在北京成立「香格里拉管理學院」。學院課程包括：烹飪藝術、餐飲服務、前檯運作實務、房務運作實務、洗衣房運作實務、工程運作實務、訓練與發展，以及人力資源管理。

顧樂嘉指出，香格里拉管理學院非常重視師生互動與學員親身實驗，並訓練學員解決問題之技巧，同時也藉訓練讓學員得以從市場狀態預測產業未

來。另外，香格里拉管理學院提供的進階旅館管理課程，將以研討會及座談會的方式，就跨文化的溝通、批判性的思考技巧兩大課題，提出探討，並灌輸學員們在解決問題時，應以追究到底的精神並多重嘗試去解決。

(三) 一年訓練經費逾 500 萬元

顧樂嘉表示，香格里拉遠東國際大飯店每年平均花在員工教育訓練的成本約爲 500 萬臺幣。其中，獲選進入香格里拉學院進修的學員，每年平均花費爲 8 萬元，康乃爾線上教學課程每堂約爲臺幣 8,250 元，專業職訓 DDI 公司的管理督導課程也要 14 萬元。顧樂嘉強調，除了訓練課程的費用，所有師資及學員的交通、食、宿等開銷，也都由飯店買單。

第 6 節　實例：某大公司成立企業內部讀書會企劃案

一、目前工作進度

(一) 卓越團隊讀書會

1. 前言

九〇年代風行於企業、機構的學習型組織概念，到了變化迅速的新世紀已悄悄轉型成教導型組織的概念。組織不僅要學習，同時也要教導，領導者、組織成員雙向學習、教導，教學相長，形成一個良性的教導與學習循環，組織競爭力才能不斷增生。

2. 成立目的

依首席顧問的建議，成立卓越團隊讀書會之主要目的，即爲拓展同仁自我學習空間，掌握知識經濟脈動，增進本職學能、精進工作能力，希望藉由一個能讓大家共同閱讀分享的開放型組織，增進成員對新知的吸收，達到成員的快速成長，進而強化企業內部營運管理，以輔教育訓練之效。

3. 讀書會組織規劃

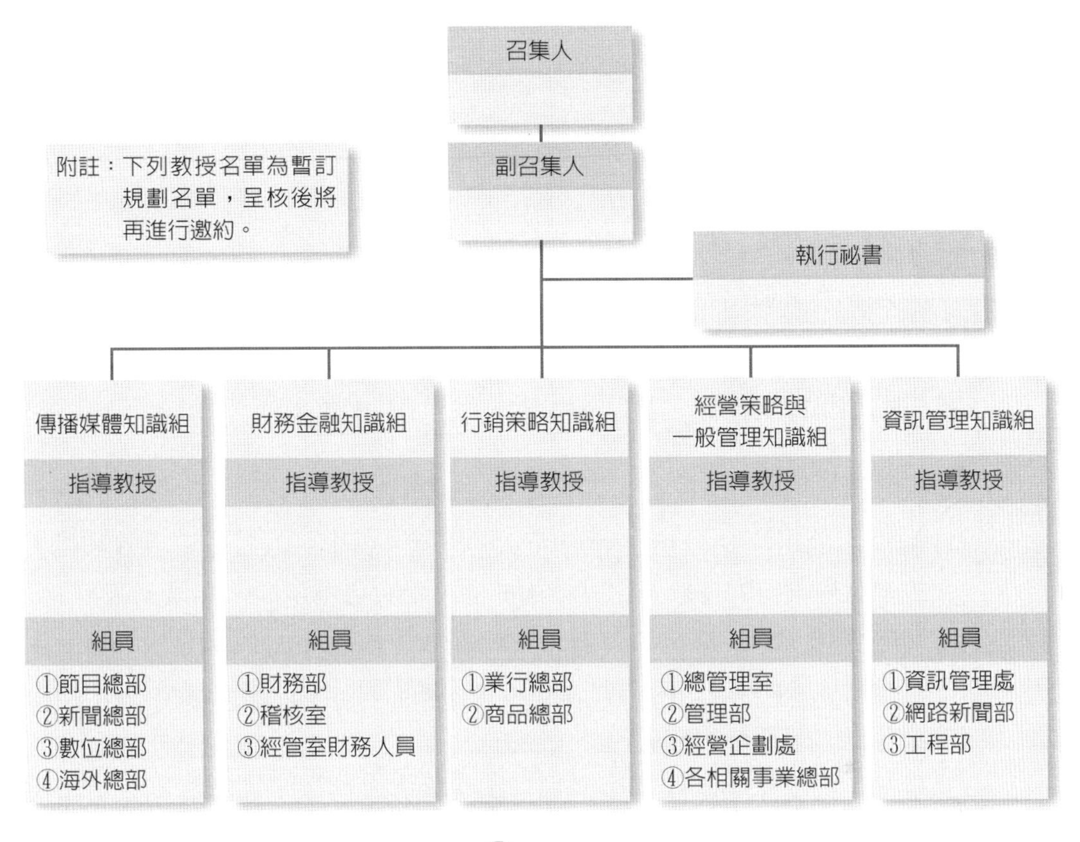

圖 5-7

4. 讀書會成員工作執掌

成員	工作職掌
指導教授	閱讀書目的擬定 讀書會導讀指引 心得報告的評鑑 建議方案之評估 成果發表之指導
組員	心得報告之撰寫 建議方案之提出 向總裁作專案提報

成員	工作職掌
執行祕書	負責課程時間、地點安排及指導教授聯繫 讀書會的召集及通知 軟硬體設備準備 出席率記錄

5. **讀書會小組設立**

菁英讀書會依功能初期規劃開設五組，分別爲傳播媒體知識、財務金融知識、行銷策略知識、經營策略與一般管理知識及資訊管理知識等五組，每組人數暫以 30 人爲限，共計 150 人。

6. **讀書會成員規劃**

(1) 鑑於 A 公司及 B 公司已分別成立讀書會，且小巨人讀書會成效甚佳，故本組規劃重點在於強化其他未成立讀書會之單位同仁知識充電。

(2) 基於學習成效及單位營運考量，初期成員規劃係由各事業部（部）主管指派 3～4 名以上培訓幹部參加，而總管理室爲公司核心幕僚單位，故各單位則應有 1/2 以上同仁參加。

(3) 學員可依工作相關度至少選擇一組爲個人必修組，亦開放同仁可再按個人興趣自由參加其他讀書小組，若小組名額超過限制者，則執行祕書將協助轉調其他小組。

7. **讀書會召集時間**

菁英讀書會以二個月爲一期，每月定期召開一次，一次二小時，召開時間原則依指導教授可配合之中午休息時間（12：00～14：00）或晚上下班時間（18：30～20：30）。

8. **讀書會進行方式**

(1) 指導教授需於每期讀書會召開前三星期，將指定的書籍或期刊雜誌併討論提綱交予執行祕書進行書籍採購或影印，以便擲交各組成員先行閱讀及撰寫「個人心得報告」。

(2) 爲使指導教授瞭解組員閱讀情形及理解內化程度，俾利於讀書會中進行導讀並做問題回饋，因此組員應於讀書會開始前三天將「個人心得報告」交執行祕書彙整後呈指導教授先行審閱。

(3) 指導教授於第一個月之讀書會上先行導讀，隨後由學員針對指導教授列出之討論提綱進行意見發表或心得交換，會中並討論可內化於公司運作之「建議方案」，包含工作改善、工作提案、工作創新、策略性建言、其他商機等見樹又見林且對集團發展有立竿見影效益之建議方案。

(4) 指導教授應確實掌控每次讀書會進行時間，除整理歸納會中組員意見外，亦需針對所有組員所提出之心得報告及建議方案給予回饋指導。另第一個月讀書會亦需遴選表現優異及表達力佳之組員於次月「卓越團隊推動委員會」向總裁面報學習成果。

(5) 每期讀書會之第二個月份學習方針著重於學習成效的彙整及學習成果的呈現研討，藉由組員資料彙整及簡報人員進行學習心得及成效分享，並由指導教授及組員們共同給予簡報指導。

(6) 卓越團隊訓練發展組將於「卓越團隊推動委員會」中每月一次安排讀書會學員成果發表。

9. 學習成果評核

學習成果之評核方式有二：

(1) 各組組員均應撰寫閱讀之「個人心得報告」及可內化於公司運作之「建議方案」由教授評核。

(2) 於每期第二個月之「卓越團隊推動委員會」中進行學習成果發表。（時間由指導教授及訓練發展組同仁協調安排）

10.獎勵辦法

每期由指導教授依學員所提「個人心得報告暨建議方案」進行評核，並遴選特優及優等人員各一名，分別給予 1,500 及 1,000 元之獎勵。另針對各組簡報彙整提報人員頒發 1,000 元的獎勵金以茲鼓勵。

11.讀書會預期效益

(1) 有形效益

①形成良性的教導與學習循環組織。

②新訊息的掌握判斷及運用的提升。

③透過腦力激盪內化公司策略方案。

④讓學員藉由溝通、分享及演練，觀察及學習他人長處。

(2) 無形效益

①提高在職同仁素質。

②培育未來幹部人才。

③塑造良好企業文化。

12.結語

藉由卓越團隊讀書會成立，學員可依其工作領域專修傳播媒體知識、財務金融、行銷策略、經營策略及資訊技術等相關知識，透過各指導教授的精闢導讀及新知的傳承引導，加上學員的腦力激盪及心得分享，如此除可提升學員的本職學能及工作能力外，同時並可在同儕間形成一股良性的教導與學習循環，進而將無形知識內化為公司切實可行之行動方案，使企業朝向教導型組織邁進。

讀書會預算編列

費用項目	費用估算	小計	說明
書籍費用	350 元 *30 人 *5 組 *4 期	210,000	預估自 93 年 5 月份起開始運作，費用推估原則為每二個月為一期，每月固定召開一次，故至今年年底共計八個月，分計四期。
指導教授津貼	6.000*2H*5 組 *8 個月	480,000	
學員獎金	3,500 元 *5 組 *4 期	70,000	
餐點費用	100 元 *30 人 *5 組 *8 個月	120,000	
合計		880,000	

二、未來工作計畫

內部講師尋訪及課程規劃。

(一) 集團內部講師邀訪

本組持續拜訪集團內教授團及高階主管授課意願。

(二) 卓越領導研討課程

結合 360 度評量回饋中「培育部屬面」之職能，期使增強各級主管團隊領導才能與精進員工輔導面談技巧，本組依據 A 公司課後效益評估，規劃辦理 B 公司等公司相關研討課程。

自我評量

1. 試分析教育與訓練之區別？
2. 試申述企業教育訓練之重要性何在？
3. 試說明員工教育訓練之途徑有哪些分類及做法？
4. 試列出國內最受歡迎EMBA前五名學校？
5. 員工在進行訓練上課進行方式可以有哪些方式？
6. 企業大學已蔚爲風潮，試簡述國內企業之做法爲何？
7. 試申述員工教育訓練計畫研討之四個程序爲何？
8. 應如何評估員工教育訓練的成果？
9. 對員工學習一事，應秉持哪些原則？
10. 試分析員工教育訓練失敗或成效不彰之眞正原因爲何？
11. 試就e-learning線上員工學習之原則說明之。
12. 試說明和泰汽車的IDP計畫？
13. 試說明中鋼公司如何推動知識管理？
14. 試述並在企劃一個年度員工教育訓練規劃案時，應含括哪些應撰寫的項目？
15. 試分析企業內部成立各種「讀書會」之目的與相關做法？
16. 何謂員工「學習護照」？其目的爲何？又其做法大致爲何？
17. 試簡述國泰人壽推出衛星教育頻道之背景、方式、效益與目的何在？

Chapter 6

以「能力本位」的人力資源管理

第 1 節　以「能力本位」的人力資源管理崛起
第 2 節　年資與功績平衡問題
第 3 節　實例：韓國三星、日本 SONY 公司

第 1 節　以「能力本位」的人力資源管理崛起

彰化師範大學人力資源管理研究所所長張火燦教授，對能力本位的人力資源管理有獨到且深入的研究。茲摘述其一篇專論中的精闢解析內容，重點摘述如下：

一、1960～1990年代，人力資源管理重心的變化

1960 年代企業經營的外在環境穩定，可依據過去的資料與經驗推估未來，故著重長期的規劃；人力資源管理主要從事一般行政事務的工作。1980 年代，由於企業經營環境充滿不確定、不連續和複雜性，企業爲了生存發展，採用策略管理，根據內外在環境的分析，選擇適當的策略，再予以執行和評估；人力資源管理就須從策略性觀點來思考，積極的參與經營策略的制定與推動，使人力資源管理能協助企業經營獲得競爭優勢。1990 年代，企業經營環境競爭更爲激烈，面臨全球化競爭，科技變動快速，以及須迅速反應顧客需求的衝擊下，組織核心能力的概念應運而生；人力資源管理爲配合核心能力的推動，建立以能力本位爲主的管理，以協助企業創造獨特的智慧優勢。上述理論的發展或轉變，並非新的理論取代舊的理論，而是累加進來，並隨著時代的需要，不同理論所占的比例與重要性有所不同。

二、能力本位的崛起背景

企業在制定經營策略時，通常會有兩種思考方式：一爲由外向內思考，即根據企業外在環境思考經營的策略；另一爲由內向外思考，即根據企業本身所擁有的資源或優勢，制定經營策略，此亦稱爲資源或優勢，制定經營策略，此亦稱爲資源基礎理論。資源基礎理論的觀點，認爲企業的績效不是靠外在環境經營的結果，而是依賴企業對本身資源或能力的應用，能滿足市場顧客的需求而定。此理論導源於經濟學中的奧地利學派，認爲驅動經濟發展的力量，是在不平衡的衝擊下，繼續不斷發展的過程，市場被視爲「發現」與「學習」的過程，其中包括兩個重要的概念，「發現」指的是開創新的市場，「學習」指的是發展該市場。「發現」與「學習」均須透過個體的能力來達成。此種論點在 1980 年代初期未受到重視，直到 1990 年代初期，才引起廣泛的注意，掀起企業由下而上轉爲由上而下推動的能力本位運動。

三、能力本位的「能力結構」四大部分

在能力本位人力資源管理的推動中，如何將能力融入整個企業管理的體系內，是成功與否的重要關鍵，其間的基本關係爲：能力→行爲→績效，亦即能力可透過行爲來展現，而後影響工作績效。因此，有必要對能力作進一步的探討，以下將四個方面來說明能力的結構：

(一) 能力的層級

(二) 能力的內涵

(三) 能力的階梯（能力水準）

(四) 能力的類型，如下圖所示

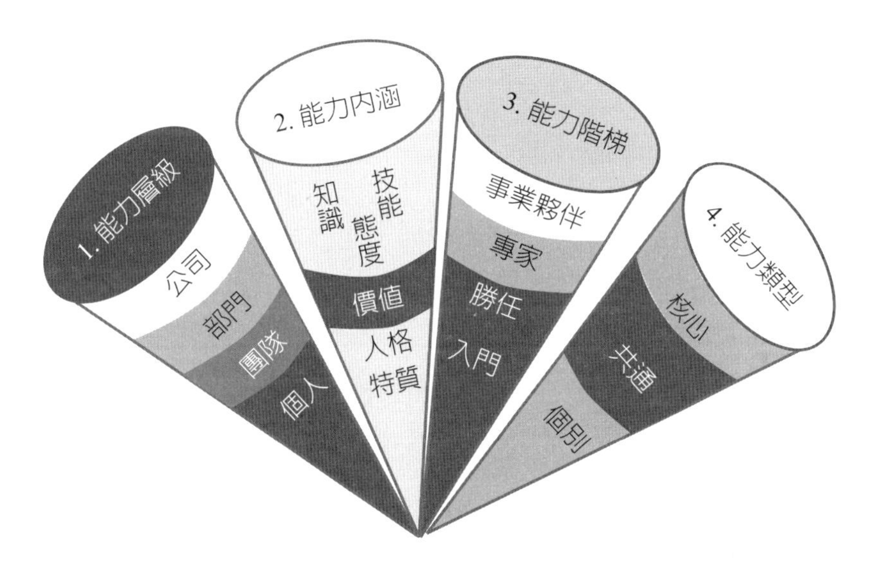

圖 6-1　以「能力本位」為核心的人力資源管理架構

四、能力層級

組織的層級不同，從事的工作任務亦不相同，所需的能力自然不同，欲建立能力本位人力資源管理時，宜從組織的願景、核心價值與經營策略著手，然後根據組織層級，由上而下逐級分析各層級的能力，如此各層級的能力才能落實於組織層級中，並顯現其策略性的價值。組織層級通常可分爲四級：公司、部門、團隊和個人；與之相對應的能力即爲組織能力、部門能力、團隊能力和角色／職位

能力。組織能力係指公司擅長或具有競爭力的能力，如 3M 公司的表面黏劑，本田公司的小引擎，Wal-Mart 公司的全球衛星配銷系統等。組織能力通常不宜過多，以三到五個爲宜，否則易模糊焦點，而且組織在制訂經營策略時，應以組織能力爲基礎，若組織能力不夠明確時，則依經營策略來分析組織需要具備何種能力，據以協助經營策略的推動。每個組織能力均可分爲幾個小項，各部門即依小項發展部門的能力；每個部門同樣可再分爲幾個細項，各團隊即依此細項發展團隊的能力；依此類推，個人即依據團隊能力中的細項發展角色／職位能力。

五、能力內涵

能力的內涵是能力本位推動的核心，其內涵爲何，有必要作進一步的探討，藉以掌握能力的屬性。從教育與訓練領域的觀點，能力是可以培養的，能力的內涵包括知識、技能、態度、價值等；從工業心理領域的觀點，能力內涵除上述能力之外，尚包括個人潛意識或深層的特質等。兩者均從工作或個人做爲分析的單位，探討個人所具備的能力內涵。至於管理領域的觀點，是以整個組織或部門、團隊做爲分析的對象，探討單位所具備的能力內涵，包括知識、技能、態度、價值等。

第 2 節　年資與功績平衡問題

年資是維持人事安定的一重要因素，不過年資是一項頗令人爭議的問題，東方國家的組織較重視年資，而西方國家則重視功績的表現。

一、年資制度的優點

將年資納入人事各項決定的考量因素，主要是年資具有以下優點：

(一) 簡單明確

以年資決定人事問題，具有簡單明確的優點，例如：年資十年的經理與年資二年的經理，其優先順序自然應以十年經理爲先；不會產生衡量上的困難。

(二) 人群關係的傳統

在傳統文化的組織人群關係中，很重視傳統長幼的順序，爲使人信服，及人群關係維持安和穩定，年資的排序採行是一項有力的因素。

(三) 具有安全保障之感

採行年資的制度，對員工的長期性服務與貢獻有一種安全保障之感覺，讓員工對組織有較大之信心，不會有明天在何方的不確定感。

(四) 減低人事異動

採行年資制度，對長期待在組織中工作的員工較有利，因此，除非另有極佳的工作，否則員工驛動的心會降低，人事不再頻繁進進出出。

二、年資制度的缺點

年資制度雖有其優點，但也有存在的缺點，茲分述如下：

(一) 忽略能力和功績

年資深，不表示學得了豐富的經驗，也並不表示能力及功績就會比年資淺的人來得好。一個年資淺但進取心及知識充分的員工，可以用三年的時間換取十年的經驗。而在企業的優勝劣敗競爭性之環境中，績效是生存與成長的唯一依靠；年資可能反成爲負面的因素。

(二) 影響徵募有才華年輕之士

年資制度講求年資與經驗，大有排排座的味道，對於外界有才華的人才，可能受限於年資淺，而無法於短期晉升到管理階層，自會影響他們到該企業的意願。

三、折衷的方法

年資與功績各有支持的論點，也各有其優缺點，因此，有必要予以平衡及折衷；其方法大致有：

(一) 能力相同時，以年資為考慮

當兩位員工之能力與功績相同時，當然以年資做爲決定性之因素。

(二) 只要符合工作要求條件者，應以年資為考慮

當有三位員工，能力各不相同，若有一主管職位出缺時，而甲員工年資最深，不過其能力不如另外兩位員工那麼強；但是，只要甲員工能符合該主管職位

之工作要求條件時，仍應由甲員工晉升。

(三) 以獎金補償能力強的人

有些公司可能受限於固定的薪資制度，但不用每月，每季績效金或年終獎金的發放，以做爲激勵與補償之用。

(四) 低等級員工薪資以年資為準，高等級員工薪資以功績為準

因爲低等級員工的工作任務較受限制，且個人影響力較小；而高等級員工的工作任務，對組織目標的達成就有舉足輕重之地位；故應妥加強調功績。

(五) 不同的工作性質有所區別

當在評估員工之晉升時，應考慮工作性質的不同，再考量以年資或功績何者爲先。例如：業務性質的工作，主管必須具有十足體力及衝勁；年資太深反成阻礙；故應以年資淺的年輕員工爲提拔對象。而在行政幕僚的工作，主管必須有豐富的工作經驗與周全的思考及整合力，故年資深的員工自然會比年資淺的員工爲適當。

第 3 節　實例：韓國三星、日本 SONY 公司

案例 1

韓國三星電子集團：以能力及實績做為薪獎的最大依據——有幾分能力，給幾分對待；做多少事，給多少報償

一、員工的基本薪資，只占 25%～60%；其餘為獎金

三星集團子公司 CEO 所獲得的年薪當中，職薪的基本支給比重只有 15%。其餘的 75% 是股票上漲率和收益性指標（EVA），依據預定目標的實績達成率等，每年有不同的決定。一般職員也有一樣情形，年薪所占的基本職薪比重不超過 60%。其餘的當然也是根據實績而定；這是賞罰分明與成果補償主義。有幾分能力，給幾分對待；做多少事，給多少報償，這個原則是三星電子具備世界競爭力，背後的主因之一。

二、頗具激勵性的三種獎金制度

(一) 利潤分享制（profit sharing）

一年期間評鑑經營實績，當所創利潤超過當時預設目標時，超過部分的20% 將分配給職員的制度。每年於結算後發給一次。每人發放額度的上限是年薪的 50%。無線事業部和數位錄影機事業部，就在 2002 年獲得年薪的50%。人事組相關人士說明，獲得追加 PS50% 的職員，相當於每年以 5% 調整的年薪，連續調整七年後才能得到的年薪。三星 PS 的引進是在 2000 年。彌補以個人職等來敘薪的限制，目的是爲了要激發動機，讓小組或公司對整個集團的經營成果有所提升。

(二) 生產力獎金（productivity incentive）

PI 所評鑑的是經營目標是否達成，以及改善程度，然後以半季（一，七月）爲單位，根據等級支付獎額。評鑑過程分成公司—事業部—部門及小組等三部分。評鑑基準以公司、事業部、部門（組）各自在半季內創造多少營利，計算 EVA、現金流轉、每股收益率等，各自訂定 A、B、C 等級。因此，評鑑等級從 AAA（公司—事業部—組）到 DDD，共有二十七個等級。依照評鑑結果，最傑出的等級將獲得年度基本給薪的 300%，反之，最低等級者一毛也得不到。例如：無線事業部或數位錄影機事業部所屬職員們，於 2001 年下半季公司（三星電子）A 級、事業部及組也同爲 A 級，評定可獲得 150% 的 PI。相對地，記憶體事業部，或是 TFT-LCD 事業部，則只能獲得 50%。

(三) 技術研發獎勵金

2002 年年初，三星電子半導體、無線事業部所屬課長級六位工程師，各自從公司一次獲得一億五千萬韓圓的現金。這是與年薪不同，另外的「技術研發獎勵金」（technology development incentive）。這是和投資股票、不動產、創投企業一樣，美夢實現的暴利。以前，公司賺再多錢，最多也只能獲得薪水 100～200% 的特別獎金。

案例 2

日本 SONY 公司，改採依員工績效給薪，放棄依年資敘薪

一、停止發放年功俸與房屋津貼，占薪水 5%

SONY 公司決定 2004 年 4 月起，停止給付年功俸和房屋、家庭等津貼，實施完全依賴績效決定薪資的新制度，對象是日本國內一般員工約 1.2 萬人。繼日立製作所和松下電器產業公司之後，SONY 也決定廢止依年資敘薪的制度，而這幾家廠商向來對日本電機業的薪資水準和制度改革影響甚深，預料會促使同業也重新檢討薪資制度。目前 SONY 的給薪方式，除了參考年資因素的本俸外，還包括房屋津貼、扶養親屬等津貼，約占薪資的 5%。4 月起不再發放這些津貼，只發反應績效的基本薪資。

二、薪資與獎金決定於績效，優良且年輕員工，可快速爬升到高位，不必依資歷年年排隊

該公司每年會依績效把員工分爲三等，最高是「一」，最低是「三」，並依此決定基本薪資。每一等還會再細分爲七級。此外，獎金也會和評等有關，每年會另外評估兩次來計算金額。目前 SONY 薪資制度依個人能力分成七級，且和年資的關係密切。大學畢業生通常要花十年才能達到最高級。改採績效薪制度後，優秀員工幾年內就可能達到最高級。

自我評量

1. 試闡述以「能力本位」爲主軸的人力資源管理崛起之背景與內涵？
2. 試分析年資制度之優點及缺點何在？又應如何折衷？
3. 試說明韓國三星電子集團之能力本位的薪獎制度爲何？
4. 試說明日本SONY公司改採員工績效給薪之制度爲何？

Chapter 7

人事晉升、調派、降職與資遣

第 1 節　人事晉升與調派

一、晉升（Promotion）

(一) 晉升制度之作用

良好與健全之晉升制度，其作用包括以下各點：

1. 肯定員工貢獻

晉升表示對員工的才華、能力、努力與貢獻的肯定，肯定他對組織的作用。肯定是一種精神上與心理上的讚美，此對中高階主管尤爲重要。

2. 回饋

員工既然對公司有貢獻，自然應予晉升以更高的職位，而所獲之心理與物質報酬爲其回饋。

3. 做爲激勵的誘因

透過晉升制度，可使員工有一方向與目標可爲遵循，員工爲求晉升，故會努力工作求取表現與績效，此即爲潛在的激勵誘因。此亦爲制約理論的實踐，即只要員工努力有績效；將會獲得拔擢。

4. 提高員工士氣與效率

有一良好、公平與具激勵性的人事晉升制度，可讓員工體認公司管理制度之興革決心，故可提高員工士氣與其工作效率，對整體組織還是有絕對的助益。

5. 易招攬優秀人才

公司有完善人事晉升制度，自然能夠招攬到優秀人才，而且也會有人慕名而來。所謂「近悅遠來」，即爲此意。

6. 安定員工

有效的人事晉升制度，可安定努力員工的情緒，降低過高的人事流動率，有助組織之穩定。

7. **配合組織擴張需求**

當組織擴張事業部或業務分支單位時，可透過晉升制度，安排適當人才，擔當重要之職位。如果缺乏人事晉升制度與人才培養，可能面臨求才若渴的窘境。尤其是在企業集團內部，經常會有轉投資公司成立，底下的人，即可獲得晉升機會。

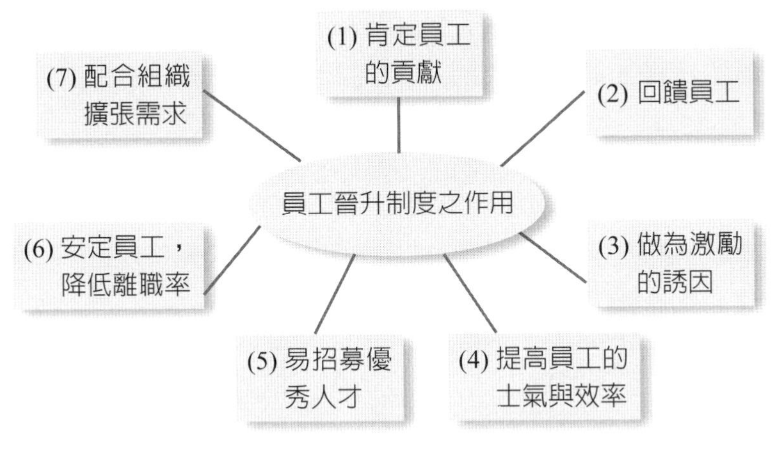
(1) 肯定員工的貢獻
(2) 回饋員工
(3) 做為激勵的誘因
(4) 提高員工的士氣與效率
(5) 易招募優秀人才
(6) 安定員工，降低離職率
(7) 配合組織擴張需求
員工晉升制度之作用

圖 7-1　人事晉升制度之作用

(二) 不願晉升之原因

雖說大部分員工都想獲得晉升，以求取更多的報酬與權力；然而在實務上，仍有部分的員工，寧願待在原職或走專業路線，不想晉升，其原因有如下幾點：

1. **責任太大而利益太少**

晉升爲主管後，員工的責任將大增，但是薪水可能只增加數千元而已；因此，有安穩個性傾向的員工，不願承擔太多的責任，因爲付出與得到不成比例，不足以激勵。

2. **憂慮不能達成任務**

有時員工能力或經驗尚不足以擔當主管大任，故其憂慮新職位的工作無法做好，不僅對自己信心之打擊，而且可能也傷害到原先的聲望，故不願晉升。

3. 不願失去融洽人際關係

晉升為高階人員後，其言行舉止勢必要改變，不可同於以往，因此過去與同事間融洽、平行往來與談笑的狀況，可能不復見，此種損失，是員工認為不能用加薪而得以彌補的。

4. 地點遙遠、生活不便

有時晉升的職位，地處偏遠，交通與生活均不便，影響家庭生活（例如：從北部調升到南部），故也不想晉升。

5. 不適合擔任主管職

有些人員適合專業幕僚工作或業務工作，並不適合去領導人或管人或做跨部門溝通協調的事情。因此，晉升為主管職，反而使他害怕。

6. 壓力太大，不願晉升

晉升為高級主管，雖為大部分人之心願，但對少部分人而言，因此覺得壓力太大，而且對物質並不要求，也有可能不太想晉升。

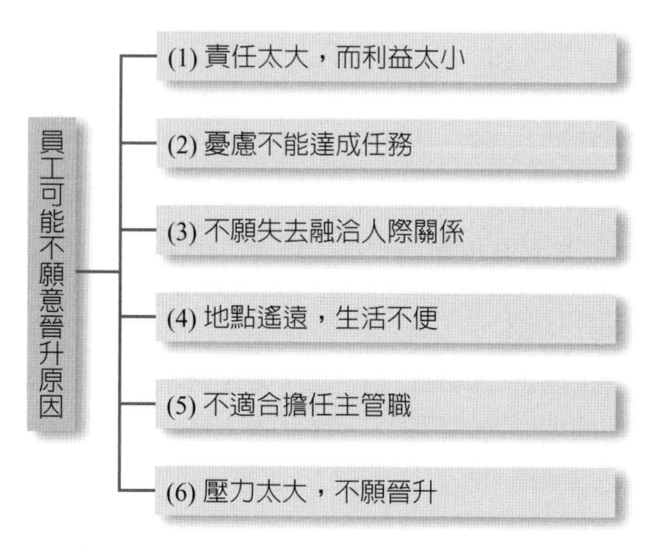
員工可能不願意晉升原因
(1) 責任太大，而利益太小
(2) 憂慮不能達成任務
(3) 不願失去融洽人際關係
(4) 地點遙遠，生活不便
(5) 不適合擔任主管職
(6) 壓力太大，不願晉升

圖 7-2　員工可能不願晉升的原因

(三) 晉升方案考量要素

一般而言，組織或企業在研訂晉升方案時，有兩大基本要素須予考慮，分述如下：

1. 晉升路線安排

晉升路線的安排，包括兩個涵義：

(1) 職位晉升路線

係指某項職務及職位，其向上爬升的順序爲何；例如：以營業部來說，公司的職位晉升順序爲：分公司（店）的店長主任→總公司營業部副理→總公司營業部經理、協理→總公司營業部副總經理→總公司執行副總經理→總公司總經理→集團副總裁職位晉升路線，可透過「工作分析」（job analysis）來加以確定。因爲工作分析可獲得勝任此項工作之技能、經驗、職責、環境、年齡、性別、經歷、學歷等項目，此有助於瞭解各個工作職位之縱向與橫向之關係，從而確定晉升之理想路線。一般公司職位（職稱）的晉升，依序爲：課長→襄理→副理→經理→協理→副總經理→執行副總經理→總經理→副董事長→董事長→集團總裁（集團主席）。

(2) 人員晉升路線

係指不同的優秀人選，應該適合於何種的晉升路線，當優秀員工瞭解他自己的晉升路線之後，他就有一個努力遵循的目標與方向。而在人才分析的步驟，大致有以下幾點：

①分析人才的現狀

首先必須先分析個人的人事基本資料、人事績效考核資料、人事訓練資料、人事職位經歷資料，再分析其優缺點以及專長、特性；從而確定對於擬晉升之職位是否適任。

②分析人才的標準品評項目

上述的分析人才，必須要有客觀的評分項目與標準。故其品評項目，包括：

❶學歷。

❷經歷與經驗。

❸工作績效考核。

❹才能。

❺品德操守。

❻專技能力。

❼領導與管理能力。

③遴選的方式：在遴選方式的採行方面，可有：

❶筆試。

❷口試。

❸面談。

❹性向測驗。

❺機智問答。

❻現場操作。

❼報告或計畫審查及詢問。

❽過去工作成果審查。

④排出人才的優先順序

晉升之人才經過分析及遴選之後，可決定其優先順序，並列冊等候。

2. 晉升的基礎

晉升的基礎，可分兩種類別來說明：

(1) 正式晉升的要求基礎指標

傳統的正式晉升基礎指標主要有五項：

①功績（績效）。

②年資。

③升等考試。

④學歷。

功績係員工在組織內多年來的工作成果或是對組織的貢獻，以此爲晉升的基礎，應無疑問。而年資係考量員工的資深或資淺問題，在大企業或政府機構中，有某種程度的重視年資問題，因爲年資給人一種傳統倫理的排序感覺，而且年高德劭，對威望與人群關係的培養，也非功績能力所能完全取代的。另外，升等考試係運用在政府機構較爲常見，此爲政府文官制度的工具；私人企業採用的不多。此外，有些大企業的高階主管的要求，可能還會看其學歷狀況，如果此時，可能也會比較其學歷程度，當然愈高愈好，博士、碩士已日益受歡迎，至少頭銜也好看些。這也是爲什麼現在不少企業主管再去進修 EMBA 的原因。除上述四項外，還有一項晉升基礎：

⑤員工未來的潛力

彼得原理

學者彼得曾提出一項理論，他認爲機構中的所有員工都是朝著他所不能勝任的職位而努力爬升。彼得認爲雖然某員工在現職上表現優秀，但此並不表示他就有能力勝任更高的職位，亦即他不一定會做得如同原職位那樣的好。因此彼得認爲員工不管按照功績或年資提升，都被提升到他所不能勝任之職位才停止。這種情況尤其發生在生產技術人員提升爲管理階層後尤爲明顯。此爲「彼得原理」。因此我們另外必須重視員工的未來潛能如何，亦即員工是否具有潛能，能做好要晉升之職位；此才是眞正人才分析之最後關鍵點。

(2) 非正式晉升基礎

如果說晉升只有正式的基礎考慮，乃是將事情過於簡化的結果。事實上很多證據顯示，在晉升的安排上，仍有很多非正式晉升的基礎或因素在影響著晉升的結果，此包括：

①有力人士的推舉。

②同鄉、同學、同系、同宗、同校等之關係。

③省籍關係。

④公司內部非正式組織的力量。

⑤儀表。

⑥企業主的信任度（長期工作的忠誠度）。

⑦家庭關係。

⑧派系的關係。

當非正式晉升因素影響力愈大時，正式晉升的因素就愈顯得不重要。當然，一般來說，還是以前述的正式晉升的根據基礎爲主要評量，非正式基礎因素，爲次要評量。

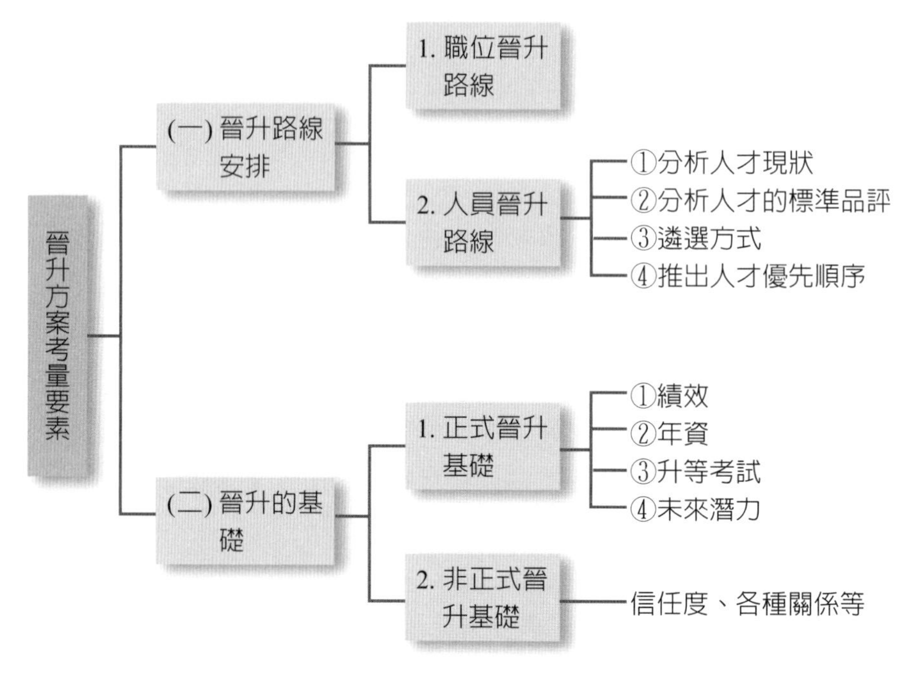

圖 7-3　晉升方案的考量要素

(四) 接班人管理制度的七大要素

Robert Fulmer（羅伯特 · 富爾默）在其專著《接班人在哪裡》一書中，提出企業建立一個接班人管理制度是一件很重要的事情。強人領導總會過去，強人走了之後，接班人又在哪裡呢？接班人管理制度影響公司長期存亡改變與否的重要根源。他認爲接班人管理制度，應考量到以下七個因素，做好這些因素，才能建立一個良好接班人的機制，此七大因素如下：

1. 企業策略

每個組織都必須有市場策略與人才策略，做爲接班人制度的基礎。這兩項策略必須能夠回答，爲何接班人管理值得公司關心。

2. 支持者與參與者

除非接班人管理制度贏得管理高層的支持，否則這項制度不會有任何效用。同樣地，企業各部門主管也必須參與負責，才能夠眞正推動接班人管理制度。

3. 人才辨識系統

好的接班人制度能依據過去表現、個人潛力，以及企業重視的組織與領導能力，及早辨別優秀的管理人才。及早辨識出有潛力的人才，是企業的首要任務之一。

4. 發展經驗與職務之間的連結

有效的接班人制度，必須在職位與相關工作經驗之間，建立明顯的連結。而這樣的連結又必須有一系列合乎邏輯的「能力延伸任務」，使候選人作好接任的準備。

5. 評估者

在接班人管理制度中，評估者決定誰有高潛力、誰能升遷。評估者必須有跨部門的觀點，以及綜觀各項要素與活動的能力。

6. 追蹤系統

在接班人管理制度中，「追蹤」意味監督進度與成果。好的追蹤系統必須有量化與質化的衡量標準，並且會突顯整個制度的優缺點。

7. 成功的評量標準

要判斷接班人制度是否有效，必須仰賴個別與系統的評量標準，雙管齊下，才能確保評估制度長期有效，並使制度能不斷調整與強化。

二、公開徵選，內部升遷晉升新管道——統一、台塑、聚陽多家公司改革人事考績制度

國內企業掀起大舉改革人事考績制度風潮，除大舉改善績效評比模式外，拔擢人才、各種獎金分配也更爲透明與嚴謹。統一企業由總經理羅智先領軍成立「八人審查委員會」，凡課長、副經理、經理等級職缺，都將採自由報名，公開徵選的模式；台塑集團過去只要達到 90% 產能利用率，生產線的員工就有績效獎金，現在則必須達到 100%，才能在績效方面加分；至於聚陽實業的考績制度則著重在部門評比標準上，計畫調整兩大部門的評比標準，讓考績更能符合實際表現。

(一) 統一企業

統一企業的公開拔擢制度，是由該公司總經理羅智先提議而建立制度，並由他領軍成立「八人審查委員會」負責執行，日前該公司便透過徵選評比的方式，選出統一低溫群冷調部經理，這位統一企業的新任經理，上任之前竟是統一超商次集團的經理人員，負責統一超商鮮食部速食 Team，此例打破統一企業過去用人多由內部晉升的慣例，透過公開徵選，統一超商的人員可以轉進統一企業，未來統一集團的人才交流將更爲頻繁，公司與次集團間都不再有限制人才交流的門檻。統一企業指出，內部正在培養主動爭取的企業文化，同時以公開徵選取代過去內定的升遷模式，以透明化的公平升遷機制，凝聚向心力，並激勵員工的進取心。

(二) 台塑企業

石化業龍頭的台塑集團，向來以人事穩定著稱，近年來爲追求效率的提升，也逐步提高績效的要求，台塑集團主管表示，台塑集團成立五十年，已經有一套完整的績效評估，因此不能稱是大刀闊斧改革，而是從生產與銷售的評比做調整。台塑集團過去只要產能利用率做到 90%，生產線的員工就有績效獎金，現在則是要求產能利用率必須達到 100%，才能在績效方面加分。業務銷售方面，台塑集團除銷售量成長可以加分之外，近年來由於石化景氣大好，市場供不應求，因此績效考評特別增加新客戶開發的加分項，業務人員如能開發新的客戶，將可獲得加分，獲得比較好的考績。

(三) 聚陽紡織

紡織業界獲利最高的聚陽實業指出，該公司的考績制度是採取階梯制評比，以既有的九個部門進行考評，排名前三名的部門，該部門的人員考績都加 5% 的分數，排名後三名的部門則減分 5%。不過，在考量業務部及工務部對公司的貢獻度相對較高，因此，年度計畫將調整兩大部門的評比標準，方向是調高這兩個部門加分的權數，讓考績能充分地反應部門及員工的貢獻度。

(四) 汽車業（和泰、裕隆、克萊斯勒）

跳槽流動率相對高於其他傳統產業的汽車業，因應微利時代並留住人才，包括和泰、裕隆、臺灣戴姆勒克萊斯勒等三大車廠，也掀起考績升遷制度大翻修。

1. 和泰汽車經理楊湘泉指出，和泰汽車以往主管晉升會優先考慮年資，其次才是績效，考績部分區分為優、甲、乙、丙及丁等五個等級，優及甲等考績都有名額限制；由於先考核男性員工，再考核女性員工，於是就出現女生考績要比男生差的情形。所以希望能挽留一些優秀的年輕人替和泰汽車效命，遂打破考績考核名額限制，改由各部門主管組成的人評會綜合討論，人事升遷也多半會考量員工的基本職能，年資的重要性已降低。
2. 裕隆汽車主管表示，裕隆一向將員工考績分為五等，從特優、優、甲、乙到丙五等，但在分割之前，將員工考績修正為特特優、特優、優、甲及乙五等，優等占員工總數比重七成，其他約三成。丙等考績的員工就沒有發年終獎金及紅利分派，但這幾年裕隆獲利情況不錯，該公司於是將乙等考績員工的獎金減半，並作為增加特特優員工的獎金之用。
3. 臺灣戴姆勒克萊斯勒人資處協理余一哲也指出，臺灣戴姆勒克萊斯勒去年的考核，區分為 A、B 及 C 三個等級，A 等占員工總數二成，可分到 150% 紅利，B 等占絕大數比重而達七成，可分到 100% 紅利，表現不佳的 C 等為一成則不得配發紅利。但本年度針對前一年員工表現所進行考核制度時，將原來的 B 等細分為 B+ 及 B 兩等級，各占員工總數的三成，B+ 可分 110% 紅利，B 等則維持 100%，但將 A 等紅利分配降為 135%，而且每年固定還另發放兩個月年終獎金。

(五) 台泥

國內水泥業龍頭的台泥企業集團，最近在考績制度上就作出重大變革，內部要全面嚴格貫徹「唯將適用」的人事考核制度；要唯將適用，就必須以考績做為基礎。過去，台泥的考績等級分為特優、優、甲、乙及丙等五大項，約有九成以上的員工都能拿到甲等的考績，員工的考績幾乎是齊頭式的平等；相對而言，對考績就不重視。但為了獎勵表現特別好的員工，重新訂下 3% 的員工可以拿到特優考績、45% 的員工拿到甲等考績，各單位不再打齊頭式的考績。「特優」等級的考績是將更能激勵努力的同仁，表現不好的員工也會向這些同仁看齊，而且對考績優者擴大拔擢，讓員工深信，只要表現好，考績名列前茅，都有升遷的機會。

(六) 彙總表

表 7-1　國內企業人事考績作業改制前後比較與效益評估一覽表

企業名稱	(一)現行人事考績制度	(二)過去人事考績制度	(三)預期效益
(1) 統一企業	在幹部職位另增加幕僚職務	無	讓資深幹部發揮經驗，轉變成為幕僚職務，幹部落實年輕化
	建立公開評選的人事升遷制度	採內部拔擢模式	針對課、經理級主管，讓員工主動爭取升遷，以公平透明的審議機制公開評選
	任用外籍兵團	多採用統一子弟兵，高階幹部較少對外徵才	對外招募新血，刺激內部良性循環
(2) 台塑集團	精準掌握達成率，做為加分標準	產能達 90% 即可加分	提高產能與生產效率
	銷售方面鼓勵開發新客戶，列為加分項	無	提高產品銷售量
(3) 聚陽實業	業務部與工務部調整評比標準	九大部門的評比標準相同	業務及工務部攸關公司成敗關鍵，調整評估後較能彰顯實績
(4) 台泥公司	考績等級分為特優、優、甲、乙及丙等五大項，約有 3% 的員工可以拿到特優的考績	約有九成以上的員工都拿到甲等考績，是齊頭式的平等	組織重整，進行優退，估計一年可省下 6,300 萬元的人事費用
	有 45% 員工可得優等	無	做為未來人事升遷的標準
(5) 和泰汽車	取消考績名額限制	—	爭取年輕員工留任
(6) 臺灣戴姆勒克萊斯勒	將占比達七成的 B 級，再區隔為 B 與 B+ 兩級	—	突顯員工表現績效

資料來源：工商時報

三、臺灣外商公司的升遷制度特色（Promote System）

(一) 取決於員工的職能與績效

外商公司在員工升遷方面，有一個共通點，就是純粹看他的績效表現（performance）。很多人會以為，只要把工作做好，達成老闆給的目標就是好的performance，可是在外商公司，除此之外，還重視你的關係（relationship），就是你能否有效地與他人團隊合作的能力。一個非常好的工程師或業務，不見得會是一個好的主管，能否晉升，取決這個人的職能（competency）。外商公司在人事上的制度，從開始找人、拔擢升遷、到開除一個人，有關人的變動，一切都是看competency。所謂competency，是根據職位特性訂出來的，譬如管理職，往往尋找的是有領導力，能有效建立團隊的人。在外商公司，要拔擢一個人升任主管，大多會考慮「意願」、「表現」、「效果」這三點。由於晉升牽涉個人生涯規劃，必須尊重當事人的「意願」，若有意願，還得看工作上的「表現」如何，能為公司帶來什麼「效果」。

(二) 360 度考核制度

外商常使用 360 度或 270 度來考核人選，所謂 360 度，指的是象限上下左右四塊區域。上下兩塊為主管與下屬，左右為客戶與同儕，270 度則是指上下左右拿掉一塊，不加入考核；換句話說，外商公司的考核方式，除了由主管考核外，還必須加入同儕、部屬、客戶的表現，客觀而全面地呈現一個人的優缺點。

(三) 本土與外商升遷考核之差異

1. 本土企業的升遷考核方式——以主管考核為主

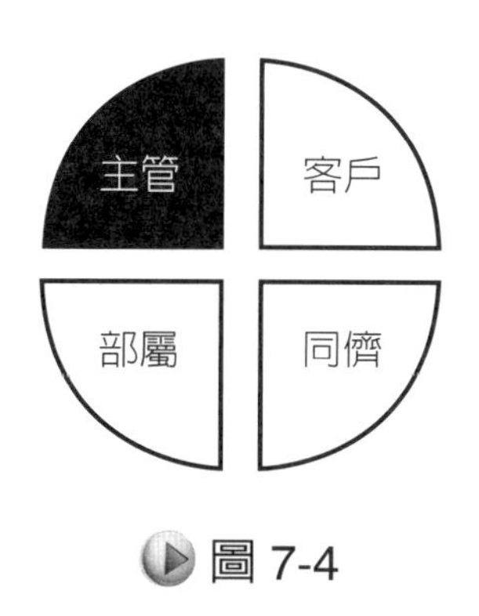

圖 7-4

2. 外商企業的升遷考核方式

360 度考核，同時重視主管 / 部屬 / 顧客 / 同儕的意見。

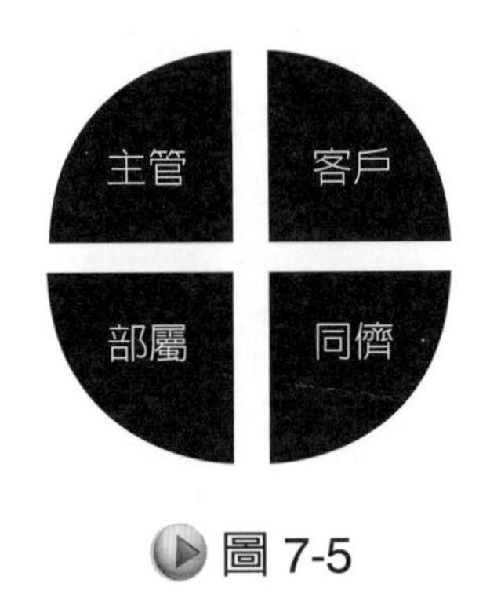

圖 7-5

270 度考核，重視其中三者的意見，即部屬、同儕及客戶之意見。

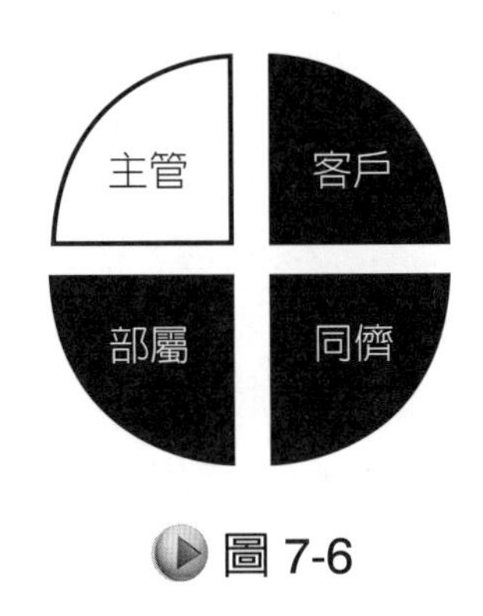

圖 7-6

四、調派（Transfer）

(一) 意義

調派係指平行單位的調動，或跨公司之間的調動。可能增加他的職稱、權力、責任及薪資、福利、但是也可能不會增加，而沒有改變。大部分狀況下的調派，是指平行單位的調動。但也有少部分狀況是跨公司或跨國內外工作單位的調派，故有四種調派的種類型式，如圖 7-7 所示：

(二) 目的

1. 配合組織目標的變更

有時候組織目標可能改變，迫使公司大部分的人力資源必須調動去支援此項新的組織目標之達成。

2. 適才適所

有些員工並不能勝任原有的職位，因此，必須調派適合其能力與興趣之職務。

3. 解決人員間的衝突

組織內人員與人員間，難免會有衝突產生，當所有方式都無法解決衝突時，就只有將二人的職位調開。

4. 配合人才養成

透過職位輪調，可讓優秀人才歷練更多樣的工作性質，培養其多方面的實力與理念。

5. 滿足個人的需要

有時候個人因爲生活與家庭的因素，不能再此地擔任此職務時，亦應考慮允其所需，而予以調動。

6. 爲防弊革新而輪調

一個人在同一單位工作過久，易產生舞弊的現象，因此，應該定期實施工作輪調，以使弊端能有所防止。此外，爲革新某一單位組織，亦須另派新人員去做重整再出發的工作，此不宜由舊人來做。

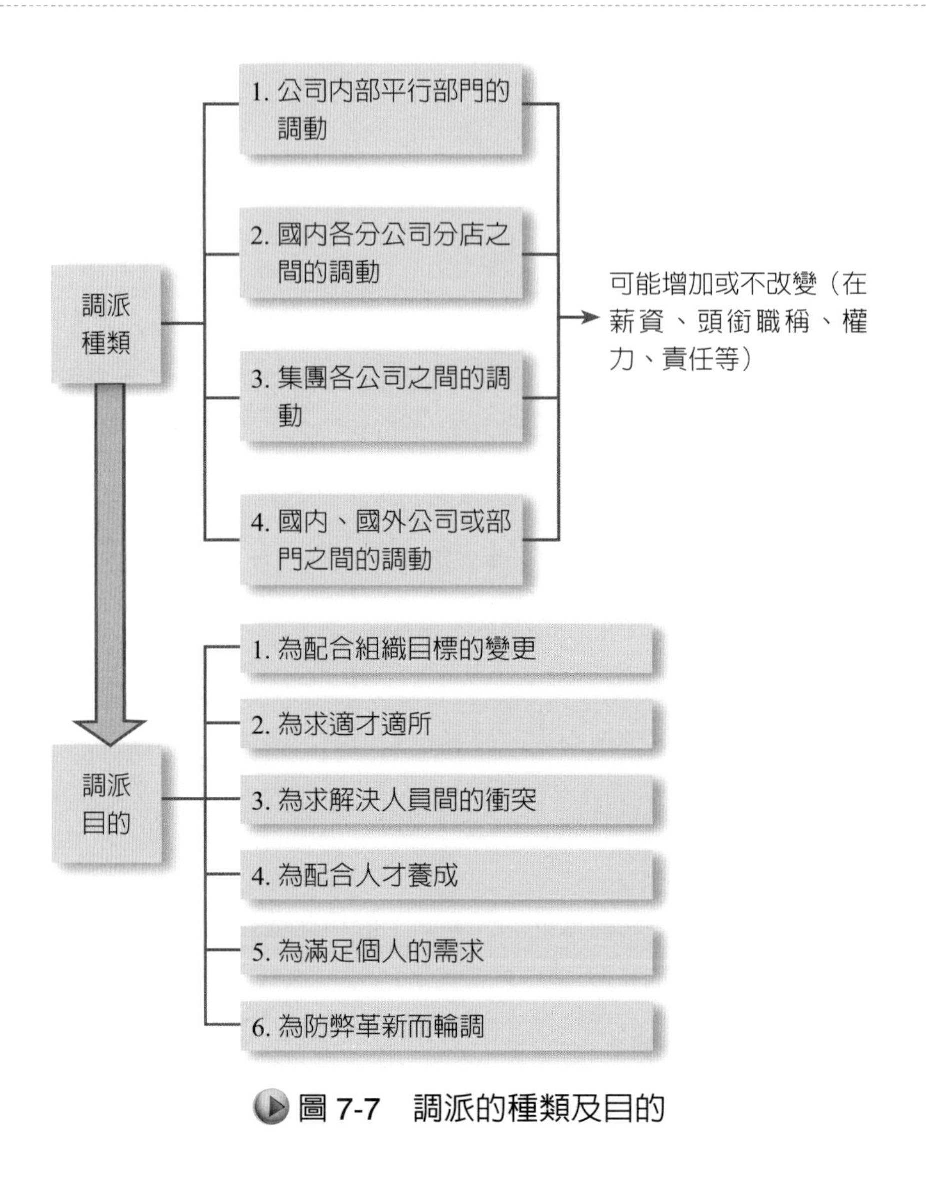

圖 7-7　調派的種類及目的

第 2 節　降職與資遣

一、降職（Demotion）

(一) 意義

係指降低員工之職位名稱、權力、薪資與機會等。

(二) 原因

降職發生的原因如下：

1. 組織人事縮減

組織為精簡起見，可能須裁撤某些單位或某些主管人數的百分比，自然人員會受到影響。

2. 對員工的懲罰

有時員工犯下明顯的錯誤，而使組織遭受重大財務或財產損失時，必須對員工以降職處分。

3. 員工不適任或能力不足

員工在接任某一項工作職位之後，表現不如理想，而影響到組織整體績效，此時也必須加以處理。

4. 適應員工的需求

有時員工因為身體因素、心理因素、環境與興趣因素，無法適應該種職位，故為適應其需求，也有可能以降職處理以符合其需求，例如：從主管職減降為非主管職。通常，降職的措施都會引致激烈的反彈，所以除非是員工自己的意願，或者犯下嚴重過失，否則降職的使用應儘量予以避免。

二、遣散（Lay Off）資遣

任何的組織通常都不太願意發生遣散的情況。通常發生遣散的原因有：

(一) 裁撤組織或工廠。例如：傳統工廠移往中國大陸或東南亞生產，必須把臺灣廠關掉。

(二) 生產自動化設備採用後，人工的減少。

(三) 減量生產。

(四) 人員工作績效表現與敬業意願太差。

第 3 節　實例：日立、聯合利華、花旗、福特六和、統一、鴻海、日本三洋、Olympus 等

案例 1

日立製作公司人才幹部選拔制度

(一) 日立製作所為日本大型電機集團之一。1999 年 3 月，該公司鑑於人才幹部養成的重要性，成立「人才委員會」，由金井務會長、廣山悅彥及 5 人副社長等所組成。日立製作所的幹部人才選拔制度計區分為四個階層，從階層一到階層四。如下表所示：

日立製作公司人才幹部選拔制度

層次	1.定義	2. 人選規模	3.目標年齡	4.選拔及養長責任
L1	各事業總部副社長及各幕僚部副社長候選人	事業總部部長級的 10%（200 人）	42 歲以上	社長（總經理）
L2	L1 期的候補者	部長級的 20%（200 人）	37 歲以上	各事業總部副社長（副總經理）或各部長
L3	L2 期的候補者	課長級的 10%（400 人）	32 歲以上	
L4	L3 期的候補者	主任級的 10%（1,000 人）	29 歲以上	

資料來源：日經商週刊，2002 年 9 月 23 日

(二) 日立製作所設有「總合經營研修所」，這些幹部候選人，必須定期到這裡受訓或發表報告。每一次都有一個主題報告，例如：

1. 全球事業戰略。
2. 從股東觀點的徹底改善經營。
3. 往高收益體質的轉換。
4. IT 情報技術的活用。

(三) 在集合研修完成之後，還必須赴海外短期留學，瞭解海外當地的實務經

驗。此外，會採取輪調制度讓他們到新的部門去或新的外圍子公司去接受歷練。

案例 2

聯合利華公司

名列美國財星第 68 大企業，橫跨食品業與家庭個人用品業，旗下擁有康寶、立頓、多芬、旁氏等知名品牌的聯合利華公司，一直是國內新鮮人最嚮往的外商公司之一。

(一) 經理級幹部二個來源

以聯合利華的經理級管理職位來說，人才主要來自兩個管道，一是每年 5、6 月大規模的儲備幹部計畫招募，另一是公司內部表現優異，具有擔任主管潛能的員工。從比例來看，目前聯合利華的經理級幹部，出身儲備幹部者與普通員工晉升者各占一半。每年畢業季，聯合利華的財務部門、客戶發展中心、行銷部門、研發部門、供應鏈部門、人力資源管理部門，都會針對社會新鮮人，展開大規模的儲備幹部徵選，進行爲期三年的經理級幹部培育計畫。

(二) 輪調制度

一個專業經理人的養成，三年是較理想的期限。在儲備幹部培訓過程中，不但要到各部門輪調，還要接受內部與海外的各種訓練。在輪調方面，聯合利華會請部門主管，寫一份明確的計畫，內容包括讓這名儲備幹部做什麼、學什麼？是與客戶談判的技巧，是企劃的技巧？派去某個部門的考量是什麼？

(三) 內部訓練與海外訓練

以內部訓練來說，聯合利華設有訓練經理（training manager），針對各部門需求，安排包括行銷等專業技能課程，或是溝通等一般技能的課程，聘請國外顧問來上課。而海外訓練，則提供給未來可能的經理人選，主要有兩個訓練重點，一個是專業技能，一爲領導能力培養。聯合利華針對全球的經理幹部，每年都有專屬的訓練課程，由各地分公司提名參加，受訓的地點，可能在亞洲，也可能在英國總部，通常儲備幹部錄用後，大約二年有機會出國受訓。

(四)「諮詢長」協助新人發展

此外，聯合利華還有「諮詢長」的制度，由高階主管定期與新的經理人面談，解決工作上遇到的問題與瓶頸。每一年，人資還會與部門高階主管，共同與儲備幹部、有潛力的員工們，談談他們對於生涯規劃的安排，以及公司對他們的看法與期望。

(五) 升遷考核

除了儲備幹部外，一般的員工如果表現優異，同樣有晉升的機會，不同的是，儲備幹部每 6 個月評估一次，一般員工則是在每年年底，由公司中高層主管開會評量績效表現，列出有潛力的人選。聯合利華提供一套職能（competency）的評定標準，做爲主管考核的依據，其中包含 11 個項目，分別是：

1. 洞察力（clarity purpose）。
2. 實創力（practical creativity）。
3. 分析力（objective analytical ability）。
4. 市場導向（market orientation）。
5. 自信正直（self confidence Integrity）。
6. 團隊意識（team commitment）。
7. 經驗學習（learning from experience）。
8. 驅動力（motivative drive）。
9. 領導力（leading by examples）。
10. 發展他人的能力（developing others）。
11. 影響力（influencing others）。

在聯合利華，若有心想晉升主管，年資或年齡並非問題，而是你是否已經準備好了，是不是具備專業與成熟的技能？

案例 3

美國花旗銀行（Citi Bank）

(一) 儲備幹部（MA）計畫，千中選一，尋求精英人才

接受花旗儲備幹部計畫（Management Associates Program）訓練的人，花旗人慣稱他們爲 MA，簡稱的兩個英文字，代表的是比同儕高一級的待遇。

每一年花旗銀行會從數千封（往年約3~4,000封）履歷表中，先根據學歷篩選出數百封（往年約500封）履歷，其中又以企管研究所（MBA）和商研所畢業生為主。接著，人力資源主管會透過電話，和MA候選人初步訪談，再刷掉大半人選。剩下的精英中的精英，交由2~3位高階主管，一一面試。總計國內數千封履歷表，經過層層篩選，最後只錄取12~15位MA，接受為期1~2年的訓練，成為高階主管的接班人，錄取不到千之分一，可以說比國內任何一項考試都還要低，儘管如此，應徵者仍然擠破了頭，因為這麼扎實的訓練，只有花旗才有。

(二)MA訓練體系非常紮實且高壓力

花旗的MA訓練課程，每年從9月開始，第一個月的「新兵訓練」課程，內容包含公司定位的介紹（Business Orientaion）、產品介紹（Product Training）、專業技能（Professional Skill Training）和自我研讀。在消費金融MA方面，為了因應競爭白熱化的消費金融市場，訓練期延長為兩年半。第一個月「新兵訓練」之後，就展開第一次為期五個月的工作輪調，這段期間，MA會被安排到最適當的部門，並且分派任務，主要為前線支援，執行專案以及商業研究（Business Study）。五個月的工作輪調，MA必須在一般主管面前，進行半小時的簡報，主題由MA自行決定。接下來，MA就要展開為期2年的工作任務（Job Assignment），第一年的工作任務，和企業金融MA類似，有兩次，各為期半年的工作輪調。訓練重點在於MA的專案，分析以及業務能力，課程則包含財務管理、銀行概念、Management Office等。訓練完後，同樣對一級主管進行簡報，考核訓練成果。第二年的Job Assignment，則展開多面向的歷練，培養不同的工作職能，這段期間內，消金MA會前往海外，參加亞太區的消費金融MA養成計畫，同時也會有上一期的MA學長姐擔任學習夥伴（Buddy，類似小天使的角色），提供學習上的建議，並有一位資深主管擔任諮詢長（Mentor），做為MA在事業生涯上的諮詢對象。除了儲備幹部訓練計畫，花旗每年還會徵召有潛力的，未來五年可能會升至副總裁的高階主管，接受為期1~2個月，兩個階段的高階主管訓練。受訓的人除了要做金融個案分析、寫報告之外，還要輪流到各部門實習，最後由各部門主管聯合打成績，據說考核非常嚴格，最後的結訓考題，還是從美國花旗總部運來的。打開花旗銀行的高階主管名冊，從總經理以下，幾乎都是儲備主管訓練計畫出身的。而且，他們還有一個特點，就是年輕，很多副總級的甚至是不到40歲的六年級新秀。年資絕對不是主管晉升的考量，績效加上潛力，才是最重要的。

花旗銀行儲備幹部（MA）訓練體系

A. 企業金融儲備幹部養成訓練

一個月	一週	六個月	二週	六個月	三週	
「新兵訓練」課程	Core 1 海外訓練課程	第一次工作輪調	Core 2 海外訓練課程	第二次工作輪調	Core 3 海外訓練	晉升為副理

B. 消費金融儲備幹部養成訓練

一個月	五個月	一年	一年	
「新兵訓練」課程	工作輪調	第一次 Job Assignment	第二次 Job Assignment	晉升為副理

(三) 獨特的個人競爭文化

花旗不但培育人才相當有一套，人才彼此的競爭性也很強。它會給你足夠去衝的環境，讓MA之間互別苗頭，能拚的人就能出頭，大部分的MA即使自己用不到的資源，也不會分享給別人。管理起來，最困難之處，應該是團隊合作的默契。這樣獨特的競爭文化，使得花旗銀行的高階人才，流動相當頻繁。一位曾經任職於花旗的中階主管指出，沒幾個人能待到退休，那裡不是能夠久居之地，何況每年新人輩出，老將難免有芒刺在背之感。沒有人在花旗是不可或缺的，任何人離職，馬上有新人可以遞補，而且一定是更年輕的新秀，因為它有一套完整的儲備幹部計畫，每年培養12位MA，即使折損一半，也還有6名，年年累積下來，不怕沒有出色的高階主管人選。

案例4

美商福特六和公司

(一) 外派跨國訓練

做為跨國企業，福特汽車擁有比本土企業更多元化的培育管道。「外派」是跨國企業常見的訓練方式，福特六和也不例外，以外派美國總公司來說，爲期至少一年，每個人的外派成本，一年高達 500 萬，可說是意義非凡，許多福特人都渴望爭取到這個機會。由於外商公司重視績效的特質，只要能力受到賞識，即使年資不長，仍有機會出國受訓。福特的另一種主管在職訓練，則是與其他分公司交換人才，例如：跟日本、澳洲等國交換主管，未來還將包括大陸地區。

(二) 內部輪調

除了往外送，企業內部輪調也是培養主管的在職訓練途徑，通常工作兩、三年就需要輪調，若有職缺，福特也會先透過網路告知所有員工，有意願者可隨時申請輪調。

(三) 輔導師制度

至於在培育領導人才的方式中，排名第二的「教練」，除了有主管對員工的直接教導，還有特殊的「導師制度」，協助員工職涯發展。打從進入福特開始，每個員工都有一位「導師」，由非直屬主管的經理或資深員工擔任，雙方以夥伴關係爲基礎。導師會持續與員工會談，除傳承與分享經驗，還可進一步協助員工瞭解未來的發展，資深經理與副總經理階層都是導師的一員，「跨部門配對」和「公司高層的參與」，是導師制的特色所在。每個福特人，都有一分基本資料在主管那裡，除學經歷外，還包括未來的興趣、發展方向、是否願意主動找員工討論。若有職缺符合員工所需，主管會主動詢問員工有無興趣，若所寫的內容與公司發展不太一樣，也會建議員工做調整。

(四) 教育訓練課程

福特的培育制度，與其說在培養經理人，不如說在培養全方位領導人才。針對不同的管理位階，提供不同的教育培訓，例如：新生經理人必須先上 8 小時的基礎課程，內容涵蓋領導管理、時間管理、衝突管理、談判技巧等等。而協理級的訓練課程，則是根據年度營運目標，針對需補強能力量身設計。至於協理級以上的高階管理課程，福特六和更與國外頂尖學府，如密西根（Michigan）、杜克（Duke）等大學合作，一個月學費就要新臺幣 20 萬元左右。此外，美國福特總部也會適時提供最新的管理與領導課程，例如：之前來臺開設的 NBL（New Business Leadership Training）課程，爲期五天四夜，課程包含領導力、職業敏感度、消費行爲、職場政治敏感度、多元化、全人領導等等。上過 NBL 短短幾天課程，就好像修完 MBA 一樣。NBL 最大特色是上課期間要和不同國籍的經理人才，訂定專案目標，結訓半年內協力完成專案，才能審慎過關。

(五)12 項指標遴選人才

福特不僅培育人才很有系統，也有全球一致的選才評量標準，主要針對 12 項領導行爲進行考核。這套標準歸納起來，可分成三大類：Heart（心），評量其有無勇氣、操守、耐心、追求結果的心態；Service（服務），包括團隊精神、協助部屬發展、熱忱、溝通，Know-how（技能），包括業務敏感度、系統性思考、創新、品質。

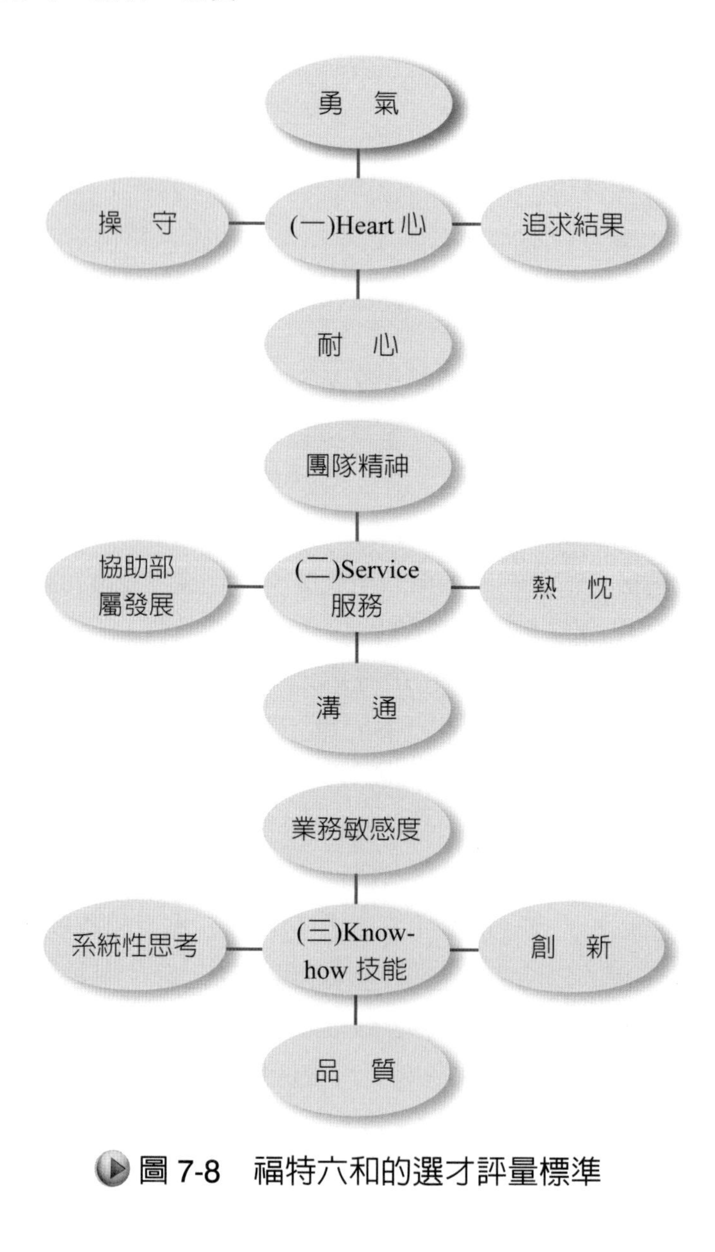

圖 7-8　福特六和的選才評量標準

(六) 破格升遷

升遷方面，福特有各層級的「人事發展培育委員會」（PDC），爲了客觀、公平，委員會成員由跨部門組成，一個人是否具有潛力，由各單位主管的共識決定。福特六和每年會從新進人員中，挑選最好的 10% 加以接受訓練，而破格升遷也早已是慣例。

案例 5

中高階人才晉升方式大變革：統一企業改採公開徵選，大家都有機會

(一) 成立人才審議小組，升遷制度改爲公開徵選，而非主管推薦

爲強化公司內部治理透明度，統一企業最近成立人才審議小組委員會，由總經理羅智先出任召集人，將過去主管拔擢的升遷制度轉變爲公開徵選。人才審議小組委員會是羅智先上任後，最重要的人事改革措施。不但親自擔任小組召集人，還委派各群總經理擔任小組成員。

(二) 已開始運作，產生新的高階主管

統一看好中國大陸常溫飲料市場仍有廣大潛力，日前決議調派臺灣冷調部經理羅秋田升任中國大陸乳飲群（即常溫產品）總經理。而原冷調食品部經理懸缺，成爲人事新制實施後，首度公開徵選產生的主管。此次的冷調食品部經理徵選，將首度打破各事業群界線，統一員工也可以毛遂自薦，所有名單將交由人資部統整，最後由人才審議小組委員會評鑑，推薦名單再呈給總經理林隆義核定。

(三) 公開徵選的優點——眞正尋出好人才

羅智先認爲，過去部長級以上主管，都由各事業群自行拔擢，雖然同樣可以落實專業分工，但整體缺乏透明及公平競爭機制，若是主管拔擢打破各事業群界線，不但可以創造內部良性競爭環境，也讓員工有機會跨事業群歷練，更減少遺漏潛力人才機會。

案例 6

日本三洋電機集團，人才晉升模式探索——選拔 280 個優秀的事業單位（Business Unit）的領導幹部（Leader）

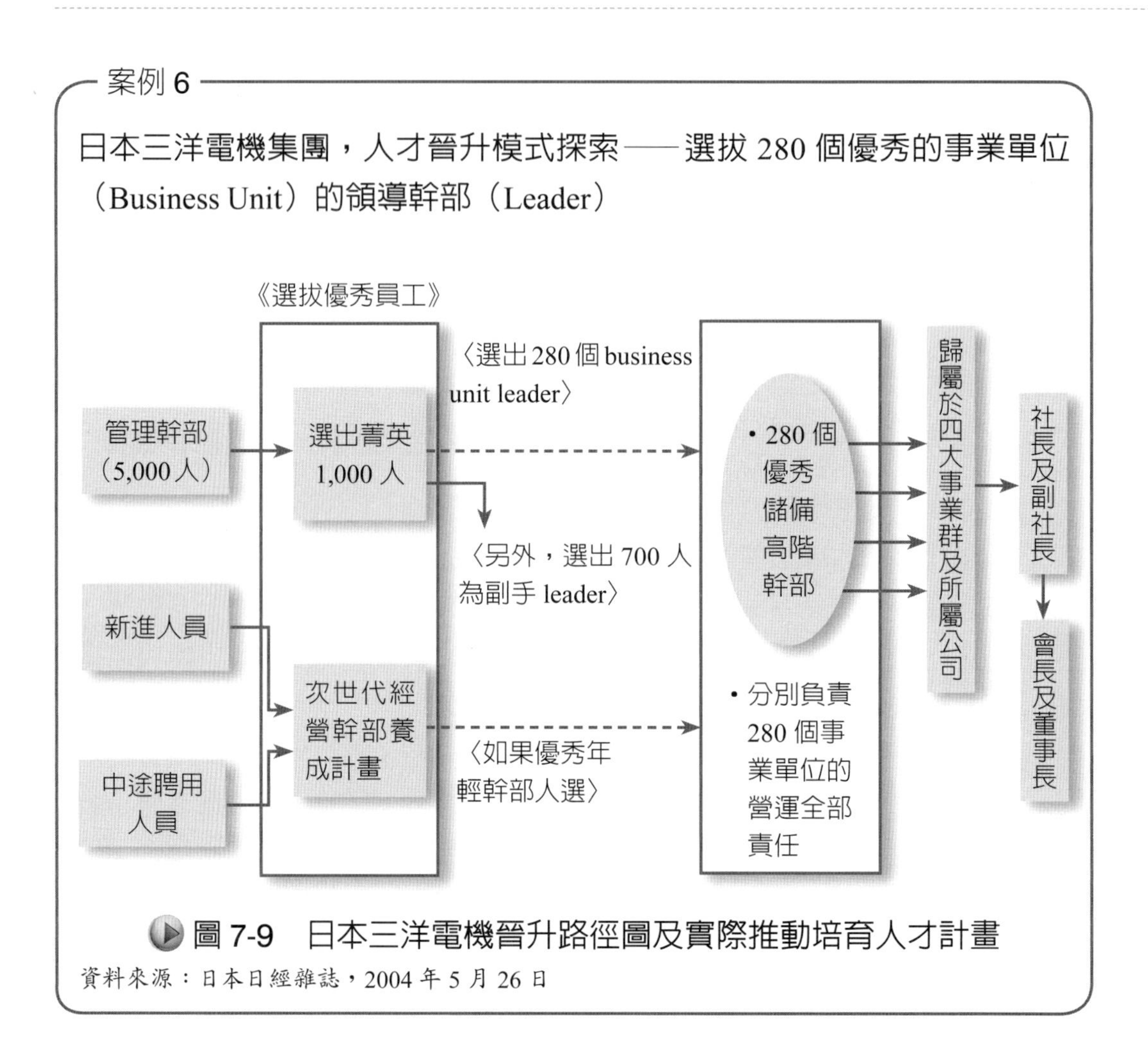

圖 7-9　日本三洋電機晉升路徑圖及實際推動培育人才計畫

資料來源：日本日經雜誌，2004 年 5 月 26 日

案例 7

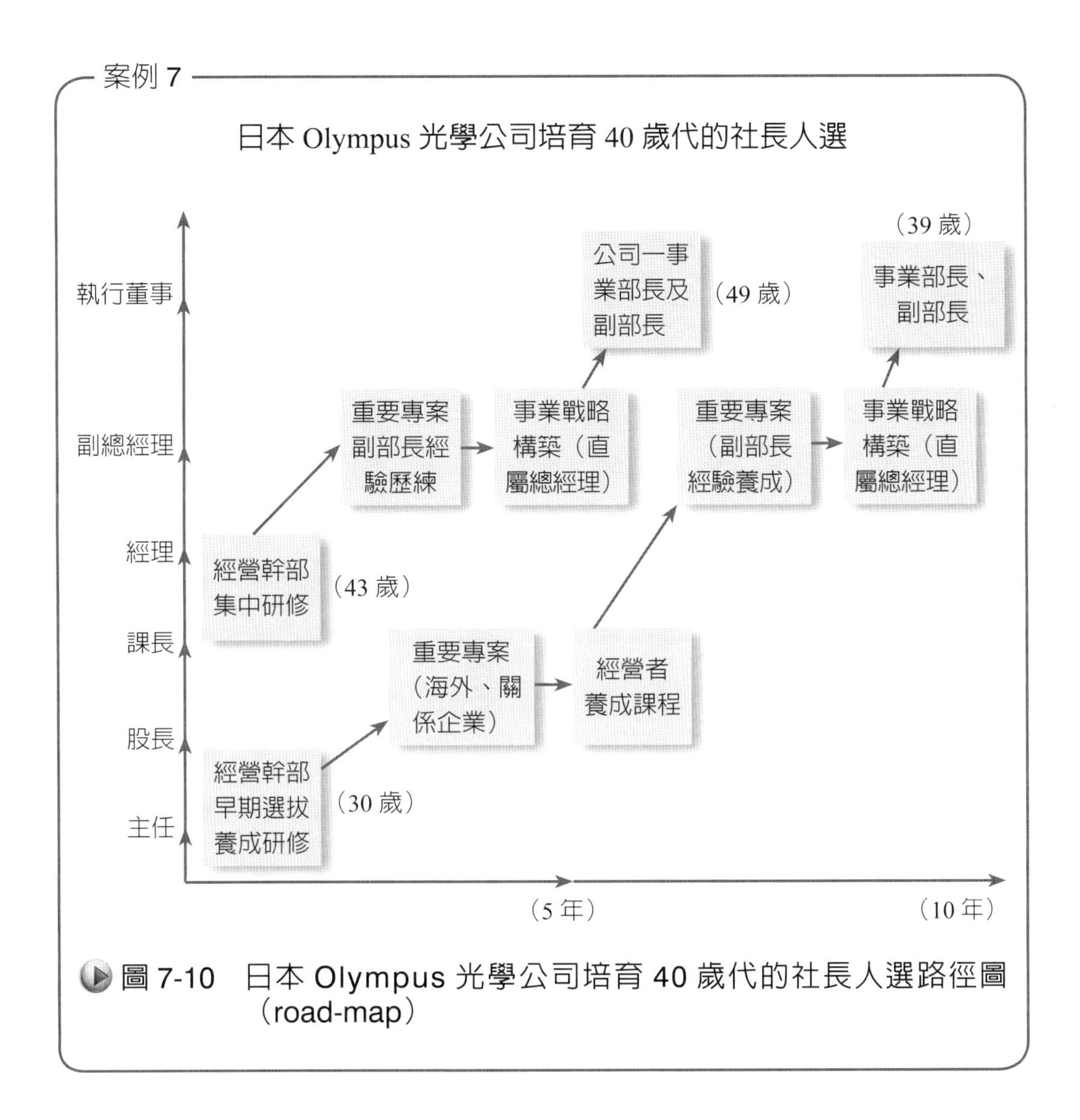

圖 7-10　日本 Olympus 光學公司培育 40 歲代的社長人選路徑圖（road-map）

案例 8

統一超商內部人員升遷路徑圖

營業幹部在成為區顧問前。要先在門市實習 1~1.5 年。之後才能升為店長
區顧問負責管理 8 家以上的門市，必須掌握營業額、淨利、成本控制與顧客服務。之後必須進入後勤單位服務，擔任企劃性質的職位。做全面性思考及規劃，才能列入中階經理人的晉升名單中。
從一個人到一個團隊，管理能力為首要課題。中階主管必須在一個專業部門至少歷練過兩個功能以上。
部門主管必須跨不同部門歷練兩年以上，而不只是在同一個部門裡，所以營業和行銷輪調的比例很高，管理跟營業（門市）的輪調也很頻繁。
帶領過不同功能的團隊，甚至有經營一家公司的經驗，是統一集團未來轉投資事業總經理的當然人選。
門市人員 1~1.5 年
店長 1~1.5 年
區顧問 2 年
中階主管（team 小組經理）3~5 年
部門主管（課長、襄理、副理）
高階主管（協理、總經理）
後勤單位服務 2 年
同一部門內跨功能或區域輪調
不同部門輪調每個部門 2 年以上
外派關係企業或轉投資事業

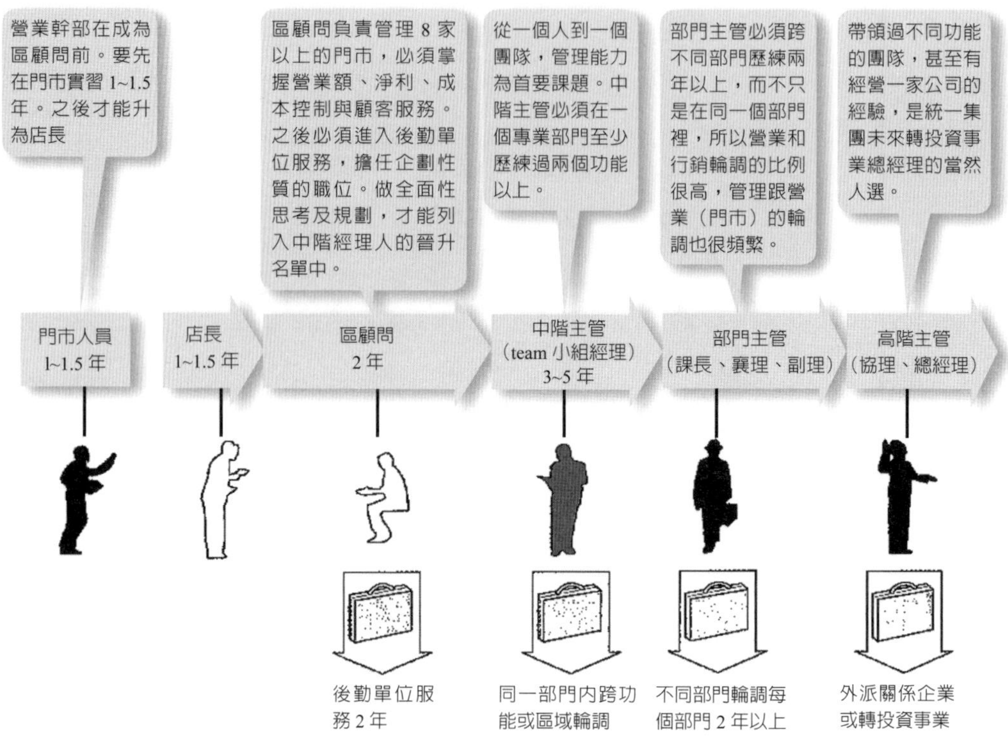

圖 7-11　統一超商升遷路徑

資料來源：經理人月刊，2006 年 1 月號，頁 115。

案例 9

國泰人壽內部業務人員升遷路徑圖

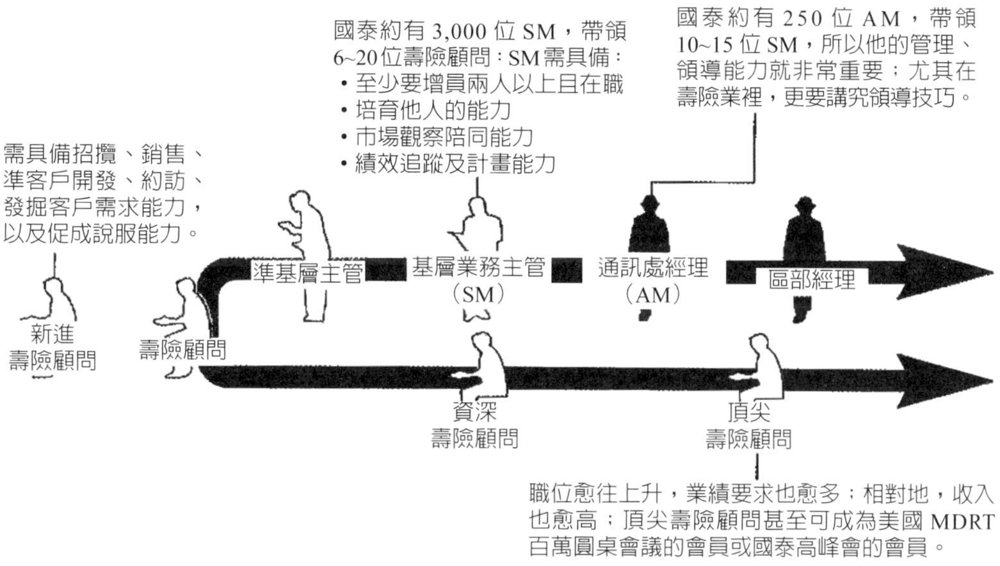

國泰約有 3,000 位 SM，帶領 6~20 位壽險顧問：SM 需具備：
• 至少要增員兩人以上且在職
• 培育他人的能力
• 市場觀察陪同能力
• 績效追蹤及計畫能力
國泰約有 250 位 AM，帶領 10~15 位 SM，所以他的管理、領導能力就非常重要；尤其在壽險業裡，更要講究領導技巧。
需具備招攬、銷售、準客戶開發、約訪、發掘客戶需求能力，以及促成說服能力。
準基層主管
基層業務主管（SM）
通訊處經理（AM）
區部經理
新進壽險顧問
壽險顧問
資深壽險顧問
頂尖壽險顧問
職位愈往上升，業績要求也愈多；相對地，收入也愈高；頂尖壽險顧問甚至可成為美國 MDRT 百萬圓桌會議的會員或國泰高峰會的會員。

圖 7-12　國泰人壽升遷路徑

資料來源：經理人月刊，2006 年 1 月號，頁 117。

職階愈高，領導能力愈重要

任何職階的發展都是從入門、進階、合格、嫻熟，到最後變成專家。在專業員工時，專業技能最重要；當職階愈往上升時，專業要求會降低，而管理能力愈重要；但若要繼續往上晉升爲部室主管或協理、副總級，領導能力則愈來愈重要。

能力發展階段
專家
嫻熟
合格
進階
入門
強
重要程度
弱
領導能力
管理能力
專業技能
職階
專業員工
中階主管
高階主管

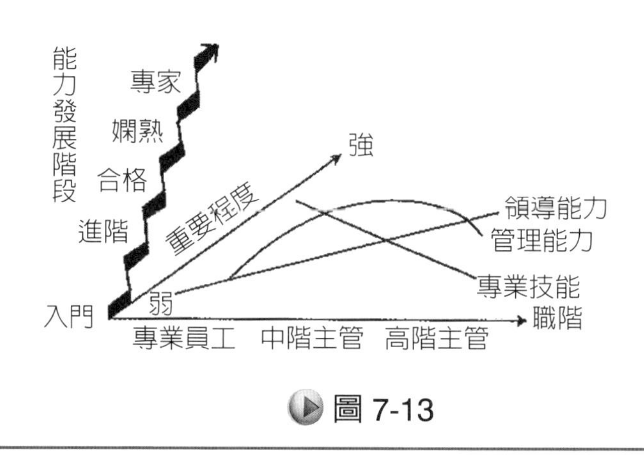

圖 7-13

自我評量

1. 試說明人事晉升制度之作用為何？
2. 試分析員工不想晉升之可能原因為何？
3. 試說明人事晉升方案訂定時，應考量哪些要素？
4. 試分析員工獲得晉升之正式與非正式的因素為何？
5. 試說明統一企業的「公開拔擢制度」之內容為何？
6. 試分析臺灣外商公司升遷晉升制度有哪些特色？
7. 試申述人力資源部門在接班人拔擢計畫中，應扮演的角色及原則？
8. 試說明人事調派之種類方式，以及它的目的何在？
9. 何謂降職？其原因為何？
10. 何謂遣散（資遣）？其原因為何？
11. 試圖示日本三洋電機公司，人才晉升模式為何？
12. 試圖示日本Olympus公司在培育40歲代的社長人選路徑圖為何？
13. 試申述日本日立製作公司在人才幹部選拔制度為何？
14. 試說明聯合利華公司對經理級幹部的培育計畫為何？
15. 試分析美國花旗銀行對儲備幹部（MA）計畫之內容？
16. 在研討晉升考核制度企劃案時，應想到哪些撰寫的綱要項目？
17. 試說明在研討接班人管理制度時，應注意哪七大要素？

Chapter 8

人力派遣概述

第 1 節　人力派遣的意義、起源與優缺點及原因

一、人力派遣的起源

人力派遣起源於 1920 年，美國 Samuel Workman 開創租賃服務（rented help）。當時他僱用一批已婚婦女，在夜間處理盤點的工作，之後又訓練她們使用計算器，轉介支援給企業，讓企業可以應付臨時或短期的人力需求。演變至今，蛻變為臨時性支援服務（Temporary Help Services, THS），涵蓋基礎勞力到專業技術人才。

二、人力派遣的意義

在企業勞務需求或招募新人時，「人力派遣」已成為常態性的人力募集管道。「招才企業」與「派遣公司」雙方簽定勞務契約，乃合作承攬關係；「派遣公司」聘僱員工後派遣至「招才企業」上班，「派遣公司」與「派遣員工」屬勞資關係；該員工雖在「招才企業」的管理下工作，但員工的薪資與勞健保、勞退金等則是由「派遣公司」支付。

公司面臨轉型、服務品質與競爭力時；「人才」必須能改善問題，提升競爭力。

三、人力派遣的原因

(一) 勞動法規的約束，支付成本高

勞動法規的規定及社會福利的政策上，讓在臺灣的企業每提供一個工作機會（亦即每僱用一位員工），必須要支付高額的雇主法定成本，例如：勞保費、健保費、退休金等。

(二) 市場供需因素

企業所提供之產品若非附加價值高，所僱用之員工若非生產力大。

(三) 產業結構的改變

製造業⇨服務業

服務業面臨顧客需求的不確定性、多變性及特殊性，不得不隨時作最佳的調

適——人力汰換。

(四) 社會價值的變遷

工作內容願意接受挑戰，獨立自主的良禽擇木而棲。

(五) 弱勢勞動力的需求

1. 婦女就業人口。
2. 中高齡就業人口。
3. 原住民或移民勞工。

需要更有彈性的方式獲得工作。

(六) 特殊專業勞動的崛起

擁有專業的技能或知識的人才。短期需求，例如：口譯人員、醫院看護人員、促銷活動人員及系統程式開發設計人員等。

四、人力派遣的優缺點

(一) 優點

1. 人力派遣對企業的優勢

(1) 有效的成本控制：降低固定人事成本。
(2) 降低學習曲線：不需冗長的教育訓練。
(3) 免除資遣費用提列：不需負擔任何資遣費用。
(4) 節省福利費用支出：不必負擔沈重的福利與保險。
(5) 降低招募成本：招募工作的龐大費用皆由派遣公司負責。

2. 對派遣員工的優勢

(1) 接受派遣爲快速進入職場方式之一。
(2) 提高個人附加價值。
(3) 應屆畢業生快速的就業管道。
(4) 暢通中高齡、技術性低的勞動者的就業機會。
(5) 以企業爲轉運站（踏板）。
(6) 進入大型企業的踏腳石。
(7) 嘗試自己的興趣。

(8) 接觸不同的企業文化，熟悉不同的職務……。

(9) 失業或待業期間的另一就業選擇。

(二) 缺點

1. 派遣工作被視爲跳板。
2. 忠誠度受挑戰。
3. 無法派發重要工作。
4. 差別待遇。

第 2 節　人力派遣的運用時機、現況及作業流程

一、人力派遣的運用時機

(一) 非核心工作項目（可替代性高的工作）。

(二) 臨時出缺人力的工作。

(三) 短期性的工作。

(四) 突增量的工作。

(五) 繁忙時補充人力的工作。

(六) 專案性質的工作者。

(七) 營運策略上運用。

(八) 特殊工作項目。

二、可用於派遣之工作別

(一) 工廠作業員（常日班、三班、四二輪）。

(二) 生產線技術員（常日班、三班、四二輪）。

(三) 助理工程師、輪班助理工程師。

(四) 工程師、輪班工程師。

(五) 接待人員、警衛保全、操作人員。

(六) 清潔工、廠工、房務員、養護工、管家。

(七) 粗工、臨時工、時薪人員、廚助。

(八) 行政人員、會計、祕書、總機人員、助理。

(九) 運輸配送司機、隨車人員、倉管。

(十) 儲備幹部、技工、品管、製圖員。

(十一) 電腦操作、會場人員、門市專櫃。

(十二) 翻譯人員、業務人員、營業員。

三、人力派遣的現況（臺灣）

(一) 七成四上班族有意從事派遣工作，女性高於男性，20～25 歲年齡接受度最高。

(二) 曾從事過派遣工作的上班族，平均被派遣 12.53 個月，亦有二成一順利轉任正職。

(三) 三成四曾派遣，派遣職缺以「生產製造」、「經營管理」、「業務貿易」最多。

(四) 勞基法增修派遣法議題，70.70% 認為此舉將保障派遣、11.91% 認為能間接增加正職職缺。

(五) 因應全球化市場，人力資源運用將更為彈性，企業透過派遣做為短期或特定職務的人力運用，將成為人資市場趨勢。

四、人力派遣標準作業流程圖（SOP）

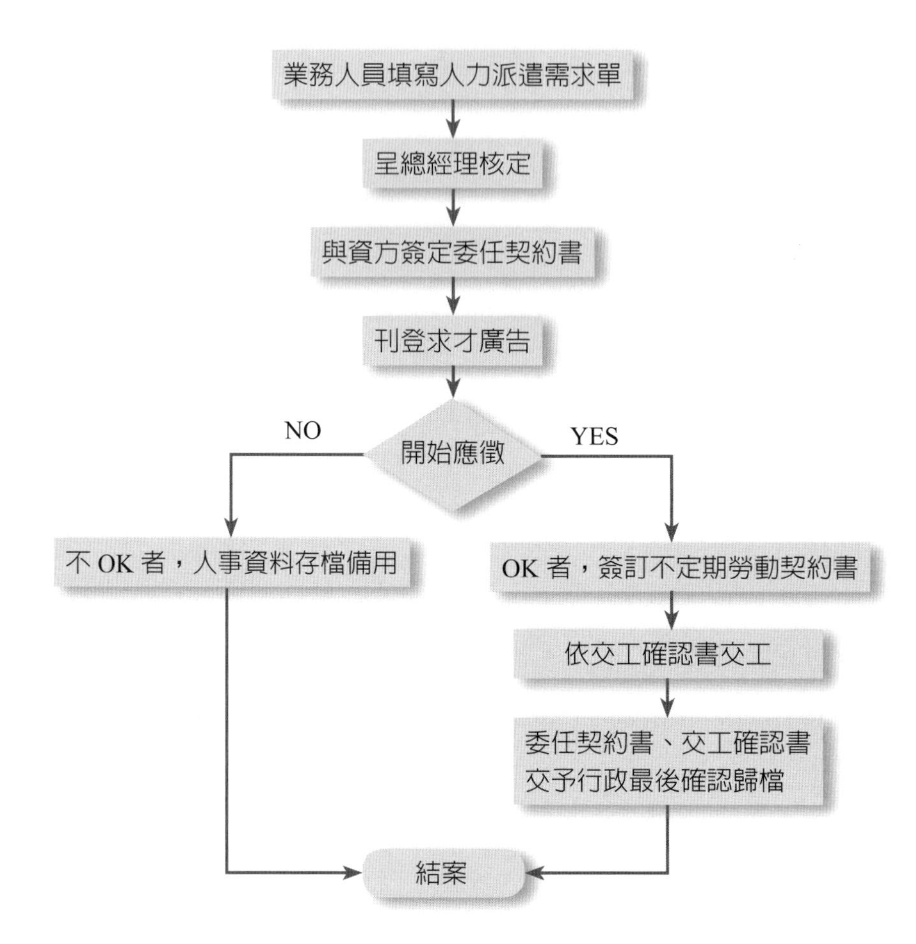

Chapter 9

考績（績效評估）

第 1 節　考績的意義、目的、原則與理論

第 2 節　考評的理論性工具（制度）

第 3 節　如何增進績效評估

第 4 節　實例：某公司高階主管年終考核規劃案報告書

第 5 節　實例：某公司考核管理規章

第 6 節　全方位 360 度的績效管理

第 7 節　考核表單參考

第 8 節　關鍵績效指標（KPI）綜述

第 9 節　平衡計分卡的發展與應用

第 1 節　考績的意義、目的、原則與理論

一、考績的意義

考績（merit rating）就是對工作人員能力與績效之考評，並視成績優劣予以獎懲，以獎優汰劣；茲說明如下：

(一) 考績是主管對部屬予以考核

主管對所屬員工負有考核責任。員工之處理業務，應受主管人員之指揮監督，因此，屬員處理業務時，主管人員應時時予以注意，若有發生偏差時，應即協助其改善，並考核其績效。

(二) 考績以考核所屬員工之工作及言行為主

因爲屬員的工作情況，將影響工作效率及工作成果；而屬員的言行，也將影響組織與公司的聲譽，以及外界對組織的觀感及評價，故應列爲考核重點。

(三) 考績需依績效優劣、予以獎懲

考績優良者，應予加薪、晉升、記功等獎勵；而考績劣者，應予記過、調職甚至資遣等懲處。考績制度是人力資源管理制度中主要一環，其與甄選、任用、薪給、獎金、晉升等相互爲用；如果考績制度不夠健全，則其他人力資源管理工作亦難奏效。是以，要健全人力資源管理制度，必須尋求考績制度的完善；亦即要使考績制度合理化，建立客觀公平的考績標準及運作作業。

二、考績之目的（或功能）

實施考績制度（績效評估制度）之主要目的（或功能）大概含括下列幾項：

(一) 考績可做為許多人事管理決策之基礎，包括

1. 決定薪資調整的根據

2. 決定人事升遷、調派、轉任、以及獎懲之依據

從以上觀點來看，考績乃是有效報酬制度的核心。在理想情形下，員工報酬應與其績效相連，爲此，績效應該公平而有效地加以評估。如果員工認

爲評估不公正、偏頗、或誤用；則「績效—評估—報酬」三者的連貫性將被打破，而績效評估的功能，將無法彰顯。

(二) 考績具有「工作規劃與檢討」的功能，包括：

1. 檢討部屬工作的進度。
2. 研擬計畫以改正所發現的缺點及困難。

(三) 考績可以促使員工維持工作水準；甚至有更優秀之表現

(四) 考績可以促使主管觀察員工的行為，促進主管與屬員間的相互瞭解與溝通

(五) 考績可決定員工是否應該加以教育訓練或變更工作職務，以求適才適所；並且幫助員工之成長與發展

(六) 考績可以留優汰劣，讓組織中的成員，都是優秀的人才，導引良性循環

三、考績的原則

爲求考績能夠發揮獎優汰劣作用，應遵守下列原則：

(一) 必須綜覈名實，信賞必罰

所謂綜覈名實，乃求名與實相符，既有其名，必責其實。所謂信賞必罰，乃立必信之賞，施必行之罰。此即賞罰分明，建立員工的信賴感及對公司的肯定。

(二) 必須客觀、公平、確實

所謂客觀，係指辦理考績，須以員工所表現之績效依據，不可憑主管之主觀認知，更不可循私。所謂公平，乃對員工績效優劣之評定，須根據預定之標準做爲衡量之依據。所謂確實，乃對員工績效之認定，均應以具體之數字與事實爲依據，不可做憑空之判斷。

(三) 考績應對員工升遷、調職、及訓練進修上發揮效用

考績之獎勵，諸如加薪或核發獎金或記功，均只爲考績之直接的結果；爲發揮考績的更大效用，應使考績與員工之升遷、調職、知識之訓練進修上相連結。

如此，員工才會更加重視考績的作用，否則員工就會不痛不癢，而一點也不在乎考績的結果。

四、誰負責考評

一般而言，負責績效考評的人員，大致有四種狀況：

(一) 由直屬主管評估

大多數的評估制度以上級主管來評估，這是因爲比較容易，而且主管也應該較能觀察與評估部屬的績效如何。這上級主管，可能指二層的主管，包括直屬主管、部門主管，或最高主管。例如某公司的副總經理，其考核人可能爲總經理及董事長二層。再如某公司的企劃專員，其考核人可能爲該部門的經理及副總經理等二層考核主管。

(二) 自我評估

有此企業或機構，曾嘗試讓員工先做自我評估工作績效；而後再加上主管的評估。其缺點是，通常員工自己的評分，一向比上級主管或同事評分爲寬鬆，即有自我吹噓現象。其優點是員工自己比上級主管或同事更能區別本身的優點與缺點，所以較不會產生暈輪效應。另外，也讓員工也有公開表示意思的機會，讓主管瞭解部屬的看法。

(三) 利用人事評核委員會（人評會）

有些組織曾用人事評核委員會（或可稱人評會）來評估員工，此種委員會成員通常由數位一級主管所組成。應用此種方法，有兩項優點：第一：各主管的評分常有不同，但其總分數常比個別評分較爲可信，部分是因爲可消除個人評分之偏差及暈輪效應。第二：各主管的評分不同，通常是因爲各主管從不同的角度去觀察該員工的績效，而評估本來就該反應這些差異。不過，此種做法通常是用在對各部門被考核爲特優級人員的複核，以及有晉升主管時的複核狀況下居多。

(四) 同事評估

由同事評估已被證實較能預測員工將來的成功。不過其問題在於，部分同事可能私下勾結，彼此給對方打高分。

五、考績的時機

一般而言，考績的時機，大致有下列幾種：

(一) 定期考評

可能每季、每半年或每年辦理一次；考評太頻繁，則將不勝其煩，相距太長，即又失去考績的意義，故須擇定適當的期間辦理考績。通常是每半年一次（期中及期終）居多，期中是在每年 7 月左右，主要是決定是否調薪及調薪多少的參考依據。期終則是在次年 1 月左右，主要是決定年終獎金及紅利分配多少的參考依據。當然，在業務單位，還是會每月考核其業績的達成度。

(二) 完成後考評

係指在全部工作完成後，予以成果考評。此種考評方式之缺點就是對於任務或工作的失敗，在過程中，無法及時挽救，只能事後檢討改善。

(三) 分段考評

係將一項重要工作或任務，分爲幾個步驟，在每一個步驟完成後，即進行考評；如果績效良好，再進行下一步驟的工作。

(四) 重要時機考評

所謂重要時機，係指在兩個重要階段的銜接處，進行考評；例如員工要晉升主管級，則此時須進行特別考評，以觀察是否足以擔此重任。總之，一般在實務上而言，員工考績的辦理時機，仍以定期考評居多。

六、績效評估計畫的四項步驟

從管理的本質來看，績效評估是組織達成目標的一種控制程序，包括下列四項基本步驟：

(一) 確立標準

設立一種目標，隨後根據這些日標來評估績效；設定標準的目的在於監督績效表現。值得注意的是，標準必須與組織的核心價值及主要策略目標相結合。

(二) 衡量績效

任何績效衡量如欲發揮效用，必須要求衡量的工作與標準密切相關，對於某樣本的衡量必須足以代表整個母體，且衡量要可靠有效。此外，此一階段尤須注意績效指標的建構。

(三) 績效監測

主要在比較實際的情況和應該達成的情況兩者之間的偏差程度，唯有找出績效與標準之間的偏差值，管理者才能據以修正、控制。

(四) 修正偏差

前面三個階段的工作，只能算是控制過程中的「發現階段」，第四個階段才是整個控制程序的關鍵。績效管理的主要功能在於修正組織運作上的偏差，發現偏差而未加以修正，等於組織失去了控制。

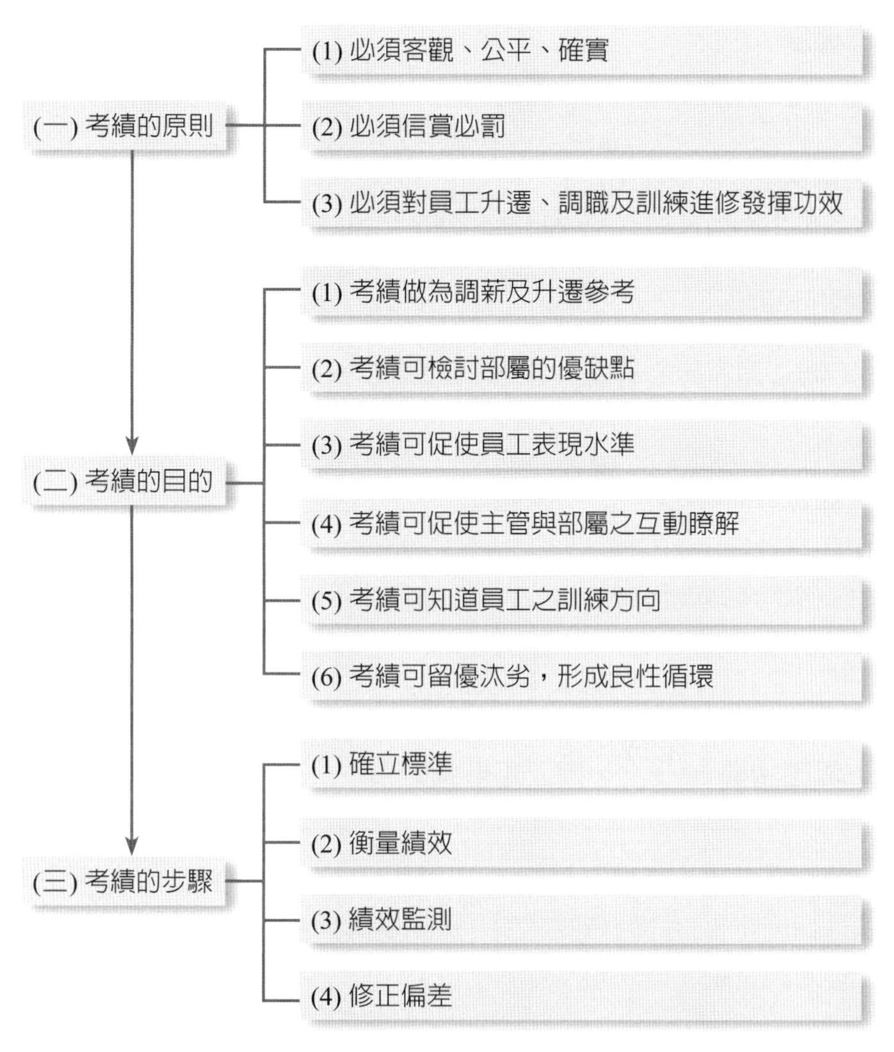

圖 9-1　考績的原則、目的與步驟

七、員工評鑑項目的三大範圍

「評鑑項目」主要有三個範圍，即「工作技能」、「工作態度」、「工作績效」；以下為簡要說明：

(一) 工作技能

例如：專業知識、相關知識、產品知識、證照等。

(二) 工作態度

品德、人際關係、私生活、敬業觀念、出勤紀錄等。

(三) 工作績效

當然就是生產力數據有關的紀錄，這是具體的績效。

八、考績的理論

一般而言，對考績的理論，有兩派不同的看法：

第一派：員工工作績效 —導致→ 獎懲

第一派認為考績就是考核員工的工作績效；而工作績效的好壞，可從員工工作的數量、工作的品質、以及工作的效率等三方可面加以考核。

第二派：員工特質 —形成→ 員工工作績效 —導致→ 獎懲

第二派認為考績，必須先考慮到員工的特質，因為某樣工作，必須由具有某種特質者擔任，才會有好的績效產生。例如要考評會計出納人員，應注意其品德與操守；要考評企劃人員，應注意其創造力、周全縝密力。第二派以員工特質，做為考績因素的理論，在實施時將面臨下列困難：

(一) 考核人員對特質因素之觀點不能一致，難期標準化一。

(二) 考核人員往往只能從屬員之工作績效判斷優劣，較少注意特質性格如何。

(三) 所謂特質，是為抽象名詞，不易確定內容，也不易評定其優劣。所以，目前考績的趨勢，主要在考評「員工做了些什麼」（what the employee does），而不是考評「他是什麼」（what the employee is）。由於對員工工作績效（job performance）因素的日益重視，因此，考績此一名詞也有逐漸改為「績效評估」（performance appraisal）的轉變趨勢。

第 2 節　考評的理論性工具（制度）

一、評等尺度法（或稱圖尺法）

(一) 意義

評等尺度法（graphic rating scales）是一般組織或公司裡，應用最普遍的考績制度。此法係將員工所擔任工作職務的各項要求指標做爲考評的項目，而又將每個考評項目，分別給予不同等的分數（如 5、4、3、2、1 分）；或是以不同等的評語（如極優、優、普通、差、極差），排列於測量尺度上。考核主管只要針對每一個考評項目，認爲受評屬員是在哪一種程度，就在適當尺度上做一記號或打入評分；然後再累加所有考評項目的得分，即可得到考績總分數。然後再賦予考績等級。例如：90 分以上，即爲特優等，80-90 分爲甲等，70-80 分爲乙等，69 分以下爲丙等。

(二) 優點

評等尺度法（圖尺法）具有下列優點：

1. 設計簡便，易於瞭解。
2. 評分時有較確定的範圍與明顯界說，不會漫無標準。
3. 亦可供對受評人之教育訓練或改進之參考。

(三) 缺點

各項評估項目（或因素）之採用，很難完全適合不同工作特性的受評人員；除非能針對不同工作人員，給予不同的考績評估項目。

二、分等法（grading）

(一) 意義

所謂分等法，係先行建立不同的價值等類，並予以詳確說明其代表中之意義；例如：可將人員分類爲極優、優良、尚可、差、極差等五類；然後將員工過去工作績效之表現，相對性的配置於適當的類別中。

三、強迫分配法（Forced Distribution Method）

(一) 意義

係由分等法的變型而來。本法將預先訂好的受評人比例，分配到不同的績效類別上。例如：可按下例方法，分配員工的考績：

15%：極優　20%：優良　30%：普通　20%：差　15%：極差

(二) 優點

1. 每一等級都有固定人數，雖非合理，但總也是一項基準。
2. 使用簡便易懂。

(三) 缺點

不同的單位，會有不同的績效表現；有些單位，全部成員都相當優秀；有些單位則少有優秀員工；若硬性規定分配人數，則將出現「假平等」的不公現象。

四、特殊事蹟法（Critical Incident Method）

(一) 意義

主管就每位屬員記載有關部屬在工作上表現特殊良好或惡劣（即事蹟）的流水帳，然後，即以這些特殊事蹟爲例證，做爲考績之基準。

(二) 優點

本法最大的作用，並非重在考評，而是重在發展，亦即針對某些特定的行爲，可以和部屬商討，並強調其重要性；建議員工在工作及態度方面予以改進，以獲更進一步發展。

(三) 缺點

1. 缺乏客觀數字化的評估指標。
2. 方法稍微繁瑣。
3. 重視特殊事蹟，但對於一般事蹟則未顧及，稍嫌不夠周全。

五、交替排序法（Alternation Ranking Method）

(一) 意義

此法係針對某些主要考績項目（要素），然後按最好與最差的員工塡入表內；接著再選出次好與次差的員工；如此，做交替選擇，直到將所有員工均已排出順序爲止。

(二) 缺點

1. 在比較時，很難會同時考慮到所有受考人員之間的差異情況。爲了克服此點，才又產生下面所要介紹的配對比較法。
2. 排序可能仍不夠精確。

(三) 優點：使用簡單

六、配對比較法（Paired Comparison Method）

(一) 意義

此法係主管人員對所屬員工的績效，用成對比較的方式，決定其優劣。假設要對五位員工評等，在本法中，主管就每一特質，列出所有的員工對（pairs）；然後指出（以符號 + 或 – 表示）在每一特質上，該對員工中何者較佳。其次，將每一員工所得較佳（+ 號）次數加總；例如：在下表中，員工乙在工作品質上排第一；而員工甲則在創意上排第一。

表 9-1 「工作品質」特質受評人

相對於	甲	乙	丙	丁	戊
甲		+	+	–	–
乙	–		–	–	–
丙	–	+		+	–
丁	+	+	–		+
戊	+	+	+	+	

表 9-2 「創意」特質受評人

相對於	甲	乙	丙	丁	戊
甲		–	–	–	–
乙	+		–	+	+
丙	+	+		–	+
丁	+	–	+		–
戊	+	–	–	+	

【註】：+ 表「優於」，– 表「劣於」；將每圖中每一行中之 + 數加總，可找出排第一的員工。

(二) 優點：比交替排序有更精確的排序

(三) 缺點：比較次數太多，過於繁複

七、績效分析法（Performance Analysis）

(一) 意義

所謂績效分析法，是先要求部屬向主管提出一份未來半年或一年期的合理目標計畫（其重點和屬員的素質或特質無關，完全著重在工作成果上）；再由主管和部屬作一面談，商討這些目標和計畫，並做最後核定。等到期間到之後，主管再和部屬做一次面談，檢討並考評達成計畫的程度如何，以做爲考績好壞之基準。

(二) 與傳統考績法之差異

本法與傳統考績法最大的差異，就是在於採用民主參與以及行爲研究方式，讓部屬與主管共同樹立工作目標，並以此目標做爲未來績效評核之重心。

(三) 實施的先決條件

1. 信任部屬可樹立合理的目標。
2. 目標並非原則式的籠統，而係極爲明確之標出。
3. 已建立完善的工作說明書及工作規範，以利於目標的發展範圍。

4. 在實施後的績效討論中；重點係在於解決問題而非批評。

(四) 優點

1. 考評人與受考人都感到較為滿足、一致、愉快與認同。
2. 以工作績效做為考績要素，確係績效考評制度的重心所在。
3. 導入民主與參與的觀念，讓員工自己擔負起自己的責任目標，而非傳統式的由上方指揮命令下方的模式。

(五) 實施的限制

1. 在訂定績效目標的過程中，主管與部屬經常必須花費很多時間及接觸；所以在控制幅度較大的單位，較難一一來設定績效目標。
2. 較不適宜做員工間的比較之用。
3. 對於目標不能量化的單位員工，亦較難適用。
4. 個人的績效目標，可能會與整個組織的目標有所差距及衝突，如此又形成了雙方的爭執。

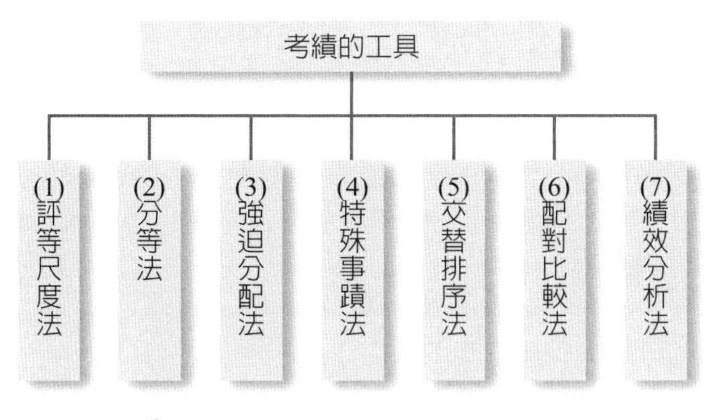

圖 9-2　考績的理論性工具

第 3 節　如何增進績效評估

一、影響績效評估的因素

考績制度可能會因下列幾項因素，而導致制度不能達到預期效果，甚或失敗。茲分項說明如下：

(一) 標準不明確

績效標準不明確是一個常見的問題，因爲各項特性及其優劣可有不同的解釋；例如：不同的主管對於績效的「優良」、「可」、「差」等，可能有不同的定義。

(二) 暈輪效應（halo effect）

當員工與主管特別要好（或敵對）時，最容易發生此問題。例如：「不友善」的員工常被評爲各方面特性都表現不佳；而非只有「與人相處」這個單一特性不佳而已。【註】暈輪意指讓某一人格上的特徵掩蔽了其他人格上的特徵

(三) 集中趨勢問題（central tendency）

很多人在評等或填問卷時，經常有「集中趨勢」的傾向，例如：評等尺度爲 1 到 7 時，很多人會避免太高或太低，而大半勾選 3 到 5 在評等尺度圖上，集中趨勢可能會將全部員工評爲「普通」，而扭曲整個評估的意義。

(四) 寬嚴不一問題

有主管分數打得寬，有些則否，亦會形成不同單位間寬嚴與考績分數不一的現象。

(五) 受評者個人差異

受評者個人之年齡、種族、性別、語言、個性、作風、等不同時，會影響評等，使其與實際績效不符。

(六) 以偏概全

考評人經常會以新近發生的偶然事件或例外事件，做爲評分的主要依據。

(七) 私心

對於合作時間較長的屬員，或者較合得來的屬員，予以過高評價；反之，則對於新進屬員或不合的屬員評價過低。

(八) 考評項目知覺偏差

有些考評人員常以本身認爲重要的工作，來誇大屬員的績效。

二、如何改善或增進考績制度

下面有四個途徑，可用來減少及改善考績制度：

(一) 必須使所有考評人員熟悉在考評時，所常犯下的錯失，俾能避免犯錯。

(二) 各一級主管人員，均應受過良好與一致性的考評訓練。

(三) 組織必須選擇適當合宜的評估工具（或制度），因為各工具、制度均有其優缺點與適用條件及環境，故在應用前宜深加考慮。

(四) 組織最高負責人必須使考績公正、公平地進行。

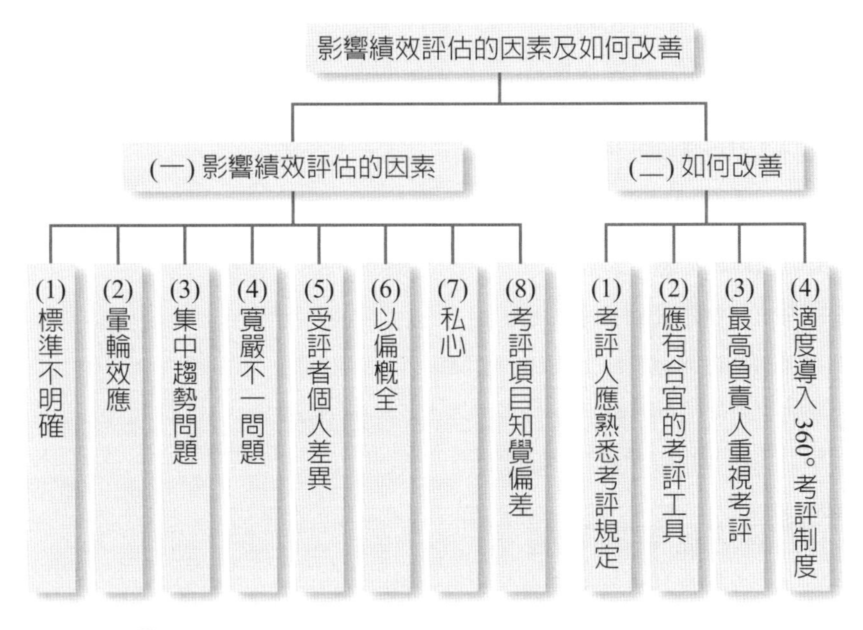

圖 9-3　影響績效評估的因素及如何改善

三、考績應否公開

員工考績的結果應該予以公開，因為這是實施人事公開的重要一環。考績應該公開的理由，包括：

(一) 考績最大的目的，是在改進員工本身的工作，因此，對於考績的結果，必須詳細告知員工本人。

(二) 如果員工本人不明瞭自己考績的結果，則對於核定的獎懲，自無法心悅誠服。

(三) 祕密考績容易引起員工的猜疑心及對各級主管感到不滿；公開後，將可消除此種猜疑心理，並可增進員工與主管間的關係。

(四) 考績公開，可促使各主管人員更公平、公正的為所屬員工打考績，以避免私心私用的情況產生。

實務觀點

不過，就實務上來看，考績結果最後員工必然是會知道的。因為，大部分企業是將考績的等級（優、甲、乙、丙）與企業的調薪幅度及年終獎金幅度、紅利分配幅度，相互連結在一起的。（因此事後員工也是會知道的）例如：某公司發布優等員工，年終獎金3個月，甲等員工年終獎金2個月，乙等1個月，丙等不發。

四、績效評估與激勵關係

在前面章節中，述及「期待激勵理論」（expectancy theory）中，績效是一個重心。該理論在闡述：

(一) 對努力與績效關係之預期。

(二) 績效與獎酬關係之預期。換言之，員工對「努力→績效→獎賞」之三職制關係愈明確及相信者，則愈具激勵效果。而獎賞的依據，就是依員工對公司的績效成果而定。

五、員工對評鑑結果的期望

(一) 我怎麼做才會增加薪水？

(二) 誰來評鑑我？他能讓我服氣嗎？

(三) 我的未來升遷公司怎麼安排？

(四) 公司怎麼幫助我？增加工作能力？

(五) 我的困難是什麼？公司知道嗎？

第4節　實例：某公司高階主管年終考核規劃案報告書

一、目的

以公平客觀之方式評核副總級主管○○年度工作績效表現，做為層峰進行年終考評之參考。

二、適用對象

集團各公司副總級主管。

三、考核期間

○○年 1 月至 12 月。

四、評核項目

由於副總級主管除帶領部門所屬全力達成公司之業務及管理目標外，還必須負責人才的培育重責，故建議採評核項目採計：工作具體貢獻、教育訓練效益、培育幹部實績及其他項目等四項，進行如下：

(一) 評核項目及權重占比

項目	工作具體貢獻	教育訓練效益	培育幹部實績	其他評核項目
占比	60%	20%	10%	10%
標準分	45 分	15 分	7 分	

說明：爲降低長官主觀之評核標準差異，故設訂各項之標準評分，由層峰依各副總級主管之書面及口頭績效貢獻報告再進行加減計算。

(二) 評核項目說明

1. **工作具體貢獻：60%**

評核說明：具體說明○○年度業績或管理，評核其目標達成情形及貢獻度，又分爲業務單位及非業務單位兩類。

(1) 業務單位：係指具體營運收入、廣告收入、收視率或其他具體業務指標之單位，依其業務目標、實際達成情形及達成率或貢獻度進行評核（貢獻度均以與去年同期比）

【適用單位】如：業行總部、海外總部、新聞總部、商品總部、節目總部、網路事業部、平面事業部、會館營運部、品牌事業部、貿易事業部等。

(2) 非業務單位：係指未有具體營業目標之幕僚單位，依管理績效貢獻評

核（創造收入、降低成本、避免損失）

【適用單位】如：總經理室、稽核室、經管室、新聞戰略部、工程部、製播部、公共事務部、電行部、物流部、行企部等。

2. 教育訓練效益：占20%

分為經驗傳承及對所屬人員訓練執行督導二項

(1) 經驗傳承，占 10%，評估是否擔任跨公司或跨部門之內部講師或親自進行部門內部訓練。

(2) 部屬訓練規劃，占 10 分，係評估主管對所屬部門同仁教育訓練規劃安排及執行情形。

3. 培育幹部實績：占10%

係指具體拔擢及有計畫之培育所屬人才人數及具體事實。

4. 其他評核項目：占10分

(1) 副總級讀書心得報告（5 分）：係以今年前二季應繳報告之繳交率及報告評分進行評核。

報告得分	繳交率 100%	繳交率達 100%，得分 A- 以上	繳交率達 50%，得分 A- 以上
評分	3	1	0.5

(2) 副理級以上工作績效報告（5 分）：係以○○年前二季應繳報告之繳交率及報告評分加計。

報告得分	繳交率 100%	繳交率達 100%，得分 A- 以上	繳交率達 50%，得分 A- 以上
評分	3	1	0.5

評分說明：

1. 繳交率：全繳者得所規劃之評分，未完全繳交或完全未繳者以 0 分計。
2. 每篇報告在 A- 以上者加 1 分。
3. 每項評分最多以 5 分計。

五、評核流程

(一) 人事單位將依前述評分項目，製訂【○○年度副總級主管工作績效貢獻自評表】，並依單位屬性區分爲業務單位版及非業務單位（詳如表 9-3、9-4），請各副總級主管自我申報○○年度之工作績效及貢獻後，交由各公司人事單位彙整後，統一由人資部專案上呈權責主管進行評核。

(二) 長官之評核作業採書面或口頭報告後，再進行實際評核，評核項目之「其他評核項目」，由人事單位依其實際繳交率及得分評等塡具。

(三) 由各公司人事單位彙總製作【副總級主管工作績效貢獻評分表】，以利權責主管評比（詳如表 9-5）。

六、時程規劃

工作項目	12/26 (一)	12/27 (二)	12/28 (三)	12/29 (四)	12/30 (五)
陳述表發放日期	■				
自我陳述填表期間		■	■		
陳述表回收及彙整				■	
自評報告上呈日期					■

表 9-3　○○○○集團
○○年度副總級主管工作績效貢獻自評表

類別：業務單位　　　　　　　　　　　　　　　填表日期：　　年　　月　　日

<table>
<tr><td>公司</td><td></td><td>部門</td><td></td><td>姓名</td><td></td><td>職稱</td><td></td><td>到職日</td><td></td></tr>
<tr><td colspan="2" rowspan="3">一、請說明本年度已完成的工作事項與具體貢獻</td><td colspan="8">【管理人數】：________人
1. 目標達成
○○年業績目標：________
○○年實際達成：________
○○年度達成率：________</td></tr>
<tr><td colspan="8">2. 績效貢獻度（與去年度同期比較）
○○年達成業績：________
○○年達成業績：________
業績成長率：________</td></tr>
<tr><td colspan="8">3. 具體事蹟或重大貢獻說明：</td></tr>
<tr><td rowspan="2">二、檢視今年度您在經驗傳承及部屬訓練規劃上之具體行動方案及執行情況</td><td>經驗傳承面</td><td colspan="8">1. 您是否擔任集團內部講師，其講授之課題為何？
2. 另請簡述您如何定期或不定期親自授課施予部門內部訓練？</td></tr>
<tr><td>訓練規劃面</td><td colspan="8">1. 您今年度對於所屬部門同仁安排教育訓練之規劃為何？並請說明其成效。</td></tr>
<tr><td colspan="2">三、您在培育幹部面是否有具體之事蹟？請詳列培育幹部人數及姓名</td><td colspan="8">1. 幹部培育人數：　　　人
2. 培育幹部姓名：
（補充說明）</td></tr>
<tr><td colspan="2">四、每季工作績效報告及讀書心得報告之繳交率及得分記錄（該欄位由人事單位填具）</td><td colspan="8">1. 讀書心得報告
繳交率：________
報告得分 A 以上之次數：________
2. 工作績效報告
繳交率：________
報告得分 A 以上之次數：________</td></tr>
</table>

填表人：________

表 9-4 ○○○○集團
○○年度副總級主管工作績效貢獻自評表

類別：非業務單位　　　　　　　　　　　　　　　　填表日期：　　年　　月　　日

<table>
<tr><td>公司</td><td></td><td>部門</td><td></td><td>姓名</td><td></td><td>職稱</td><td></td><td>到職日</td><td></td></tr>
<tr><td colspan="2">一、請說明本年度已完成的工作事項與具體貢獻</td><td colspan="8">【管理人數】：＿＿＿＿人
1. 管理績效具體貢獻
<table><tr><td>項目</td><td>說明</td><td>效益／貢獻
（請以量化成數值方式呈現）</td></tr><tr><td></td><td></td><td></td></tr><tr><td></td><td></td><td></td></tr><tr><td></td><td></td><td></td></tr><tr><td></td><td></td><td></td></tr></table>
2. 其他無形效益說明：</td></tr>
<tr><td rowspan="2">二、檢視今年度您在經驗傳承及部屬訓練規劃上之具體行動方案及執行情況</td><td>經驗傳承面</td><td colspan="8">1. 您是否擔任集團內部講師，其講授之課題為何？
2. 另請簡述您如何定期或不定期親自授課施予部門內部訓練？</td></tr>
<tr><td>訓練規劃面</td><td colspan="8">1. 您今年度對於所屬部門同仁安排教育訓練之規劃為何？並請說明其成效。</td></tr>
<tr><td colspan="2">三、您在培育幹部面是否有具體之事蹟？請詳列培育幹部人數及姓名</td><td colspan="8">1. 幹部培育人數：　　　　人
2. 培育幹部姓名：
（補充說明）</td></tr>
<tr><td colspan="2">四、每季工作績效報告及讀書心得報告之繳交率及得分記錄（該欄位由人事單位填具）</td><td colspan="8">1. 讀書心得報告
繳交率：＿＿＿＿
報告得分 A 以上之次數：＿＿＿＿
2. 工作績效報告
繳交率：＿＿＿＿
報告得分 A 以上之次數：＿＿＿＿</td></tr>
</table>

填表人：＿＿＿＿＿＿

表 9-5　○○○○集團
○○年度副總級主管工作績效貢獻自評表

序號	公司別	部門別	姓名	職稱	到職日	工作績效貢獻評分				合計
						工作績效面	教育訓練效益	培育幹部實績	加分項目	
						占比				
						60%	20%	10%	10%	
						標準分				
						50 分	14 分	14 分		
1										
2										
3										
4										
5										
6										
7										
8										
9										
10										
11										
12										
13										
14										
15										
16										
17										
18										
19										
20										

評分人：＿＿＿＿＿＿

第 5 節　實例：某公司考核管理規章

一、考核種類

本公司員工考核分為試用考核、平時考核、年中考核及年終考核四種：

(一) 試用考核

本公司聘任員工，除經理級以上主管外均應試用。試用期滿前，應由試用部門主管進行試用考核。

(二) 平時考核

1. 各級主管對於所屬員工應就其工作效率、操作情形、態度、學習情況隨時考核。其有特殊功過者，應隨時報請獎懲。
2. 主管人事人員對於員工假勤獎懲，應彙總記於紀錄卡上，並提供考核之參考。

(三) 年中考核

1. 員工於每年 7 月時，由部門主管進行期中績效考核。
2. 考核時，擔任初考之單位主管應與員工就此期間工作之績效表現，進行考評和討論。考評結束後，填具考核結果予部門主管複評，再轉交人事部門呈核備查。
3. 單位主管應追蹤員工績效改善情形，並將員工工作表現列入年終考核。

(四) 年終考核

1. 員工於每年 12 月時，由單位及部門主管進行總考評。
2. 考核時，擔任初考之單位主管應參考平時及年中考核、獎懲紀錄、考勤紀錄，與員工進行考績面談，並填具考績結果，送交部門主管複審。
3. 部門主管應就考績面談結果有爭議部分予以瞭解，並將考核結果送人事部門呈核。

二、考核期間

年中考核期間為前一年 12 月 1 日至當年 5 月 31 日。年終考核期間為當年 6

月 1 日至當年 11 月 30 日。

三、考核之例外

本公司員工非有下列情形，均應參加年中及年終考核。

(一) 於年終考核或年中考核開始時，仍屬試用人員者；

(二) 於年終考核或年中考核開始時，不在職、復職未滿二個月或留職停薪者。

四、考核項目

本公司員工年終考核或年中考核，分工作效率、表現績效、服務態度、工作知識及應用情形、創新主動性、團隊合作、人際關係、忠誠度等項目進行評比。

五、考核評等

年中及年終考核依評分結果，分列五等：

(一) 優等：服務績效超出工作要求與期望，績效卓著，表現優異。（90 分以上）

(二) 甲等：服務績效達到工作要求，且某些項目超出期望，顯見績效。（80-89 分）

(三) 乙等：服務績效符合也達到工作要求。（70-79 分）

(四) 丙等：服務績效未達到標準，惟經指導或努力改善，仍可達到標準。（60-69 分）

(五) 丁等：服務績效完全未達到標準。（59 分以下）

六、優等之限制

員工如有下列各款之一者，不得列入優等。

(一) 年中考核期間請事假三日（含）以上或病假五日（含）以上者；年終考核期間請事假五日（含）以上或病假十日（含）以上者。但因重病住院或工作績效特優者例外。

(二) 年中考核或年終考核期間受有警告（含）以上處分而在同期間未經抵銷者。

(三) 年中考核或年終考核期間曠職一日以上者。

七、甲等之限制

員工如有下列各款情事之一者，不得列入甲等。

(一) 年中考核期間請事假五日（含）以上或病假十日（含）以上者；年終考核期間請事假七日（含）以上或病假十五日（含）以上者。

(二) 年中考核或年終考核期間受有記過（含）以上處分而在同期間未經抵銷者。

(三) 年中考核或年終考核期間曠職二日以上者。

八、考核處理

本公司員工依考績評定等級，得據此優先辦理升遷、加薪等事項。成績太差列爲丁等或不能勝任現職而有具體事實者，應予以免職、降調或資遣。詳細考核獎懲處理辦法另訂。

第 6 節　全方位 360 度的績效管理

一、全方位360度的績效回饋

美國奇異公司的執行長捷克．威爾許（John welch）曾說過一段發人深省的話。他說：「任何要想在 1990 年代以後成功的公司，必須要想辦法抓住每一位員工的心。如果你不是時時在想，讓每一個人更有價值，幾乎就沒有機會。」這段話是在 1990 年代提出的，那時他已經預料到，「對員工參與、員工價值、留住員工的心是多麼重要。怎麼才能留住員工的心，而不致使公司的智財資源浪費呢？回饋、反思、回饋。」在企業的運作之中，在共同追求生存目標時，每一成員的努力及投入都很重要。至於投入的多或少，價值的高與低，責任貢獻的輕與重，要靠績效管理制度的有效運作。

只要是有人的地方，就有因人而產生的問題；只要是企業生存發展，就永遠不可能每一件大大小小的營運事項都一帆風順，公司的績效管理制度也是如此。從本書第一節對績效管理的重要性中所指出的問題，從第二節對績效管理制度定義及內容的認知差距，經過評估方法的差異評估標準建立的困難等，都已經需要相當的耐心與專業。在實施階段評估的公平性，更呈現出問題的焦點。由於此心非彼心，所以總要設法找出一些去除偏私的工具，使績效評估更爲客觀。這種工具就是「全方位的績效管理」；就是把績效管理從不同角度加以評估，也稱之爲360度的回饋制度。

(一) 全方位360度績效管理的興起

全方位績效管理，是依據1996年美國管理協會（AMA）所出版的「360度回饋」，副標題是「員工評估及績效改善的新模式」（360° Feedback-The Powerful New Model for Employee Assessment & Performance Improvement）。

這個創新績效工具的重點有二：一是針對績效評估與績效改善，二是針對員工（各階層員工及主管）的能力、知識、潛能等的評估，前者著重於績效的回饋（performance feedback），後者則著重於能力的評估（assessment）。

(二) 全方位360度績效管理的目的

1. 在電子商務時代，團隊合作代替了垂直的層級制度，傳統的評估方式已失去意義。
2. 從不同的觀點及角度，評估員工績效，找出傳統評估的死角。
3. 對個人及團隊的優點與發展途徑有明確瞭解。
4. 促使員工將360度績效回饋視爲多重觀點，公平、正確的評估方法，而在工作上得到激勵動能，使績效資訊更爲扎實。
5. 強化團隊的多樣性與管理效能，團隊合作模式的工作結構。

(三) 360度評估模式

傳統的績效評估，是主管對員工一對一的評估。全方位的評估方式是所有企業關係（顧客、股東、同仁、上司等）都可以提供績效回饋。根據經驗，這種360度評估回饋模式（如下圖），在回饋者的選擇上，可因企業互動對象視需要而選擇。

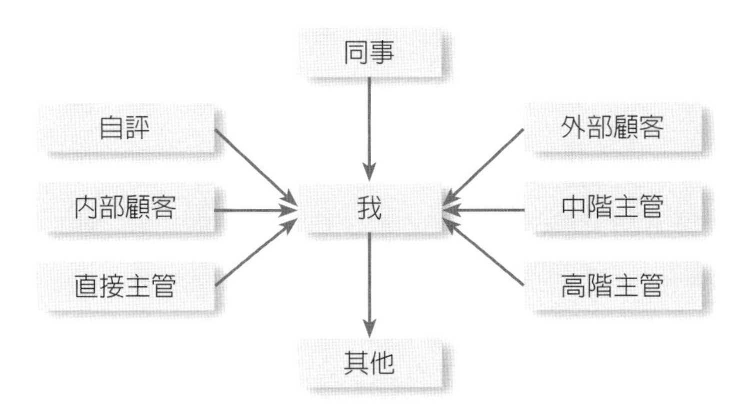

圖 9-4　360 度的評估模式

以顧客的觀點而言，顧客與顧客之間仍各有顧客關係。因此上述的中階主管可能是「供應商」，高階主管可能是「部屬」。內部顧客又可分爲「部門內」及「國內」等，外部顧客，亦可以同樣方式劃分。故 360 度的回饋，並不限於六種、八種或十種，卻在於是否包括了足夠提供績效資訊的任何來源。所以，架構或模式的最大功用，是讓我們擴展思考空間。

(四) 360 度全方位評估的優點

根據專家的研究，360 度全方位的評估回饋，對每一構面都有很多好處。其設計原則以企業同仁最有直接關係的上司、同仁、與公司三項做爲參考：

1. 對上司的好處

(1) 有機會如一面鏡子般，反射出自己的督導技巧。
(2) 對未來選用人才，是一種高優質的工具。
(3) 是主管角色轉換的機會，從績效的管理轉換爲教練輔助角色。
(4) 面對員工不佳績效的問題，提供一可多方求證的過程。
(5) 從員工缺點中，找出其職涯的調整行爲。

2. 對員工同仁的好處

(1) 可發覺最具影響該員工績效的一些訊息。
(2) 提供員工職涯發展的機會。
(3) 對各階層的人都會影響其決定。
(4) 是一種讓員工認知，合理領導統御與控制的手段。

(5) 是獲得獎酬認同的機會。

3. 對公司的好處

(1) 良好的人力資源決策工具。

(2) 強化人才晉升的品質及效度。

(3) 增加員工工作成就的動機因子。

(4) 創造績效與獎酬連結的機會。

(5) 把組織願景、價值及能力互相整合的機會。

當然，任何制度都會有它的缺點。不過，只要在設計之初能夠做縝密的規劃及設計，將使缺點降至最低。如果再隨著環境變遷做必要的修正，必然會是可行而有效的制度。我們對全方位績效管理評估的制度不做缺點分析，也正是本章所提出的觀念及方法一樣，只要是您選取適合於自己企業或組織的資訊，自行設計和運用，它將是您認爲最適宜的績效制度。

小叮嚀

360 度績效評估制度，是指由員工自己、上司、同事甚至顧客等全方位的各個角度來瞭解個人績效、溝通技巧、人際關係、領導能力、行政能力等。通過這種績效評估，被評估者不僅可以從自己、上司、部屬、同事甚至顧客處獲得多種角度的回饋，也可以從這些不同的回饋清楚地知道自己的不足、長處與發展需要，使以後的職業發展更爲順暢。

第 7 節　考核表單參考

年度員工　年中　考核自評表

（乙表：行政及幕僚人員專用）　　　　　　　　　　填表日期：　年　月　日

<table>
<tr><td colspan="2" rowspan="2">考核項目</td><td colspan="6">自　評</td></tr>
<tr><td>優
(10~9)
超越
要求</td><td>甲
(9~8)
優於
要求</td><td>乙
(8~7)
適合
要求</td><td>丙
(7~6)
尚合
要求</td><td>丁
(6~5)
不合
要求</td><td>總分：＿＿分
自我評等：
□優□甲□乙□丙□丁</td></tr>
<tr><td>1</td><td>工作所需之專業知識技能</td><td></td><td></td><td></td><td></td><td></td><td rowspan="10">今年上半年你具體作了哪些事情（包括所屬單位常態工作及支援其他單位事項）：</td></tr>
<tr><td>2</td><td>負責盡職的工作態度</td><td></td><td></td><td></td><td></td><td></td></tr>
<tr><td>3</td><td>自動自發的工作精神</td><td></td><td></td><td></td><td></td><td></td></tr>
<tr><td>4</td><td>互助合作的協調能力</td><td></td><td></td><td></td><td></td><td></td></tr>
<tr><td>5</td><td>積極進取的學習熱忱</td><td></td><td></td><td></td><td></td><td></td></tr>
<tr><td>6</td><td>完成工作的時效</td><td></td><td></td><td></td><td></td><td></td></tr>
<tr><td>7</td><td>達成工作的質量</td><td></td><td></td><td></td><td></td><td></td></tr>
<tr><td>8</td><td>業務精進與事業忠誠</td><td></td><td></td><td></td><td></td><td></td></tr>
<tr><td>9</td><td>品德操守與人際關係</td><td></td><td></td><td></td><td></td><td></td></tr>
<tr><td>10</td><td>身心健康與出勤狀況</td><td></td><td></td><td></td><td></td><td></td></tr>
<tr><td>填表
說明</td><td colspan="7">等第評定：
優等—總分 90 分以上、甲等—總分 80-89 分、乙等—總分 70-79 分，丙等—60-69 分，丁等—59 分以下</td></tr>
<tr><td>工作
意願</td><td colspan="7">□願續任現職　□盼調整工作　□擬另謀出路
□其他：＿＿＿＿＿＿＿＿＿＿</td></tr>
</table>

<table>
<tr><td rowspan="2">請詳述。對公司及部門有哪些貢獻？您自認你的工作表現如何？</td><td colspan="2">請圈選</td><td>請列項逐一填寫（至少各 50 字以上）</td></tr>
<tr><td>工作表現及
貢獻度檢視</td><td>□表現極佳
□表現佳
□表現普通
□表現不佳</td><td></td></tr>
<tr><td rowspan="3">有何具體提升績效之建言您對你的工作單位及公司</td><td>1. 對所屬部門／單位的建言</td><td></td><td></td></tr>
<tr><td>2. 對其他部門／單位的建言</td><td></td><td></td></tr>
<tr><td>3. 對全公司／單位的建言</td><td></td><td></td></tr>
</table>

自評人：＿＿＿＿＿＿

○○○○股分有限公司
年度業務人員　　月考核表

單位		職號		姓名		職稱		到職日	

每項考核績效水準：績效卓越 10-9 分／表現良好 8-7 分／符合要求 6-5 分／仍有部分需要加強 4-3 分／績效不佳 2-0 分

考核項目		表現程度觀察點											
1	任務達成度	本月目標任務達成狀況。											
			10	9	8	7	6	5	4	3	2	1	0
		初評一	□	□	□	□	□	□	□	□	□	□	□
		複評一	□	□	□	□	□	□	□	□	□	□	□
2	新客戶開發能力	所交付完成的工作成果，具正確性、全面性與有效性的表現程度。											
			10	9	8	7	6	5	4	3	2	1	0
		初評一	□	□	□	□	□	□	□	□	□	□	□
		複評一	□	□	□	□	□	□	□	□	□	□	□
3	專案發想控管能力	能主動思考及創新改進工作方法、工作流程的表現程度。											
			10	9	8	7	6	5	4	3	2	1	0
		初評一	□	□	□	□	□	□	□	□	□	□	□
		複評一	□	□	□	□	□	□	□	□	□	□	□
4	廣告價格調整能力	善於溝通（口頭／書面）積極協調，以提升效率，使工作推展能加速完成的表現程度。											
			10	9	8	7	6	5	4	3	2	1	0
		初評一	□	□	□	□	□	□	□	□	□	□	□
		複評一	□	□	□	□	□	□	□	□	□	□	□
5	家族頻道推展能力	主動發掘問題，並運用方法解決工作問題的表現程度。											
			10	9	8	7	6	5	4	3	2	1	0
		初評一	□	□	□	□	□	□	□	□	□	□	□
		複評一	□	□	□	□	□	□	□	□	□	□	□
6	溝通協調能力	具有專業知識、技能，並發揮展現於工作上的表現程度。											
			10	9	8	7	6	5	4	3	2	1	0
		初評一	□	□	□	□	□	□	□	□	□	□	□
		複評一	□	□	□	□	□	□	□	□	□	□	□
7	解決問題能力	與他人共事及支援同仁合作的表現程度。											
			10	9	8	7	6	5	4	3	2	1	0
		初評一	□	□	□	□	□	□	□	□	□	□	□
		複評一	□	□	□	□	□	□	□	□	□	□	□
8	品德操守	樂於接受指導及服從上級領導，具有積極、熱忱、旺盛企圖心的表現程度。											
			10	9	8	7	6	5	4	3	2	1	0
		初評一	□	□	□	□	□	□	□	□	□	□	□
		複評一	□	□	□	□	□	□	□	□	□	□	□
9	自我成長	具有隨時吸取新知，有系統計畫性之持續學習，以充實自我專業能力的表現程度。											
			10	9	8	7	6	5	4	3	2	1	0
		初評一	□	□	□	□	□	□	□	□	□	□	□
		複評一	□	□	□	□	□	□	□	□	□	□	□
10	出勤紀律	能做好自我管理，遵守公司出勤規範，準時出席會議及訓練的表現程度。											
			10	9	8	7	6	5	4	3	2	1	0
		初評一	□	□	□	□	□	□	□	□	□	□	□
		複評一	□	□	□	□	□	□	□	□	□	□	□

填表說明	評分核等：特優 -91 分以上、優等 -86-90 分、甲等 -80-85 分、乙等 -75-79 分。丙等 75 分以下 一般人員績等人數限制比例：特優 15%、優等 15%、甲等 40%、乙等 28%、丙等 2%	本月加分：（　）分 本月扣分：（　）分
	複評主管	初評主管
績等	總分：　　分　□特優□優等□甲等□乙等□丙等	總分：　　分　□特優□優等□甲等□乙等□丙等
簽名		

○○年度處級主管　　月考核表

單位		職號		姓名		職稱		到職日	

每項考核績效水準：績效卓越 10-9 分 / 表現良好 8-7 分 / 符合要求 6-5 分 / 仍有部分需要加強 4-3 分 / 績效不佳 2-0 分

	考核項目	表現程度觀察點											
1	任務達成度	本月單位組織績效目標的達成狀況。											
			10	9	8	7	6	5	4	3	2	1	0
		初評一	☐	☐	☐	☐	☐	☐	☐	☐	☐	☐	☐
		複評一	☐	☐	☐	☐	☐	☐	☐	☐	☐	☐	☐
2	組織強化力	能發揮承上啓下的功能，創造工作團隊績效的表現程度。											
			10	9	8	7	6	5	4	3	2	1	0
		初評一	☐	☐	☐	☐	☐	☐	☐	☐	☐	☐	☐
		複評一	☐	☐	☐	☐	☐	☐	☐	☐	☐	☐	☐
3	計畫能力	能依據上級指示，建立完整的工作行動計畫，並可隨時因應狀況做調整的表現程度。											
			10	9	8	7	6	5	4	3	2	1	0
		初評一	☐	☐	☐	☐	☐	☐	☐	☐	☐	☐	☐
		複評一	☐	☐	☐	☐	☐	☐	☐	☐	☐	☐	☐
4	領導 / 激勵能力	能將工作與部屬做最合理的分配，提高工作意願，共同完成任務的表現程度。											
			10	9	8	7	6	5	4	3	2	1	0
		初評一	☐	☐	☐	☐	☐	☐	☐	☐	☐	☐	☐
		複評一	☐	☐	☐	☐	☐	☐	☐	☐	☐	☐	☐
5	培育部屬能力	對部屬培育、時機與方法應用的重視與落實的表現程度。											
			10	9	8	7	6	5	4	3	2	1	0
		初評一	☐	☐	☐	☐	☐	☐	☐	☐	☐	☐	☐
		複評一	☐	☐	☐	☐	☐	☐	☐	☐	☐	☐	☐
6	溝通協調能力	能在相關部門間擔任協調者的角色，使工作順利進行的表現程度。											
			10	9	8	7	6	5	4	3	2	1	0
		初評一	☐	☐	☐	☐	☐	☐	☐	☐	☐	☐	☐
		複評一	☐	☐	☐	☐	☐	☐	☐	☐	☐	☐	☐
7	解決問題能力	能運用有系統、有組織的方法，分析資料及發掘問題，使工作推展能加速完成的表現程度。											
			10	9	8	7	6	5	4	3	2	1	0
		初評一	☐	☐	☐	☐	☐	☐	☐	☐	☐	☐	☐
		複評一	☐	☐	☐	☐	☐	☐	☐	☐	☐	☐	☐
8	工作態度	能積極創新，改進作業方法與程序，以提升管理能力與工作績效的表現程度。											
			10	9	8	7	6	5	4	3	2	1	0
		初評一	☐	☐	☐	☐	☐	☐	☐	☐	☐	☐	☐
		複評一	☐	☐	☐	☐	☐	☐	☐	☐	☐	☐	☐
9	自我成長	持續不斷加強專業知識與技能，並展現於工作上的表現程度。											
			10	9	8	7	6	5	4	3	2	1	0
		初評一	☐	☐	☐	☐	☐	☐	☐	☐	☐	☐	☐
		複評一	☐	☐	☐	☐	☐	☐	☐	☐	☐	☐	☐
10	出勤紀律												
			10	9	8	7	6	5	4	3	2	1	0
		初評一	☐	☐	☐	☐	☐	☐	☐	☐	☐	☐	☐
		複評一	☐	☐	☐	☐	☐	☐	☐	☐	☐	☐	☐

填表說明	評分核等：特優 -91 分以上、優等 -86-90 分、甲等 -80-85 分、乙等 -75-79 分。 主管人員績等人數限制比例：特優 15%、優等 15%、甲等 35%、乙等 35%。	本月加分：(　) 分 本月扣分：(　) 分

	複評主管	初評主管
績等	總分：____分　☐特優☐優等☐甲等☐乙等	總分：____分　☐特優☐優等☐甲等☐乙等
簽名		

○○年度處級主管　　月考核表

單位		職號		姓名		職稱		到職日	

每項考核績效水準：績效卓越 10-9 分／表現良好 8-7 分／符合要求 6-5 分／仍有部分需要加強 4-3 分／績效不佳 2-0 分

考核項目		表現程度觀察點											
1	任務達成度	本月部門組織績效目標的達成狀況。											
			10	9	8	7	6	5	4	3	2	1	0
		初評一	□	□	□	□	□	□	□	□	□	□	□
		複評一	□	□	□	□	□	□	□	□	□	□	□
2	組織強化力	能持續改善所負責單位的整體作戰能力，並能提高組織之工作品質及效率的表現程度。											
			10	9	8	7	6	5	4	3	2	1	0
		初評一	□	□	□	□	□	□	□	□	□	□	□
		複評一	□	□	□	□	□	□	□	□	□	□	□
3	策略企劃力	能訂立具策略導向之具體計畫，並能善用相關資源，掌握管控點的表現程度。											
			10	9	8	7	6	5	4	3	2	1	0
		初評一	□	□	□	□	□	□	□	□	□	□	□
		複評一	□	□	□	□	□	□	□	□	□	□	□
4	資源整合力	能依據公司的策略目標調整所需的人力及資源，主動協商以調配外部資源的表現程度。											
			10	9	8	7	6	5	4	3	2	1	0
		初評一	□	□	□	□	□	□	□	□	□	□	□
		複評一	□	□	□	□	□	□	□	□	□	□	□
5	決策能力	能掌握組織發展方向，找出達成目標／願景的相關議題，並致力於完成目標／願景的表現程度。											
			10	9	8	7	6	5	4	3	2	1	0
		初評一	□	□	□	□	□	□	□	□	□	□	□
		複評一	□	□	□	□	□	□	□	□	□	□	□
6	督導能力	能適時調整、指導部屬工作目標，確保方向正確，發揮部屬工作潛能的表現程度。											
			10	9	8	7	6	5	4	3	2	1	0
		初評一	□	□	□	□	□	□	□	□	□	□	□
		複評一	□	□	□	□	□	□	□	□	□	□	□
7	市場敏銳度	積極運用所具備的產業知識，來創造新的管理思維、新商機、新服務的表現程度。											
			10	9	8	7	6	5	4	3	2	1	0
		初評一	□	□	□	□	□	□	□	□	□	□	□
		複評一	□	□	□	□	□	□	□	□	□	□	□
8	培育人才能力	吸引發展並留任內部優秀人才，幫助員工發展最大潛能，達成組織未來目標的表現程度。											
			10	9	8	7	6	5	4	3	2	1	0
		初評一	□	□	□	□	□	□	□	□	□	□	□
		複評一	□	□	□	□	□	□	□	□	□	□	□
9	自我成長	持續不斷豐富專業領域，並能有效運用分析，提出前瞻性建議的表現程度。											
			10	9	8	7	6	5	4	3	2	1	0
		初評一	□	□	□	□	□	□	□	□	□	□	□
		複評一	□	□	□	□	□	□	□	□	□	□	□
10	出勤紀律	凡事能以身作則，做好自我管理，遵守公司出勤規範，準時出席會議及訓練的表現程度。											
			10	9	8	7	6	5	4	3	2	1	0
		初評一	□	□	□	□	□	□	□	□	□	□	□
		複評一	□	□	□	□	□	□	□	□	□	□	□

填表說明	評分核等：特優 -91 分以上、優等 -86-90 分、甲等 -80-85 分、乙等 -75-79 分。 主管人員績等人數限制比例：特優 15%、優等 15%、甲等 35%、乙等 35%。	本月加分：（　）分 本月扣分：（　）分

	複評主管	初評主管
績等	總分：____分　□特優□優等□甲等□乙等	總分：____分　□特優□優等□甲等□乙等
簽名		

○○年度一般同仁　　月考核表

單位		職號		姓名		職稱		到職日	

每項考核績效水準：績效卓越 10-9 分 / 表現良好 8-7 分 / 符合要求 6-5 分 / 仍有部分需要加強 4-3 分 / 績效不佳 2-0 分

考核項目		表現程度觀察點											
1	任務達成度	本月目標任務達成狀況。											
			10	9	8	7	6	5	4	3	2	1	0
		初評—	□	□	□	□	□	□	□	□	□	□	□
		複評—	□	□	□	□	□	□	□	□	□	□	□
2	工作品質	所交付完成的工作成果，具正確性、全面性與有效性的表現程度。											
			10	9	8	7	6	5	4	3	2	1	0
		初評—	□	□	□	□	□	□	□	□	□	□	□
		複評—	□	□	□	□	□	□	□	□	□	□	□
3	創新改善	能主動思考及創新改進工作方法、工作流程的表現程度。											
			10	9	8	7	6	5	4	3	2	1	0
		初評—	□	□	□	□	□	□	□	□	□	□	□
		複評—	□	□	□	□	□	□	□	□	□	□	□
4	溝通協調能力	善於溝通（口頭 / 書面）積極協調，以提升效率，使工作推展能加速完成的表現程度。											
			10	9	8	7	6	5	4	3	2	1	0
		初評—	□	□	□	□	□	□	□	□	□	□	□
		複評—	□	□	□	□	□	□	□	□	□	□	□
5	解決問題能力	主動發掘問題，並運用方法解決工作問題的表現程度。											
			10	9	8	7	6	5	4	3	2	1	0
		初評—	□	□	□	□	□	□	□	□	□	□	□
		複評—	□	□	□	□	□	□	□	□	□	□	□
6	知識技能	具有專業知識、技能，並發揮展現於工作上的表現程度。											
			10	9	8	7	6	5	4	3	2	1	0
		初評—	□	□	□	□	□	□	□	□	□	□	□
		複評—	□	□	□	□	□	□	□	□	□	□	□
7	團隊合作	與他人共事及支援同仁合作的表現程度。											
			10	9	8	7	6	5	4	3	2	1	0
		初評—	□	□	□	□	□	□	□	□	□	□	□
		複評—	□	□	□	□	□	□	□	□	□	□	□
8	工作態度	樂於接受指導及服從上級領導，具有積極、熱忱、旺盛企圖心的表現程度。											
			10	9	8	7	6	5	4	3	2	1	0
		初評—	□	□	□	□	□	□	□	□	□	□	□
		複評—	□	□	□	□	□	□	□	□	□	□	□
9	自我成長	具有隨時吸取新知，有系統計畫性之持續學習，以充實自我專業能力的表現程度。											
			10	9	8	7	6	5	4	3	2	1	0
		初評—	□	□	□	□	□	□	□	□	□	□	□
		複評—	□	□	□	□	□	□	□	□	□	□	□
10	出勤紀律	能做好自我管理，遵守公司出勤規範，準時出席會議及訓練的表現程度。											
			10	9	8	7	6	5	4	3	2	1	0
		初評—	□	□	□	□	□	□	□	□	□	□	□
		複評—	□	□	□	□	□	□	□	□	□	□	□

填表說明	評分核等：特優 -91 分以上、優等 -86-90 分、甲等 -80-85 分、乙等 -75-79 分。 主管人員績等人數限制比例：特優 15%、優等 15%、甲等 35%、乙等 35%。	本月加分：(　) 分 本月扣分：(　) 分

	複評主管	初評主管
績等	總分：____分　□特優□優等□甲等□乙等	總分：____分　□特優□優等□甲等□乙等
簽名		

第 8 節　關鍵績效指標（KPI）綜述

一、KPI意義

關鍵績效指標（Key Performance Indicators, KPI），又稱主要績效指標、重要績效指標、績效評核指標等，是指衡量一個管理工作成效最重要的指標，是一項數據化管理的工具，必須是客觀、可衡量的績效指標。這個名詞往往用於財政、一般行政事務的衡量。是將公司、員工、事務在某時期表現量化與質化的一種指標。可協助優化組織表現，並規劃願景。

哈佛大學名師科普朗（Robert S.Kaplan）就說：可以把「KPI」想像成飛機駕駛艙內的儀表。飛行是很複雜的工作，駕駛需要燃料、空速、高度、學習、目地等指標。而管理階層和飛行員一樣，必須隨時隨地掌控環境和績效因素，他們需要藉助儀表來領導公司飛向光明的前途。一代管理大師彼得・杜拉克（Peter Drucker (http://en.wikipedia.org/wiki/Peter_Drucker)）也說：關鍵領域的指標「KPI」，是引導企業發展方向的必要「儀錶板」。

二、五大的原則

確定關鍵績效指標有一個重要的 SMART 原則，SMART 是五個英文單詞首字母的縮寫：

1. S 代表具體（Specific）：指績效考核要切中特定的工作指標，不能籠統。
2. M 代表可度量（Measurable）：指績效指標是數量化或者行為化的，驗證這些績效指標的數據或者訊息是可以獲得的。
3. A 代表可實現（Attainable）：指績效指標在付出努力的情況下可以實現，避免設立過高或過低的目標。
4. R 代表關聯性（Relevant），指績效指標是與上級目標具明確的關聯性，最終與公司目標相結合。
5. T 代表有時限（Time bound）：注重完成績效指標的特定期限。

三、關鍵績效指標（KPI）如何建構？

一般而言，設定 KPI 的七大原則：1. 和企業的目標、策略連結；2. 量化；3. 容易理解；4. 可達到的；5. 和行動相關聯；6. 平衡；7. 定義明確。

「關鍵績效指標」（KPI）和企業的目標、策略要相連結，所以 1.KPI 的建構首先是來自企業的中、長程目標與年度營運計畫。2. 其次，將中長程目標與年度營運計畫展開爲部門績效目標（部門 KPI）。3. 將部門 KPI 展開爲單位 KPI。4. 將單位 KPI 展開爲個人 KPI。

四、關鍵績效指標參考範例

類型	項目	公式	類型	項目	公式
收益力分析	資本營業利益率	$\frac{\text{稅前利潤}}{\text{總資本}}$	活動力分析	存貨周轉率	$\frac{\text{營業收入}}{\text{存貨}}$
	資本純益率	$\frac{\text{稅後利潤}}{\text{總資本}}$		應收帳款周轉率	$\frac{\text{營業收入}}{\text{應收帳款}}$
	淨值純益率	$\frac{\text{稅後利潤}}{\text{業主權益}}$	生產力分析	人事費生產力	$\frac{\text{附加價值}}{\text{人事費}}$
	營業利益率	$\frac{\text{稅後利潤}}{\text{營業收入}}$		資本生產力	$\frac{\text{附加價值}}{\text{總資本}}$
	營業純益率	$\frac{\text{稅前利潤}}{\text{營業收入}}$		固定資產生產力	$\frac{\text{附加價值}}{\text{固定資產}}$
	營業收入利益率	$\frac{\text{銷貨毛利}}{\text{營業收入}}$		附加價值率	$\frac{\text{附加價值}}{\text{營業收入}}$
安定力分析	自有資本比率	$\frac{\text{股東權益}}{\text{總資本}}$		每員工附加價值	$\frac{\text{附加價值}}{\text{員工數}}$
	固定資產比率	$\frac{\text{固定資產}}{\text{總資本}}$		每員工營業額	$\frac{\text{營業收入}}{\text{員工數}}$
	負債比率	$\frac{\text{負債}}{\text{淨值}}$		設備投資效率	$\frac{\text{附加價值}}{\text{營運設備}}$
	淨利息負擔率	$\frac{\text{利息支出} - \text{利息收入}}{\text{營業收入}}$	成長力分析	營業收入成長率	$\frac{\text{兩年營業收入差額}}{\text{去年營業收入}}$
	流動比率	$\frac{\text{流動資產}}{\text{流動負債}}$		附加價值成長率	$\frac{\text{兩年附加價值差額}}{\text{去年附加價值}}$

類型	項目	公式	類型	項目	公式
活動力分析	資產周轉率	$\frac{營業收入}{總資本}$	成長力分析	淨值成長率	$\frac{兩年淨值差額}{去年淨值}$
	股東權益周轉率	$\frac{營業收入}{股東權益}$		稅前利潤成長率	$\frac{兩年稅前利潤差額}{去年稅前利潤}$
	固定資產周轉率	$\frac{營業收入}{固定資產}$		稅後利潤成長率	$\frac{兩年稅後利潤差額}{去年稅後利潤}$
	營運設備周轉率	$\frac{營業收入}{營運設備}$		固定資產成長率	$\frac{兩年固定資產差額}{去年固定資產}$

部門	績效指標（KPI）	目標值	定義及處理（臺幣）
業務	年度營業額	65 億／年	年度總銷貨收入
	外銷營業額	50 億／年	依事業目標計畫
	內銷營業額	15 億／年	依事業目標計畫
	A 品項營業額	30 億／年	依事業目標計畫
	B 品項營業額	25 億／年	依事業目標計畫
	C 品項營業額	10 億／年	依事業目標計畫
	客戶滿意度	85 分	客戶滿意度調查，以每季執行
	業務疏失之客訴賠償	50 萬／年	歸屬業務疏失之客訴賠償
	新產品占營業額比重	20%	未曾生產過之產品品項
	新客戶開發件數	3 件／月	兩年內未曾往來之客戶
	平均單價	60 元／pcs	銷貨總收入 ÷ 銷貨總 pcs
	核心產品占營業額比重	45%	核心產品營業額 ÷ 總營業額
	ODM 產品占營業額比重	35%	ODM 產品營業額 ÷ 總營業額
	增加國外服務據點數目	5／年	依事業目標計畫
	目標產品營收成長率	▲ 12%	目標產品 108 年度營收 ÷107 年度營收
	目標客戶營收成長率	▲ 25%	目標客戶 108 年度營收 ÷107 年度營收

外銷營業額＝結算截止日海關核發出口報單記載之貨價

部門	績效指標（KPI）	目標值	定義及處理
製造	總合效率	80%	時間稼動率 × 性能稼動率 × 良品率
	用料投入 / 產出效率	92%	產出量 / 投入量
	目標產量達成率	95%	實際完成 pcs÷ 應完成 pcs
	特殊急件加工達成率	95%	實際完成 pcs÷ 應完成 pcs
	設備維修保養費用（率）	92%	實際 ÷ 目標
	平均換模換線時間	3.6H	當月總換模換線時間 ÷ 次數
	平均調機時間	2.5H	當月總調機時間 ÷ 次數
	平均異常排除時間	1.5H	當月總異常排除時間 ÷ 次數
	停線、當機時間比	2.5%	停線、當機時間 ÷ 總稼動時間
	人員產值比	150,000	總產值 ÷ 製造部總人數
	人員多能工達成率	75%	多能工人數 ÷ 製造部直接員工數
	人員多能工達成率	90%	實際 ÷ 目標
	成品報廢率	0.3%	成品報廢金額 ÷ 銷售額
	成品 FQC 驗退率	0.15%	驗退 pcs÷ 總 pcs
	設備稼動率	85%	實際生產時數 ÷ 總生產時數
	設備稼動率	65%	實際生產時數 ÷ 總可生產時數
	重工時數 / 製造總時數	<0.05%	依重工派工單實際時數 / 製造總時數
研發	年度總開發件數	24 件 / 年	依事業目標計畫
	平均開發週期	2.5 月 / 件	參考 108 年度實績，訂出目標值
	新產品一次製造成功率	25%	一次製造成功件數 ÷ 總件數
	新產品開發時效	>90%	新產品開發實際工時 / 新產品開發預定工時 ×100%
	改善提案件數	2 件 / 月	—
	申請專利件成功數	8 件 / 年	參考 108 年度實績，訂出目標值

五、整體架構

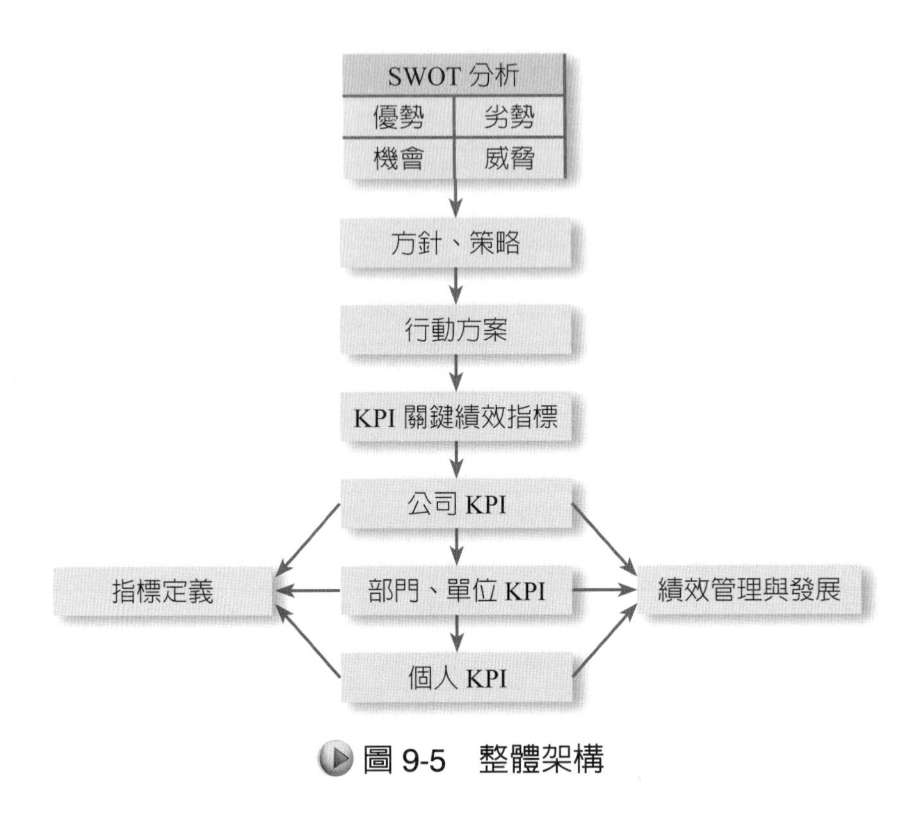

圖 9-5　整體架構

第 9 節　平衡計分卡的發展與應用

平衡計分卡的應用，初期只是單純的績效評估系統。經過十幾年發展，已成爲策略與量度的策略管理系統。就管理技術的架構而言，平衡計分卡是以願景與策略爲出發點，在四個衡量構面上如何實踐策略的管理系統。

由其整個發展的歷程，從諾頓（Norton）與柯普朗（Kaplan）所共同發表的四篇論文可瞭解，包括〈平衡計分卡的實踐〉（1993）、〈平衡計分卡在 FMC 公司的實踐：與卜瑞迪的面談〉（1993）、〈平衡計分卡在策略管理體系的應用〉（1996），及〈策略核心組織以平衡計分卡有效執行企業策略〉（2001），分別述明平衡計分卡從四個觀點審視企業；平衡計分卡如何在不同組織中連結策略與績效衡量系統的過程。以平衡計分卡爲策略衡量系統，依設定十幾個衡量指標，以使得短期營運績效的衡量指標能夠與長期策略一致，平衡計分卡已從改良的績效衡量系統，演變成一個策略衡量體系架構，如何運用平衡計分卡，以成功貫徹組織的策略。

動態高競爭的二十一世紀，傳統的績效評估制度已無法符合策略需求，而平衡計分卡是以策略而非控制爲核心。有企圖心的企業不但以它來澄清並溝通策略，進而管理策略。所以平衡計分卡確已從修正的衡量系統，逐步演變成一個核心的策略管理體系。

早期大多數的平衡計分卡研究標的都是目標大企業，直到 Chow，Haddad & Williamson 的論文「平衡計分卡在中小企業的應用」（1997），才率先提到平衡計分卡也可用在中小企業個案。直到 Birch 的論文〈平衡計分卡的觀點爲中小企業開創成功〉（1998），才眞正研究探討中小企業如何使用平衡計分卡系統。其不僅提出針對中小企業，如何建構平衡計分卡過程的指導方針，並提出平衡計分卡將能帶給中小企業益處的論述。

一、平衡計分卡衡量構面

進入競爭的時代，高階管理者都瞭解組織的管理系統會強烈影響組織成員的努力目標與行爲，而傳統的財務指標可能傳達過時或不正確的訊息，所以補救措施的研究便因運而生，如讓財務指標與組織績效更加相關。改善作業流程與指標進而讓財務指標改善，高階主管瞭解沒有單一指標可以提供給企業清楚的績效目標，所以 Kaplan & Norton（1996）設計了平衡計分卡可給予高階主管對於企業快速但完整檢視的測量方式。並以願景與策略爲出發點，在四個衡量構面上如何實踐策略的管理系統。

平衡計分卡理論上，係直接將財務（finance）、顧客（customer）、內部流程（internal process）、學習成長（learning and growth）列爲平衡計分卡的四個構面，以做爲企業績效衡量指標之架構（如圖 9-6 所示）。但因應產業別及相關專業領域特性之不同，構面亦可彈性增修，例如：銀行業在四個構面之外，可加入風險管理構面來涵蓋產業特性及經營範疇，又如公共部門係屬非營利組織，任務或使命的達成，可成爲組織的重要構面。

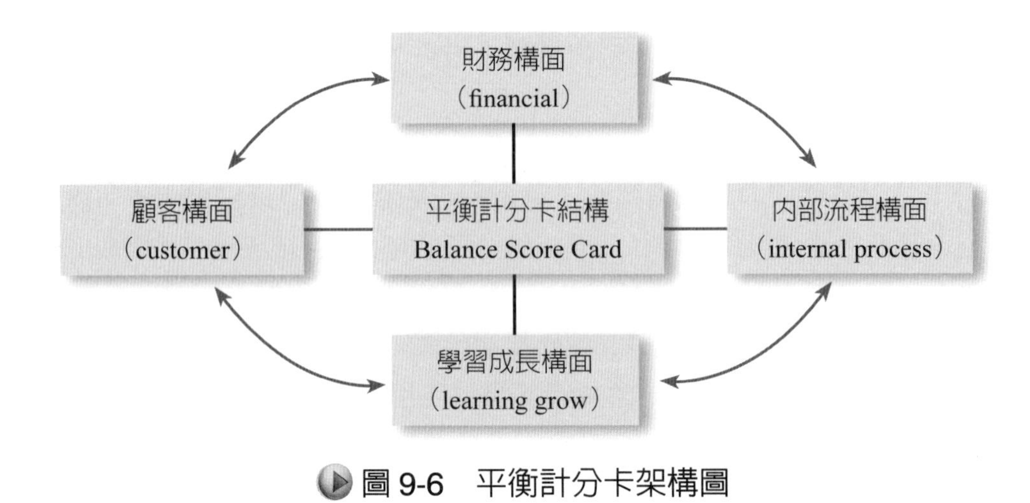

圖 9-6　平衡計分卡架構圖

Kaplan 和 Norton 提出的設計是透過四個衡量的構面：財務、顧客、企業內部流程及學習成長來考核一個組織的績效，這四個構面組成平衡計分卡的架構。

以平衡計分卡主管理精神、策略規劃之關係（見圖 9-7）分述如下。

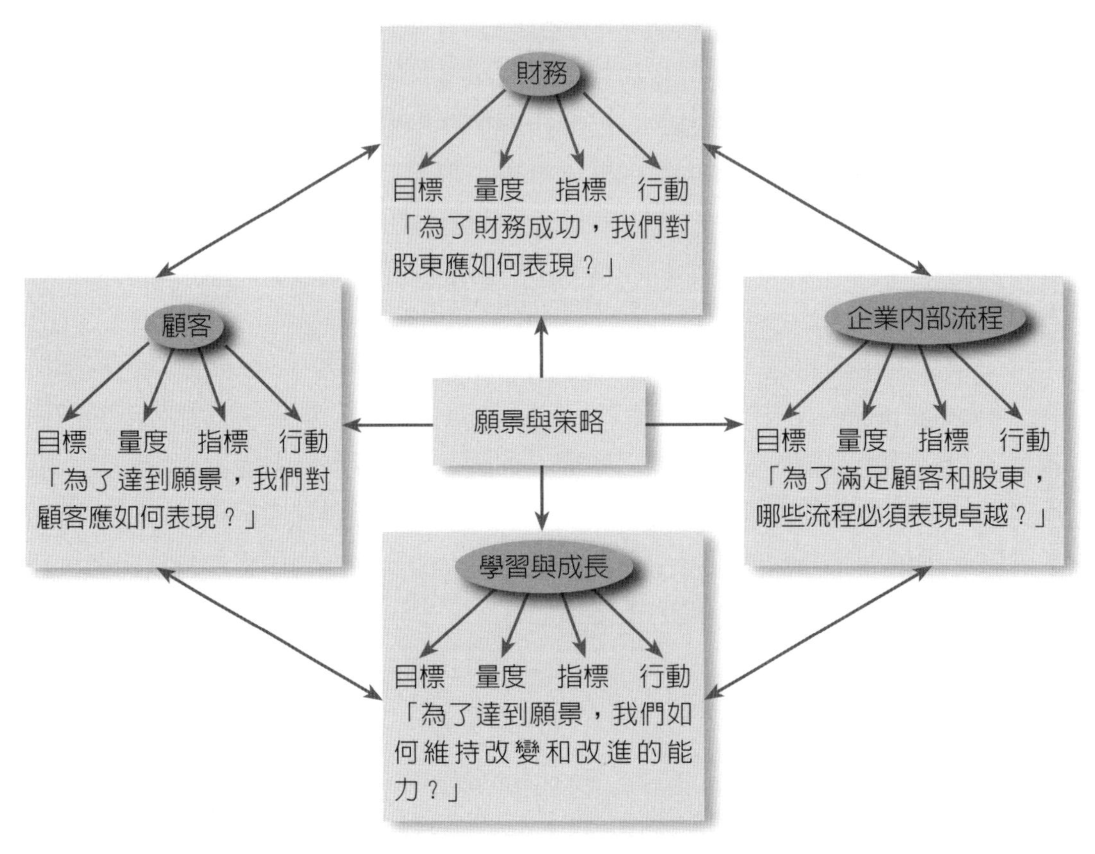

圖 9-7　平衡計分卡策略行動方案架構圖

(一) 財務構面

財務績效量度可以顯示企業策略的執行和貫徹，對於改善企業營利是否有所貢獻。而企業針對其所處不同階段的生命週期，應有不同的財務策略。故而無論企業身處於何種階段，都應配合營收成長和生產力提升。顯示策略如何促使企業成長、提高獲利、控制風險而創造股東報酬的價值。財務面策略開始著手，可平衡各種衝突的外力，創造最終股東價值。財務面的營收成長目標會形成顧客面之具體內容，故能驅動顧客價值主張。

(二) 顧客構面

基本上，顧客是企業獲利的主要來源。因此，滿足顧客的需求便成爲企業追求的目標。企業應先找出市場和顧客之間的區隔，並將顧客構面的策略目標與目標市場及顧客相結合，並幫助企業找出及衡量企業顧客面的價值主張（customer value proposition）。而顧客價值主張乃描述企業所將提供給顧客獨特的產品組合、價格、服務、關係和形象，並界定其策略所選擇的目標市場區，增加股東價值營收成長策略與生產力提升策略。開創經銷優勢增加顧客價值，改善成本結構，提高資產利用率，及企業如何在該目標區隔內有別於其他競爭者。明確的價值主張，能爲企業的關鍵性內部流程和建構提供最終的目標，使其策略能集中致力於這些目標的達成。顧客價值主張內容包括：

1. 作業優勢策略：強調關鍵種類的品質與選擇，以及具優勢的價格。
2. 顧客關係策略：強調客製化的個人服務，並標榜「可信任的品牌」以建立長期的關係。
3. 產品優勢策略：強調脫穎而出的獨特產品與服務，甚至是「最佳的產品」。由各方面顯示從顧客的角度看來最重要的是，企業要如何提高顧客滿意度及爲顧客創造價值，而顧客價值定位如圖 9-7 所示，並與其他競爭者有所差異。

(三) 內部流程構面

內部流程構面目的在達成財務及顧客構面的目標。而企業爲滿足股東及顧客的期望，必須確認其所創造顧客價值的程式，才能有效的應用有限的資源。企業目前的績效指標仍著重於改善現有的營運流程，雖也有嘗試增加品質、循環時間等指標，但仍並非針對企業內部流程的整體概念。而平衡計分卡則有別於傳統管理模式，Kaplan 舉出企業共通的內部流程價值鏈模式，其中包括創新流程、營運流程、售後服務流程等三個主要的企業流程，建議成立各種衡量指標。由瞭解顧客需求，以創新並應用來設計新的營運流程，再經由售後服務流程來達到經由內部價值鏈滿足顧客需求的目的，其中的關鍵乃在依據策略的優先順序決定關鍵性的業務運作流程，使其能達成顧客和股東的滿意，提高顧客滿意度及創造顧客價值，作業優勢策略、顧客關係策略、產品優勢策略。

(四) 學習與成長構面

此一構面主要著重於員工各方面績效的衡量，員工的成長相當於企業的無形資產，其有助於企業的進步，此一構面是為了創造長期的成長與進步。其主旨在使平衡計分卡之前三項構面能順利達成，並實現企業長期成長的目標，且強調未來投資的重要性；但並非如傳統的投資觀點，僅著重新設備、新產品的研究發展。雖說新設備及新產品的研究發展是很重要，然而為了達到長期的財務成長目標，企業必須投資在基礎架構上，企業的學習成長來自包括人員、系統及程式。而在其他的三個構面中，常會顯示人、系統和程式的實際強度與目標之間的落差，企業可藉學習成長構面以達到縮小落差的目的，其衡量指標為包括員工的滿意度、延續率、本職學能培訓、第二專長訓練和技術研發的進展等。本構面最重要的關鍵在如何創造使組織不斷創新和成長的環境與氣候，使成良性循環。學習與成長是所有策略的基本骨幹，透過此一構面組織可將無形資產轉變成具體之效益。

平衡計分卡既然不僅是績效衡量的工具，更是策略管理的工具。而策略是一套關於因和果的假設，透過平衡計分卡的四個構面，可以把一個完整的因果關係鏈建成一個垂直向量。表 9-6 平衡計分卡步驟程序表，經過彙整原著意涵，依策略思考程序，加以導入企業或組織經營績效體系，以利未來企業或組織、策劃、目標計畫有系統整合。

表 9-6　平衡計分卡步驟程序表

步驟	內容	程序
一	定義產業，描述企業發展與企業角色	儘可能與許多人展開會談（如參與外界的會談）以獲得觀念，研究產業位置與未來趨勢。
二	建立與確認企業願景	由高階主管與經理人員參與研討會議。

表 9-6　平衡計分卡步驟程序表（續）

步驟	內容	程序
三	建立構面	由高階主管與經理人員和平衡計分卡制定有經驗之專案人員。
四	將願景落實到每個構面，並且明白陳述策略目標	由高階主管與經理人員參與研討會議。
五	確認關鍵成功因素	由高階主管與經理人員參與研討會議。
六	發展量度，確認因果關係並建立一平衡	由高階主管與經理人員參與研討會議。
七	建立上層的平衡計分卡	由高階主管與專案經理或對平衡計分卡有經驗者一起決定。
八	按組織單位分解計分卡及度量	將平衡計分卡專案分配到適當的組織單位，儘量讓每位員工都參與到平衡計分卡專案計畫。
九	訂定目標	由各單位專案經理負責其單位的計畫書內容與任務，由高階主管審核其最後的目標。
十	作成行動方案	由每個單位的專案小組準備。
十一	實施平衡計分卡	在最高主管的全盤責任下，確保持續監控。

資料來源：Olve et al. (1998). Performance Drivers: A Practical Guide to Using the Balance Scorecard (pp. 48-48.), John Wiley & Son Ltd.。

二、平衡計分卡實施原則

Kaplan 與 Norton 提出建構以策略爲核心的高績效組織的五大原則：

(一) 轉化願景

將策略化爲執行面的語言，利用策略地圖（strategy map），把目標策略與四大構面之績效衡量，其間的前後與因果關係一一釐清，策略地圖不僅內部合乎邏輯，且易於溝通策略的內涵。

(二) 資源整合

一個組織可包括公司總部、各個事業單位以及供事業單位分享之各個服務單位。既然這些單位隸屬一個公司，應讓它們發揮綜效，否則沒有集結成一個公司的必要，因此應將各單位的目標、策略與運作方式加以整合，以打破各行其是，甚至本位主義之做法。

(三) 溝通

使策略成爲每一位員工的日常工作，使員工具有策略的意識，藉由每位員工的個人計分卡，使公司的策略透明化，而且還須基於策略目標衡量之結果，透過獎酬制度激勵員工之行爲。

(四) 回饋與學習

讓策略成爲持續的循環機制：發展「雙循環」（double-loop-process），結合策略預算與短線營運預算，不因短期利益而犧牲長期的成長。另外，所有的目標與策略均會受到時空背景的影響，當時空背景改變，這些當初的假設可能不再正確，因此公司必須建立策略的檢驗和學習的流程，藉由持續學習以調整目標與策略。

(五) 領導統御及驅動變革

由高階領導動員組織變革，新策略推動需要高階主管的領導，以動員所有員工，讓他們瞭解變革的必要，並導向新的策略且監視成果。

小叮嚀

平衡計分卡，將衡量企業由上世紀八〇年代重視「量化」的指標，逐漸發展爲重視「質化」的衡量指標，希望藉由此績效管理制度，使公司的目標、策略、績效評估結合爲一體，將企業之「策略」化爲具體的行動，以創造企業之競爭優勢。

三、績效評估十大失敗原因

《人力資源管理》一書的作者之一 Sherman，曾提出了「績效評估失敗十大原因」：

(一) 缺乏高階主管的支持。

(二) 缺乏與工作有關的績效標準。

(三) 評估者的偏見。

(四) 表格太多。

(五) 主管們認爲所費的時間及精力，所得到只是少許益處或無益處。

(六) 主管們不願與同仁做面對面的面談，迴避棘手問題。

(七) 主管們在績效面談上的訓練不夠。

(八) 評估時採法官角色，與協助員工發展的角色相衝突。

(九) 員工認爲評估不公平。

(十) 主管都願爲員工評估高分，不願當壞人。

自我評量

1. 試述人事考績的意涵爲何？

2. 試述人事考績的目的何在？

3. 公司進行考績時，應掌握哪些原則？

4. 公司在打考績時，會有哪些人員績效考評？

5. 試說明公司打考績的時機，會在哪些時候？

6. 試說明績效評估計畫的四項步驟爲何？

7. 試圖示公司在進行考績作業之原則、目的及步驟？

8. 試分析考績理論有哪二種不同看法？

9. 試簡述考評打考績的工具，有哪七種方式？

10. 試分析打考績最常用的評等尺度法之意義及優缺點爲何？

11. 試說明影響績效評估正確性的不利因素爲何？又應如何改善？

12. 考績應公開的理由爲何？實務上又是如何？試說明之。

13. 試分析績效評估與激勵間之關係？

14. 何謂KPI？其關鍵成功要素爲何？

15. 何謂平衡計分卡？試概述之。

Chapter 10

組織學習與創新

第 1 節　這是一個不斷學習的年代
第 2 節　組織學習的方式、因素、要件與類型
第 3 節　教導型組織的新趨勢
第 4 節　實例：韓國三星、統一企業、統一超商、台積電、日本富士全錄、安泰人壽、國泰人壽、花旗、TOYOTA

第 1 節　這是一個不斷學習的年代

一、比爾．蓋茨與彼得．杜拉克的學習名言

比爾．蓋茨說：「如果離開學校後不再持續學習，這個人一定會被淘！因爲未來的新東西他全都不會。」管理學大師彼得．杜拉克也說：「下一個社會與上一個社會最大的不同是，以前工作的開始是學習的結束，下一個社會則是工作開始就是學習的開始。」

比爾．蓋茨與彼得．杜拉克的說法都指向一個重點，就是我們在學校所學到的知識只占 20%，其餘 80% 的知識是在踏出校門之後才開始學習的。

一旦離開學校之後就不再學習，那麼你只擁有 20% 的知識，在職場競爭叢林中注定要被淘汰。翻遍所有成功人物的攀升軌跡，其中最重要的就是他們不斷充電學習，爲自己加値，白領階級想要坐穩位子並獲得升遷，不斷充電就是邁向成功的不二法門。

二、台積電公司張忠謀董事長的名言

台積電公司張忠謀董事長在接受《商業周刊》專訪時明白指出對學習的深入看法。

半導體教父張忠謀說：「我發現只有在工作前五年用得到大學與研究所學到的 20% 到 30%，之後的工作生涯，直接用的幾乎等於零。」因此張忠謀強調，在職的任何工作者，都必須養成學習的習慣。

張忠謀坦承，在踏出校園時根本不認識 transistor（電晶體）這個字，這並非他無知，只是當時很少人瞭解電晶體，可是不出幾年，很多人都知道電晶體的存在，「可見知識是以很快的速度前進，如果無法與時俱進，只有等著失業的分！」，「無論身處何種產業，都要跟得上潮流。」

三、奇異（GE）公司前總裁傑克．威爾許的做法

他要求幹部每年固定淘汰 10% 的員工，以維持公司高競爭力，如果幹部無法達成 10% 的淘汰率，就會先遭開除。

第 2 節　組織學習的方式、因素、要件與類型

一、組織學習的方式

組織學習（organizational learning）包括下列四種方式：

(一) 向別的組織借鏡。例如：在美國許多知名的績優公司，如 AT&T、IBM、柯達（Kodak）、杜邦（DuPont）、摩托羅拉（Motorola）等，所選擇做爲標竿的對象並不只是他們本身所處產業的佼佼者，還包括世界上各產業的卓越公司。

(二) 根據環境的回饋（例如：顧客的不滿、供應鏈的失能），對現行的做法做系統性的改變。

(三) 透過原始的或模仿的創新。

二、促使組織學習的因素

什麼因素促使組織學習呢？組織學習的驅動因素有三：

(一) 問題的產生。包括利潤下降、顧客流失、公眾責難等。

(二) 機會。組織在創新及尋找市場機會上的努力，會促使它去學習。

(三) 人員。例如：高級主管的高瞻遠矚或察覺到組織重整的必要性，或組織成員對於現狀的不滿等。

三、學習型組織的五大要件

以下分述說明彼得．聖吉（Peter Senge）提倡的學習型組織所必備的五大要件。

(一) 建立共同願景

公司內部若無一共同願景，各部門及個人的職務安排將變得模糊不清，且和顧客的互動模式也將無法統一，會議討論也會變得非常散漫、無法達成共識。

(二) 團隊學習

集思才能廣益，集體思考的行爲是塑造共同願景的步驟之一，並爲下一次的共同行動做好準備。

(三) 改善心智模式

陷入偏執，新創意便難以萌芽，新知識更將難以活用，「改善心智模式」有時也是一種不可或缺的重要觀念。

(四) 自我超越

這是提升團隊學習效果之基礎。譬如，「喜愛將歡樂帶給別人」的人必定能夠不厭其煩地摸索、學習以提高顧客的滿意度。

(五) 系統思考

所謂系統思考，簡單而言是指：能夠充分掌握事件的來龍去脈、架構分析與邏輯思維。

要讓一切從頭開始學習的企業同時實踐這些要件，無非是強人所難。但是有一點很重要，就是應先從基層單位其切身的事務開始著手，真正去體驗實際的效果。

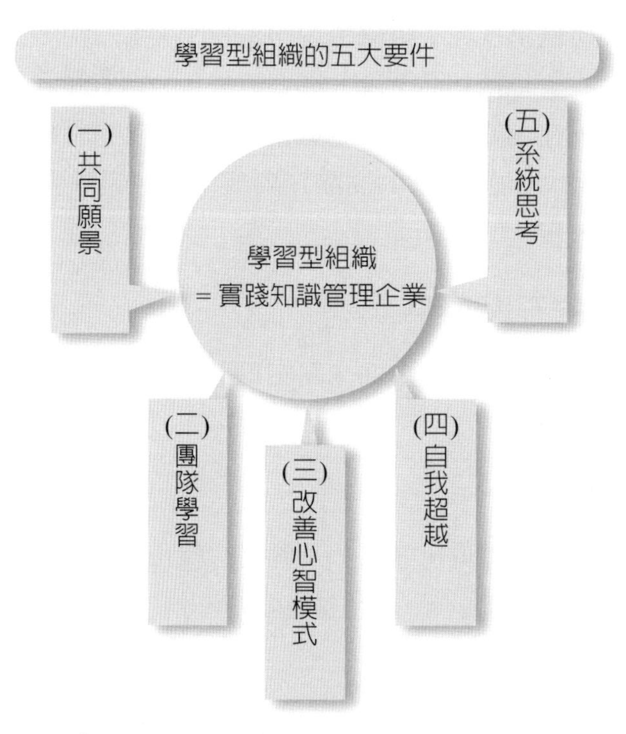

圖 10-1　學習型組織的五大要件

四、學習型組織的特徵

學習型組織有五個基本的特徵如下：

(一) 組織內的每位成員都願意實現組織的遠景。

(二) 在解決問題方面，組織成員會揚棄舊的思考方式，以及其所使用的標準化作業程序（standard operating procedure, SOP）。

(三) 組織成員將環境因素視爲一個與組織程序、活動、功能等息息相關的變數。

(四) 組織成員會打破垂直的、水平的疆界，以開放的胸襟與其他成員溝通。

(五) 組織成員會揚棄一己之私與本位主義，共同爲達成組織遠景而努力。

五、如何成為一個學習型組織

如何使得組織成爲一個學習型組織呢？以下是必要的步驟：

(一) 擬定策略（組織變革策略）

管理當局必須對變革、創新及持續的進步做公開而明確的承諾。

(二) 重新設計組織結構

正式的組織結構可能是學習的一大障礙，透過部門的剔除或合併，並增加跨功能團隊，使得組織結構扁平化，如此才能增加人與人之間的互賴性，打破人與人之間的隔閡。

(三) 重新塑造組織文化

學習型組織具有冒險、開放及成長的組織文化特色，企業高層可透過所言（策略）及所行（行爲）來塑造組織文化的風格。管理者本身應勇於冒險，並允許部屬的錯誤或失敗（以免造成「多做多錯、少做少錯」的心理），鼓勵功能性的衝突，不要培養出一群唯唯諾諾、不敢提出異議或新觀點的應聲蟲。

六、學習型組織的四種型態

組織進行學習的風格（learning style）區分爲以下四大類型：

(一) 第一類型的組織

是透過嘗試、摸索新構想來進行學習，容許針對新的產品與流程進行實驗，新的觀念如同爆米花一般不斷於組織中跳躍出來，3M、SONY 是這一類公司的代表。

(二) 第二類型的組織

係以鼓勵個人和團隊獲取新能力來進行學習，於策略上同時充分利用別人的經驗，而本身也不斷地進行新能力的探索，他們會花錢買下小公司以促進內部新產品的開發，或投資於訓練與發展以培養創新能力，摩托羅拉（Motorola）與奇異（GE）就是最典型的例子。

(三) 第三類型的組織

主要透過模仿進行標竿學習，他們首先發掘其他公司的經營方式，再嘗試將所學習的知識融入組織運作當中，以充分利用現有的實務做法與技術，韓國三星集團就相當強調這一類型的標竿學習。

(四) 第四類型的組織

會持續不斷地改善或去提高成效，於精通每一個步驟之後才會跨入新的步驟，他們通常強調高度的員工參與，透過 QCC、TQM（全面品管）等活動來解決外部顧客及內部顧客所定義的問題，日本豐田汽車就是屬於這一類型的公司。

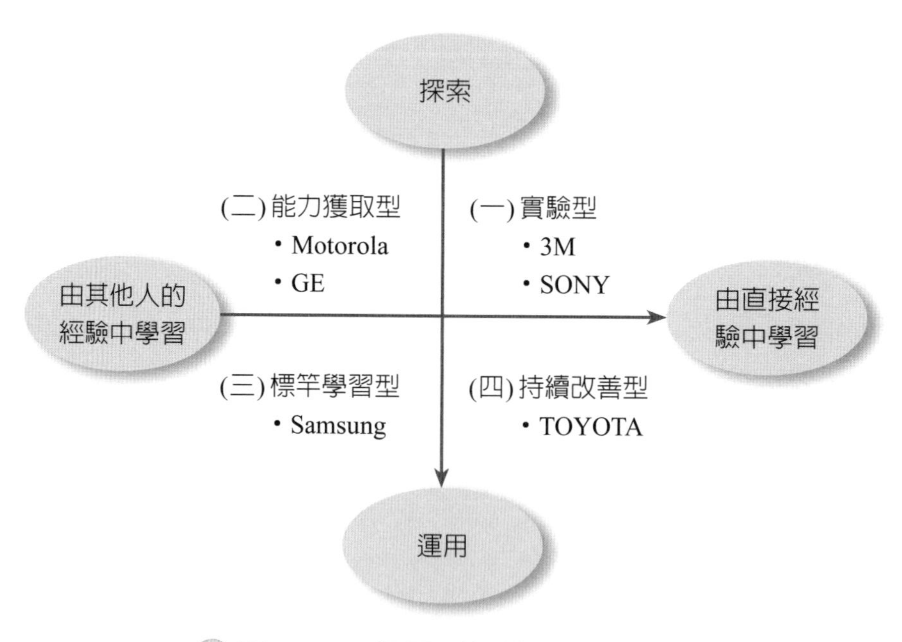

圖 10-2　學習型組織的四種型態

第 3 節　教導型組織的新趨勢

美國組織學習顧問專家提區（Noel M. Tichy），在 2003 年曾有一本專著《教導型組織》中，提出教學相長與良性循環的教導型組織模式。

一、何謂教導型組織

在 1980 年代，提區協助奇異公司執行長威爾許整頓奇異主管訓練中心，從而對威爾許的領導方法與奇異公司的成功經驗有極深入的研究，在本書中可以看到他研究威爾許所得的結晶。提區指出，領導人應將親自教導部屬列爲核心任務，同時應向部屬學習，虛心聆聽部屬的意見。親自教導部屬，有利於貫徹經營理念，提升團隊凝聚力；而向部屬學習，亦即雙向教導，尤其重要，因爲組織內層級愈低者，接觸顧客與市場機會愈多，意見層層向上反應，領導者才不致與現實脫節。提區把這種雙向交互學習的組織，稱爲「教導型組織」。

學習型組織與教導型組織都主張，企業成功必須仰賴員工持續不斷吸收新知識、新想法及新技能；教導型組織的不同之處，在於要求每位學員不僅是學習者，也是教導者，教導者要鼓勵並聆聽學習者提出的意見，要坦誠討論而不是服從命令。如此教與學雙方都能增廣見識、提升視野並創新知，提區把這種雙向學習稱爲「良性教導循環」。

提區也指出：成功致勝的領導人都是良師，成功致勝的組織也確實會鼓勵教導。但是，除此之外，成功致勝的組織是被刻意設計成教導型組織，所有經營流程、組織結構及日常營運機制，全都基於促進教導而建立。

成功組織的教導模式獨具特色。那是一種交互、雙向，甚至多向的教導模式。整個組織裡，各層級的「教師」與「學生」彼此教導與學習，構成一種良性教導模式。整個組織裡，各層級的「教師」與「學生」彼此教導與學習，構成一種良性教導循環，不斷激發更多學習和教導機會，也創造更多新知識，良性教導循環讓成功企業的員工，日復一日，更加睿智，更有凝聚力和活力。教導型組織讓這一切成爲可能。

二、奇異（GE）公司：全球最大的教導型組織架構

在教導型組織中，良性教導循環並非只見於高層，而是遍及整個組織的各個

角落。奇異擁有全世界規模最大的教導型基礎結構。它包括下列要素：

(一) 定期舉辦研習

高層團隊每季在可羅頓維爾中心舉辦研習活動，分享最佳實務做法，思考如何讓公司旗下所有事業部門，都成爲全球佼佼者，高階主管會議是如假包換的良性教導循環，因爲其中的每個人既是教導者，也是學習者。

(二) 黑帶高手傳授六標準差方案

指定超過 15,000 名有潛力的中階主管，以整整兩年時間專任六標準差的「黑帶級」教師。他們必須教導超過 30 萬人的全體員工，帶領超過二萬個的六標準差行動計畫。六標準差方案本身就是一個良性教導循環，先由黑帶級教師傳授品管工具給員工，員工再利用這些方法發展新構想，再回頭教導黑帶級教師。

(三) 除舊布新

從 1988 年開始，威爾許要求產品經理召開全員大會，做爲兼具教導與學習功能的問題解決機制。這個會議爲期三天，目的在解決員工認爲在組織和工作生活上，需要改善的實質問題，主管必須即席回應。1980 年代晚期和 1990 年代初，至少參加過五次「除舊布新」會議的員工超過 30 萬人。1999 年，威爾許下令全公司展開新一波「除舊布新」會議，好對付正在悄悄死灰復燃的官僚作風。

(四) 改革促進計畫

公司排名屬於前一萬名的領導幹部必須接受訓練，以便在內部負責教導和領導變革計畫。計畫重點在於培養公司高層的教導能力。

(五) 專業的主管訓練中心

可羅頓維爾主管訓練中心位於紐約州，俯瞰哈德森河，占地 50 英畝。中心每年培訓超過 5,000 名公司領導幹部，層級從新科主管到資深高階主管皆有，這是一個創造知識、傳授想法和價值，以及領導人相互教導和學習的園地。在 1980 年代中期，中心從傳統的單向教導基礎結構，轉型成爲行動學習（action learning）的良性教導循環。在此，人人教導，個個學習。

(六) 教導與學習的會議

奇異公司的營運機制，也就是藉以管理旗下事業部、接班規劃、財務及策略的種種流程，全都設計成爲有教導和學習作用的會議，而非官僚作風的檢討會議。

三、聯強國際公司的做法

聯強國際公司杜書伍總經理對建立教導型的企業文化也深有同感，他以總公司的做法，提出如下的呼應看法：

(一) 企業發展過程中，要如何維持穩健扎實的成長；並且在規模擴大後，仍不失靈敏的應變能力以確保競爭力不墜？充足且優秀的各層級領導人才，往往是最大關鍵，也是企業永遠要面對的課題。

領導人才的養成是長期而持續的過程。在市場環境快速變化、激烈的競爭已讓企業應接不暇的情況下，想要使領導人才的養成能夠趕上企業發展的需求，就必須從建立企業文化與人才培育機制著手。提區在新書《教導型組織》提倡的，便是導向具備教學相長文化與機制的組織，書中並大量闡述執行的要領與方法。

(二) 對於書中闡述的觀念與方法，聯強有非常深刻的體驗。舉例來說，聯強內部有一個「月報制度」，每位同仁每個月都必須站上台對部門同仁、主管做簡報，分析、檢討上個月的運作指標與工作內容，並提出下個月的工作目標與計畫，部門主管則當場提出看法或指導。

這個聯強創業初期便開始實施的制度，讓每位同仁養成整理、分析的習慣與能力，並不斷對自身工作內涵有更深刻的體悟，達到訓練、輔導、共享的功能；長期下來，也形成聯強不斷檢討、改善的企業文化，在不斷透過整理分析而發現問題、主管與同仁腦力激盪共同尋求解決方案的過程中，一點一滴的改善；因爲公司全員都如此做，經過一段時間後，積沙成塔，「創新」也就由此而生。

(三) 又比方說，對於大大小小的會議，各方常有不同的看法。會議是組織運作中必要的活動，但過多的會議卻也往往被視爲組織運作效率不彰的原因，其中的拿捏的確是門學問。但聯強內部則格外強調會議的「訓練」與「共識」功能，因此聯強內部花在開會的時間比重相對較高，但從中得到的效益卻更大。

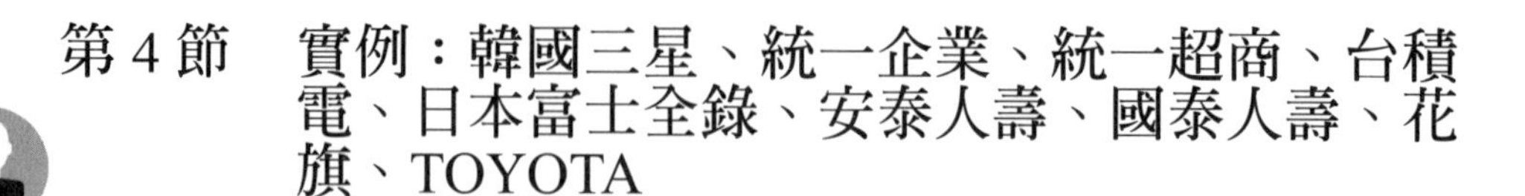

第 4 節　實例：韓國三星、統一企業、統一超商、台積電、日本富士全錄、安泰人壽、國泰人壽、花旗、TOYOTA

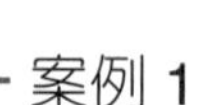

案例 1

韓國三星集團，每年投入五百億韓幣培育人才訓練

（註：韓國三星電子集團，是韓國第一大民營製造業）

(一) 韓國最大人才庫

三星電子擁有 5,500 名博、碩士人力。其中，博士級就占了 1,500 名。2001 年新進的 149 名人員當中，擁有碩士以上學位的有 61 名，約占 40%。其中 28 名擁有喬治亞大學、哈佛等海外名校的學位，更幾乎占了一半的比例。全體 48,000 名職員當中，除了生產機能職位（25,000 名）之外，23,000 名，共 25% 擁有博、碩士學位。另外，還逐年以百爲單位持續增加當中。規模超越漢城大學，成爲韓國最大的「人力庫」。

(二) 占地 72,000 坪的電子尖端技術研究所

位於京畿道水原市，占地 72,000 坪的電子尖端技術研究所（以下簡稱尖技所），是從新進職員到總經理，學習最新技術動向的再教育機關。三星電子只爲了 R&D 技術的教育而設立研習機關，在韓國國內是絕無僅有的，1999 年，和李健熙董事長發表第二創業宣言的同時一起創立的尖技所，其主要目的是要配合公司長期策略，執行教育訓練課程。約有 400 頁的電子入門課程教材《行銷主導、市場取向企業的解決對策》（*Solutipn for MDC*），就是以新進職員爲對象。MDC（行銷主導、市場取向）是三星電子的企業目標。自 2001 年設立以來，單教育課程就有 97 種，單一年度的教育職員更高達 3,000 位。三星電子確定的軟體專業人力總共有 5,300 名。集團整體超過 13,000 名，爲總人力的 12%。三星更計畫到 2005 年爲止，要增加到 20,000 名。三星電子朝著內容、軟體化目標前進的未來策略，也反應在教育課程中。

(三) 與多所大學建教合作

三星電子的建教合作課程，已經發展到和韓國國內知名大學，共同開設博、碩士班課程階段的地步。建教合作課程，就如同其所號稱的「1+1，

2+2」。三星電子和延世大學（數位化）、高麗大學（通訊）、成均館大學（半導體）、漢陽大學（軟體）、慶北大學（電子工學）等，共同合作碩士學位課程，也就是在研究所讀一年之後，剩下的一年到三星電子實際從事相關業務，這就是所謂的 1+1。2+2 是博士課程。各大學與三星電子共同開發課程，每個課程的智慧財產權由雙方共同擁有。到 2001 年末爲止，研修此課程而成爲三星職員的人才共有 149 位。2002 年新登記的則有 95 位。

(四) 每年投入 500 億韓圓（約 15 億新臺幣），每人平均 3 萬元

爲了提高個人的生產效能，三星電子投資於再教育的課程，每年就花費 500 億韓圓。每人平均超過 100 萬韓圓。

案例 2

統一企業創辦人高清愿學習觀——從不敢把學習這兩字放下

統一企業創辦人高清愿在接受《經濟日報》專訪時，指出他個人對學習的看法：

在社會上，大家都知道一個道理，時時得充實自己，吸取新觀念、以因應變遷中的大環境。不過，這個道理，知易行難，眞正能夠身體力行的人不多。

這種現象，在企業界也很普遍。有些人甚至流於地位愈高，愈不知上進。尤有甚者，少數人自恃年長，倚老賣老，認爲求新知、學習新事物，是年輕人的事，與他無關。

這些都是很落後的觀念。一個公司的決策階層，如果凡事都是抱持這類看法，這個公司不可能有前途。

我在統一企業集團最近一次舉行的經管發展促進會上，就曾告訴集團內各企業的總經理，面對日新月異的經營環境，希望他們能夠用心學習新知，並隨時改進，這樣才能適應時代的遞嬗。

談到學日語，60 多年前，我在小學，也曾念了六年日本書，可是，在那個時候，我從來沒有機會與日本人交談。後來，因爲工作的關係，必須與日人接觸，在這樣的情況下，只有強迫自己，邊學邊說，不斷利用時間，一字一句的苦學。我的日文基礎，就是這樣建立的。

學國語，也是一樣的路，最初，我是一個字一個字學，等到家境較爲寬裕，請了一位年輕人幫忙家務，照顧家母。那時，我在下班後，經常練習國語會話，遇有不懂的地方，就請教這位年輕人，我常開玩笑的稱她是我的祕書，這位「祕書」，雖然國語也不算頂高明，可是我仍受益匪淺。

而今，在經營企業這個領域中，我是邊走邊學，從來不敢把學習這兩個字放下。

透過讀書、閱報、看雜誌、聽簡報、赴國外考察等途徑，隨時隨地做筆記，再融會貫通，把外界最新的資訊、觀念，或他人的好東西，化爲己有，往往是我吸收新知的不二法門，同時，也是我人生的一大樂趣。

案例 3

台積電董事長張忠謀學習觀——要負責任的終身學習

台積電公司張忠謀董事長在 2003 年 8 月接受《天下》雜誌專訪時，提出要負責任的終身學習觀，並且引用 50 年前，他與父親的一段小故事做爲見證，讀來令人動容。故將其答覆摘述如下。

(一) 要負責任的終身學習

我在自傳裡提到我在學半導體的故事。半導體界有一本夏客雷的經典《半導體之電子與洞》，這本書到現在還是經典作，1955 年我剛進半導體業時，我每晚總要看這本書二、三個鐘頭，當時我服務的公司剛在一個小城設立了實驗室，大家都先住在小旅館裡。有一位專家是個愛喝酒的人，每天下班就喝酒到晚上 10 點鐘，有時我跟他吃飯，他一邊喝酒，一邊回答我在書中不懂的地方。我那時年輕，物理底子也不錯，又有專家能解答我的問題，有時他一句話，讓我茅塞頓開。

學習這事情時跟我父親有關。那時他剛到美國去時，我還在麻省理工學院念書。我禮拜天習慣看《紐約時報》，他看到我禮拜天在看《紐約時報》就說：「你明天不是有考試嗎？要溫習要考試的東西。」我說看《紐約時報》也很有益。他說這是「不負責任的學習」。50 幾年了，這句話我到現在還記得。「要負責的學習」跟「不需要負責的學習」比起來，通常不需要負責的學習大家樂意爲之，而我現在終身學習的部分是我認爲我應該要負責的。

(二) 觀察力要建立在終身學習上

問：你怎麼努力讓自己一直往前進？

答：這就是終身學習。我是終身學習非常勤奮的人。我邊吃邊閱讀。現在有太太，吃晚餐還看書不太好。我早餐時看報。中餐看枯燥的東西，像美國思科、微軟的年報、資產負債表，這能增加我對產業的知識。此外，還要跟有學問、見地的人談話，例如：梭羅、波特。

問：除了終身學習，你的觀察力好像很透澈？

答：觀察力要建立在終身學習的基礎上。

案例 4

日本富士全錄公司提供高齡員工新工作機會與學習機會

日本戰後的「團塊世代」（指戰後嬰兒潮）進入 50 歲的現在，尋找新的工作方式和新的生活方式，是日本社會全體的重要課題。

富士全錄的員工中，超過 50 歲的，占 1/4。高齡化問題嚴重，他們多半離開生產線，因爲新的人事制度，年收銳減，指望退休後安享晚年的年金，又因爲年金制度的破產而不再可靠。

2019 年 10 月，富士全錄設立「新工作開發中心」，爲 50 歲以上的員工尋找發揮能力的第二春。其中之一是「文書學院」，將企業龐大的資料電子化處理，並加以保管，這些服務從環保的角度來看，將有潛在的市場需求，如果員工經過培訓取得「資料專家」的資格，將能獨立創業，從富士全錄接到生意。

此外該公司還準備支援員工「往外發展」，例如：想取得完全不同領域的資格，甚至許可兼差。

案例 5

統一超商不成文的規定——每個員工每天要讀書半小時

統一超商（7-11）裡頭有個不成文的規定，每個員工每天要讀書半小時。爲什麼要讀書呢？「idea（點子）不可能憑空想像，吸收情報就是吸收別人的智慧，對照自己的工作經驗，就能產生創意。」總是強調自己不聰明、因此要多向別人學的統一超商前總經理徐重仁說。

7-11 的員工學歷特別高於一般企業嗎？或者：有許多天才嗎？答案是否定，但徐重仁強調組織內的創新文化，營造異質思維的企業文化，重視員工的閱讀。因而強調，每人每天讀半小時的書。

這幾年 7-11 藉著不斷掌握時代趨勢，開發新產品，成爲零售業的霸主。他們不斷突破思維，創造出 40 元便當、懷舊商品等風潮，更有過創造出 720 億的營業額的佳績，躍居《商業周刊》「五百大服務業排行」第四名。

案例 6

國泰人壽貫徹學習進化論，教育訓練電視臺更是創舉

(一) 每年花費八億元在教育訓練上

從國壽每年砸下在教育訓練的資金，就可以知道國壽爲了培養全方位的人才，貫徹執行「投資於人」這樣的理念不遺餘力。2000 年，教育訓練經費是 5 億 8,500 萬元，2001 年增加到 7 億 2,300 萬元，2002 年再提升到 8 億 1,400 萬元。

(二) 學習進化論的指導方針

國壽董事長蔡宏圖提出的「學習進化論」時，就是該公司教育訓練的指導方針。

什麼是「學習進化論」？對個人而言，是一種終身學習的概念，活到老學到老的生活態度。對企業而言，必須提供有系統、有目的、有組織的教育環境，針對員工的職涯發展，提供多元化的學習管理，並推動終身學習護照。

爲了達成學習進化論的目的，國泰人壽規定每位員工至少一年一訓，強制員工定期學習。

(三) 教育訓練執行的三種工具：面授、衛星電視及網路教學三者並進

有了教育訓練的理念，接下來就是軟、硬體的支援。這些措施，可以用三個英文字母「CSN」來含括。

1. 所謂的「C」（classroom，教室）也就是面授學習。國壽的教室遍布全臺，包括全臺 487 個單位據點，負責教市場戰術、單位經營與實務演練。其次是全臺十大教育訓練處基礎課程，主要培養一個從未接觸保險的新人，到取得各項專業證照，具備銷售與管理實務的保險尖

兵。最後是淡水、新竹與高雄三大教育訓練中心，提供高階精進的專業選修課程。

2.「S」（satellite，衛星），所指的是國壽所建立的全臺唯一內部電視台。在全臺 230 棟大樓、465 個據點架設接收點，每天透過衛星傳送即時資訊，包括公司訊息、保險資訊、業務行銷、財經知識、法律常識、身心保健等多元化的內容。就連澎湖、金門、馬祖的業務單位同樣可以接收國壽的電視教育頻道。

3.「N」（net，網路），則是指沒有國界、沒有時間限制的網路教學。國壽架設線上學習系統，將傳統教室演講、平面與視訊課程等，登載在網路上，提供高階主管工作訓勉、視訊教育複習，以及壽險、財金、管理、資訊等相關知識。此外，國壽也設計資料檢索功能，與專業認證線上互動測驗。員工如果有需要，可以隨時、隨地、隨選的線上學習。

(四) 國泰人壽教育訓練電視臺獨一無二

國泰人壽教育訓練部經理吳重義表示，國泰新聞主要是製作給全臺外勤業務單位觀看，傳達公司的訊息並進行教育訓練，觀眾人數共 26,000 人，收視率高達 99%。

國內企業建造電視臺的風氣未開，國壽可說首開先鋒。為了打造國泰電視臺，該公司特地前往日本，向日本生命取經。現在衛星通訊設備，共架設 230 棟大樓，430 個點。

以前教育訓練的做法，是由資深業務員進行訓練，成為種子教官，再讓種子教官到全臺灣各地教導業務主管，由業務主管再教導第一線的業務員。

現在，各業務單位每天早上的固定時間打開國泰人壽專屬電視頻道，不論你在臺灣任何一個單位，都可同步接收國泰新聞及有關的金融保險知識。這些成就不僅傲視同業，在國內企業也是難得一見的創舉。

案例 7

花旗銀行新人訓練震撼教育

外商銀行的職前訓練，是出了名的嚴格，花旗銀行更針對前線（sales，業務）與後援（service，服務）兩個部門，設計整套的訓練課程，讓新進員工可以感受到這股「震撼教育」。

(一) 花旗分行新進人員訓練

業務部門的訓練項目，包括：新生訓練、公司法規、服務概念、業務課程、專業產品知識等；而服務部分，則有新生訓練、公司法規、話術（講話技巧）、產品瞭解、跟聽（side by side）等；其中新生訓練與公司法規兩項，則是業務與服務部門均得加強的部分。

(二) 花旗信用卡部門新進人員訓練——260 小時新生課程

仔細探究這 260 個小時，其中就包括 119 個小時的專業訓練、23 個小時測驗、9.5 個小時溝通技巧、7.5 個小時角色扮演、66.5 個小時的跟聽、15 個小時實務操作、4.5 個小時自我時間、10 個小時分享時間，以及 5 個小時可拿來自我運用。

案例 8

統一集團重視教育訓練與延續企業競爭力

(一) 統一每年一次為中高階主管，舉辦一次經營管理研習營

統一企業集團經營管理研習營，共有 49 位經理、協理、關係企業總經理參加研習，除安排「產、銷、人、發、財、企」六大企業經營之基礎課程外，並依「迎未來」、「知統御」、「行法度」三大主軸設計課程，共安排 72 小時 25 堂課，而這些只是所有教育訓練的一小部分，也充分展露出統一重視員工教育的決心。

(二) 區分短、中、長期三種規劃方向

依據統一的內部規劃，教育訓練可分為短、中、長期三種。其中短期是配合公司現行發展需要，提升工作效率，完成公司經營目標。中期則針對公司未來發展或經營所需，儲訓未來適用人才，以備適時調任。至於長期規劃方面，則重在知識、技能及態度上，班組長級人員均具專科以上水準、課長級人員均具大學以上水準、經理級人員具碩士以上水準。

案例 9

統一超商徐重仁前總經理——不斷革新，自我超越

國內卓越知名的零售業龍頭公司——統一超商公司徐重仁前總經理，在其一篇〈不斷革新，自我超越〉的專文中，明確指出企業變革與創新的重要性，下面摘述其重點如下：

2003 年 10 月 21 日到 22 日，我前往日本參加由日本經濟新聞社主辦的「2003 年世界經營者大會」，聆聽許多成功企業 CEO 的演講，收穫很多，也發現要成爲一流的企業，專注核心事業的經營相當重要。如何在核心事業深耕、升級，應是統一流通次集團各公司的重要目標，這也是我們在未來五年達到全球化願景的先決條件。

這個會議邀請到的主講者，包括 GE 總裁伊梅爾特（Jeffery R.Immelt），以及瑞士日內瓦 IMD、日本松下電器、豐田汽車、武田藥品、朝日啤酒、東芝、Canon 等知名企業的社長或 CEO。

這些企業在不同的產業領域都是佼佼者，經營者提出的論點幾乎都不脫企業變革與創新。顯然，即使是全球一流的企業，也必須不斷變革、自我超越。

例如：豐田汽車社長張富士夫說：「企業的大變革，最重要得選對時間點。但從每日工作的方法中，就可以進行許多小的改善，累積出小的變化與動力，這樣的變革對企業反而更重要。」

他也提出「單純的長期穩定僱用制度，並不是企業競爭力的泉源，經營者必須努力促進第一線基層人員發揮創意，才能提升企業的競爭力。」

這也就是我平日常鼓勵同仁的「用心就有用力之處」，以及多年來推動執行的提案制度，希望每位員工能儘量主動發現問題，提案解決，共同參與企業的經營。

案例 10

TOYOTA 和泰汽車——學習型組織觀念，已融入企業文化與價值觀中

和泰汽車公司負責人力資源與教育訓練副總經理黃正義先生，在接受《經濟日報》記者專訪時，談到如何把彼得．聖吉的《第五項修練》一書中

的觀念，落實到和泰汽車公司中。

(一) 由上而下，高階主管帶頭學習，建構出學習型組織

《第五項修練》的觀念，更被和泰汽車落實在經營面上。五年前，因應競爭激烈的經營環境，我們訂出將和泰汽車推向「最值得信賴的汽車標竿集團」願景，研訂構造改革、組織再造計畫。

要求員工學習，主管須先帶頭做起，才有由上而下的效果。和泰汽車在進行構造改革前，所有經理級以上主管先組成「實踐班」，每週六花一整天的時間，進行讀書會、個案研究與邀請外界專家演講，持續 13 個月之久，先凝聚主管改革的意識，建構出學習型管理者，再推動全企業成爲學習型組織。

和泰汽車一直在推動學習型組織概念，提供員工各項學習、進修的課程與機會。例如：每天上班前與下班後，提供員工免費學習英語的視聽教學課程，推動全英語運動，並定期邀請成功人士來公司進行菁英講座，分享經驗，設法建立企業學習風氣。

(二) 學習成長，納入升遷考核

和泰汽車主管的升遷考核，還訂出 AC（Assessment Center）評鑑制度，瞭解他過去幾年來有多少成長與過去有何不同，做爲能否勝任高階職務的依據。

(三) 不斷學習自我超越，才能保持市場第一名

如今，學習型組織觀念已融入和泰汽車的企業文化、價值觀中，現在各部門都有主動學習、成長的動力，會提出參觀成功企業的要求，瞭解自己的不足，個人與組織才能不斷學習、不斷超越自我。

企業再造有「3C」很重要，分別是 Competition（競爭）、Consumer（顧客）與 Change（改變）。一個企業一定不斷會有來自競爭者的挑戰、消費者的挑剔，必須透過不斷的改變、創新，才能生存。

以《第五項修練》爲基礎的和泰汽車企業構造改革，經過五年的修練，成果獲得肯定，不但讓和泰汽車保持獲利穩定成長，並不斷提升產品競爭力，銷售成績更連續兩年成爲市場冠軍，並成爲國內第一家奪下國家品質獎的汽車銷售業者。

案例 11

臺灣 IBM 的知識管理

(一) 知識管理

先把知識留下來，是 IBM 避免「記憶喪失」的第一步。舉凡公司內部電話會議紀錄，員工自行開發的小程式、與客戶交談的內容到全球科技發展趨勢等，都必須一一進入公司的智本資料庫。

(二) 知識保存

完整的知識保存標準化作業，則是 IBM「防忘」的第二步。例如：員工與客戶接觸後，必須將所得的資訊塡入既定的格式裡，根本無法藏私；聘請哈佛、MIT（麻省理工學院）等教授擔任智本資料庫的社群顧問，負責知識的「品管」，決定哪些知識要保存或剔除及如何歸類。

目前全球 IBM 透過網路架起智本管理產生新的專案，將來再存回倉庫，貢獻給其他人使用。

然而，當 160 多國的智本資料庫相連，有時尋找特定知識還是跟大海撈針一樣困難。

(三) 知識入口網站

IBM 透過建置「知識入口站」（Knowledge Portal），讓員工可以搜尋企業內部所有的知識、專家和案例：並透過「知識咖啡站」（Knowledge Café）裡不同主題的社群，讓成員可以討論、擷取所需的經驗和智慧。

目前 IBM 員工都擁有自己的知識入口站，可以自行設定連結與工作相關的資料庫，任何資料庫只要被打開過，網頁上顯示的名稱（icon）就會變紅色，一旦更新，就會轉成藍色，因此最近又增添了哪些新知識，都可以一目了然。

(四) 與人資制度緊密結合

共享知識固然是件好事，但站在人性觀點，要讓企業內部的專家好手，願意將獨家的知識分享出來，還是需要一套機制。

與人力資源管理制度結合，做爲考績、升遷的重要參考指標之一，提供足夠的誘因（incentive），才能眞正鼓勵知識的分享。

身爲知識工作者，所有 IBM 員工報到的第一天，都必須簽署一份切結書，同意將在職期間產生的任何智慧資產歸屬公司所有。

在IBM負責專案的結案報告，是否及時進入智識庫系統，將影響個人年度考績：決定升遷與否所需參考的認證（certification）資格，一樣要有報告做爲依據，主管會進入系統，一一核對過去的專案報告等紀錄，才能決定是否給予認證或升等。

(五) 接班人制度

此外，接班人制度的培養與建立，也可以降低公司知識集中於少數人身上的風險。

在IBM年資超過18年，林獻仁歷任人資、工程師、業務、行銷、市場開發等不同領域。他表示，每年IBM固定會有兩次組織變動，即所謂「一月一大變，七月一小變」，不論升遷或人事異動，都會考量是否有人可以接手，因此平日就要做接班人的培養，因爲這關係自己的未來發展。

自我評量

1. 試說明組織學習的方式及促使因素爲何？
2. 試述組織學習的五大要件爲何？
3. 試說明如何使企業成爲一個學習型的組織？
4. 學習型組織有哪四種型態？
5. 試說明組織問題解決與學習的五個流程步驟爲何？
6. 何謂「教導型組織」？
7. 試說明奇異（GE）公司成爲全球最大教導型組織的做法爲何？
8. 試述聯強國際公司在成爲教導型組織的一些做法？
9. 試闡述統一集團高清愿創辦人的學習觀爲何？
10. 試闡述台積電張忠謀董事長的終身學習觀爲何？
11. 試闡述和泰汽車公司的學習型組織做法爲何？

Chapter 11

員工懲戒與員工申訴

第 1 節　懲戒與申訴

一、懲戒

(一) 進行員工懲戒時，應考量之因素

進行懲戒時，應有下列因素須加考慮：

1. 由誰來執行懲戒

執行的意思，包括由誰來調查、提報，與發布，這須視不同的組織結構而有所不同。通常較常見的是由各單位主管針對部屬所犯的疏失或舞弊呈報最高主管裁定懲戒。但有些企業則由人事管理部門或者是稽核部門負責調查、提報與發布的職掌。目前的趨勢有向後者發展的趨勢，主要是因爲各主管自己常會掩飾或推拖部屬的錯誤。

2. 要建立合理的懲戒制度與規範

所謂「不教而殺謂之虐」，懲戒員工必須先建立合理與完整的懲戒制度及規範。此係讓員工知道不應該犯何種錯誤，如果犯了，在哪些狀況下，應該會受到何種懲處。如此有了標準及規範，員工若知錯而犯錯，則必須受到懲戒，才能建立組織紀律。

3. 要有明確客觀的證據

負責執行懲戒單位的人員，在任何斷定應予懲戒之前，應該蒐集廣泛資料，進行實地瞭解，並與當事人面談，如此三方面的調查後，才可能有明確與客觀的懲戒證據，不可欲加之罪何患無詞，此種態度之建立是相當重要的。

4. 係爲革新而懲戒，不爲懲戒而懲戒

懲戒並非目的，而是手段，所以組織的懲戒，必須有下列認知：

(1) 無心之犯過，可酌予減輕懲戒，期使當事人不會自尊心喪失，維持其尊嚴與面子。

(2) 希望懲戒能改正工作，而非懲戒人就算了事；否則仍會有不斷的懲戒。

(3) 最終的目標，是組織不須再動用懲戒這種最下策的手段。

(二) 懲戒的方法

依輕重而排列，懲戒的方法，包括：

1. 口頭申誡。2. 書面申誡。3. 褫奪權力。4. 罰款。5. 記過（小過大過）。6. 調職（平行調動）。7. 降職（職稱頭銜降低）。8. 解僱、遣散。

(三) 懲戒的原則

依據很多研究，對懲戒曾得到下列幾項原則：

1. 懲戒應採公開或不公開方式

凡部屬明顯而重大之疏失、舞弊或暴力等均採公開爲之，以爲大家之警惕；但對於部屬無心之過或微小過失，應採不公開之口頭申誡處置即可。

2. 懲戒應具建設性

懲戒本身無建設性，應將重點擺在如何防犯以後再產生此類錯誤，才是懲戒的目的。

3. 懲戒行動應該快速

部屬在發生過失之後，應立即調查清楚，並施予適當懲戒，應避免間隔過大，導致事實調查難以進行，並失去警惕的示範時效性：此外，可展示公司紀律嚴明之一貫立場。

4. 懲戒應公平一致

對於不同部門的員工，只要犯下同樣及同程度的過失，其所採行之懲戒的結果，應該公平一致，不可有所差別。

5. 絕不在部屬面前懲戒主管

如此將損及主管的領導威望，並嚴重傷及自尊，而在員工的心理也造成不良的陰影，對組織的氣候是負面結果。

6. 懲戒後仍應照往常狀況對待部屬

經懲戒之員工，組織全體仍應按往常狀況平常心對待該部屬，避免歧視或冷落，免於該部屬走上極端，踏上不歸路，這一原則是相當重要的，全體員工應該鼓勵與安慰他，使他走上正途，避免再犯錯。

二、申訴

(一) 申訴制度之效益

很多組織或企業，都逐步地建立員工的申訴制度，最主要是因爲該制度，對企業主及員工兩方面均有其正面之效益，分述如下：

1. 將問題顯露，並尋求解決方法

組織有很多的問題通常都潛藏著或者已發生但被掩飾，所以員工申訴制度有利於將問題顯露出來，而供上級主管做一個參考、瞭解、分析，進而尋求對策的解決，此對公司有很大的助益。

2. 有助於防微杜漸

根據前面的原則，可以使公司提早知道，提早解決，具有防微杜漸之作用，避免問題愈拖愈大，最後不可收拾。

3. 可使員工不滿情緒得到發洩

員工在組織中所受到不合理或不平的對待，壓抑和挫敗，可透過申訴管道，使員工心中的怨恨與不滿，稍加發洩並尋求補救的機會。

4. 可防止主管權力之專橫與腐敗

諺語有道：「絕對的權力，帶來絕對的腐敗。」，所以透過申訴制度與管道，可避免各級主管濫用權力，營私舞弊，處事不公：進而使主管能在監督的感受下，正正當當的領導部屬。

(二) 處理申訴注意事項

高階人員在處理申訴時，應注意下列事項：

1. 確知問題的本質

高階管理人員在處理申訴時，應該仔細傾聽部屬的心聲，並且試圖確知問題的本質，以期在裁決時能得到公正的解決方法。並可避免一犯再犯的出現。

2. 尋求事實眞相

申訴是否就是眞相，必須進一步求證才可以。所以，應該透過書面資料蒐

集、面談、會議、現場查訪、觀察等方式，尋找事實眞相，然後再處理申訴。

3. 分析與決定

在各種方式尋得相關資料後，高階主管應召集幕僚人員、稽核人員、直線主管等三方面人員共同會商，進行分析及討論；然後對員工之申訴，做出決定。

4. 回答（回覆）

高階管理應該將申訴之查訪與決定之結果，答覆給員工，不管此答覆對員工是支持或否定，都應將結果告訴申訴員工，並且告訴此決定的支持理由及原因爲何，才可望使申訴員工得到心服口服。切不可石沈大海，有去無回，而讓員工對此制度喪失其信心與信任，如此，公司的高階層人員就聽不到眞實的聲音，此將大不利組織之整體發展。

5. 追查結果

申訴給予答覆之後，並不表示問題就完全獲得解決。仍有兩件事待做：

(1) 申訴即使是正確的，但問題是否眞的獲得解決了嗎？

(2) 有時高階的申訴答覆未必都是絕對正確無誤，仍有可能是錯誤決定，故必須一段時間之後，再予查核新的事實狀況，然後再做對策。

第 2 節　實例：某公司員工獎懲之管理規章

一、獎勵種類

本公司對員工服務優良之獎勵，分爲嘉獎、記功、記大功、頒發獎金四種。頒發獎金與各項獎勵可視情況分立或並行。

二、記大功獎勵

員工如有下列情形之一者，得予以記大功。

(一) 有特殊貢獻因而使公司獲重大利益者。

(二) 對主辦事務有重大革新，並提出具體方案，經採行確有成效者。

(三) 適時消弭意外事件或重大變故，使公司免遭嚴重損失者。

(四) 對於重大舞弊或有危害公司重大權益情事，能事先舉發防止者。

(五) 其他對公司營運有卓著貢獻行爲，足爲全體員工表率者。

三、記功獎勵

員工如有下列情形之一者，得予以記功。

(一) 對於主辦業務有重大推展或改革具有績效者。

(二) 改善事務處理流程，降低公司營運成本，且有卓著績效者。

(三) 預防或處理公司重大事故，使公司能免於或減輕損失者。

(四) 愛惜公物、撙節物料、改良產品、提高生產頗具貢獻者。

(五) 領導有方，使業務發展有相當收穫者。

(六) 其他對公司營運有卓著貢獻行爲，應予獎勵者。

四、嘉獎獎勵

員工如有下列情形之一者，得予以嘉獎。

(一) 工作勤奮，負責盡職，熱心服務，能適時完成重大或困難任務者。

(二) 急公好義，熱心協助同事解決困難者。

(三) 維護團體榮譽或公眾有利益之行爲，有具體事實者。

(四) 操守廉潔，品行端正，足資表揚者。

(五) 提高工作效率，增加生產，足資楷模者。

(六) 其他功績與事蹟足以激勵員工者。

五、懲罰種類

本公司對員工之懲處，按情節輕重分爲解僱（免職）、記大過、記過及申誡四種。

六、解僱（免職）處分

員工如有下列情形之一者，應予解僱（免職）處分。

(一) 違反公司規定得不經預告終止勞動契約者。

(二) 經累計記大過三次之處分者。

(三) 情節重大經一次記大過二次之處分者。

(四) 其他依公司規章應予解僱（免職）者。

七、記大過處分

員工如有下列情形之一者，應予以記大過處分。

(一) 直屬主管對所屬人員明知舞弊有據，而予以隱瞞庇護或不為舉發者。

(二) 浪費公司財物或辦事疏忽，致公司受損者。

(三) 違抗合理命令，或有威脅侮辱主管之行為，情節較輕者。

(四) 洩漏公司機密或虛報事實，致公司受損者。

(五) 品行不端，有損公司信譽、影響公司正常秩序者。

(六) 在工作場所男女嬉戲，有妨害風化行為者。

(七) 工作時擅往他處睡覺或遊蕩者。

(八) 故意撕毀本公司通告文件或遺失經管重要文件物品者。

(九) 工作時間內無故遠離工作崗位而致貽誤作業發生損害者。

(十) 虛報業績、產量或偽造不實工作記錄者。

(十一) 對待客戶及來賓出言不遜，行為無禮，經反應及查證屬實者。

(十二) 工作不力，未盡職責或積壓文件，延誤工作時效者。

(十三) 遺失重要文件、機具等，致使公司蒙受重大損失者。

(十四) 在公司或在工作時間內製造私人物件者。

(十五) 其他未盡職守或違反公司規定情節重大者。

八、記過處分

員工如有下列情形之一者，應予以記過處分。

(一) 主管未適時調配工作或督導欠周，造成公司損失者。

(二) 對上級指示之工作，未申報正當理由而未能如期完成或處理不當而造成公司輕微損失者。

(三) 疏忽過失致公物損壞者。

(四) 未經准許或未按規定登記，擅自帶外人進入工作場所參觀者。

(五) 在工作場所酗酒滋事，影響秩序，情節輕微者。

(六) 對同仁惡意攻訐、誣告、偽證、製造事端者。

(七) 為不實之請假、擅改出勤記錄或擅自將上班卡攜離打卡處者。

(八) 在業務實行中，妨礙其他人員進行工作者。

(九) 投機取巧，隱瞞矇蔽，謀取非分利益者。

(十) 屢次違反公司規定或行為不檢，經告誡仍不改正者。

(十一) 其他未盡職守或違反公司規定情節較重者。

九、申誡處分

員工如有下列情形之一者，應予以申誡處分。

(一) 遇有非常事變，故意規避者。

(二) 在工作場所內喧嘩或口角，不服糾正者。

(三) 辦事顢頇，於工作時間內偷閒怠眠者。

(四) 辦公時間內，未經許可私自外出者。

(五) 浪費或破壞公物情節輕微者。

(六) 工作疏忽致影響公司聲譽，情節輕微者。

(七) 其他輕忽職守或違反公司規定情節輕微者。

十、獎懲處置與考核

(一) 員工之懲處，申誡三次等於記過乙次，記過三次等於記大過乙次。

(二) 員工之獎勵，嘉獎三次等於記功乙次，記功三次等於記大功乙次。

(三) 記大過乙次，列入年度考核，延後六個月調薪。

(四) 記大過二次，列入年度考核，延後一年調薪，兩年不得升等。

(五) 記大功二次以上，列入考核，並給予升等之獎勵。

十一、功過相抵

本章所稱嘉獎、申誡；記功、記過；記大功、記大過，得相互抵銷。功過均於該年度結束時，考核獎懲完畢。

十二、獎懲申請與發布

員工獎懲由部門主管或單位主管提出，經總經理核准，由人事部門統一發布。

自我評量

1. 試說明進行員工懲戒時，應考量哪些因素？
2. 試述對員工懲戒之方法有哪些？應秉持之原則又爲何？
3. 試說明申訴制度，有哪些效益？
4. 在進行申訴時，應注意哪些事項？

薪酬、福利與激勵

Chapter 12

激勵（Motivation）理論

第 1 節　激勵（Motivation）理論

一、激勵理論

(一) 人類需求理論（Hierarchy of Needs）

美國心理學家馬斯洛（Maslow）認為人類具有五個基本需求，從最低層次到最高層次之需求，大致有：

1. **生理需求**（physiological needs）

在馬斯洛的需求層次中，最低水準是生理需求；例如：食物、飲水、蔽身和休息的需求。例如：人餓了就想吃飯，累了就想休息一下，甚至包括性生理需求。

2. **安全需求**（safety needs）

防止危險與被剝奪的需求就是安全需求，例如：生命安全、財產安全、以及就業安全等安全需求。

3. **社會需求**（social needs）

一旦人們的生理與安全需求得到滿足後，這些需求再也不能激勵行為了。此時，社會需求就成為行為積極的激勵因子，這是一種親情、給予與接受關懷友誼的需求。例如：人們需要家庭親情、男女愛情，朋友友誼之情等。

4. **自尊的需求**（esteem needs）

此種需求是有關個人的自尊，亦即對自信、自立、成就、信心、知識、地位、尊敬與鑑賞的需求。包括個人有基本的高學歷，在公司的高職位、社會的高地位等自尊需求。

5. **自我實現需求**（self-actualization needs）

最終極的自我實現需求開始支配一個人的行為，每個人都希望成為自己能力所能達成的人。例如：成為創業成功企業家。

小　結

綜合來看，生理與安全需求屬於較低層次需求，而社會需求、自尊與自我實現需求，則屬於較高層次的需求。一般來說，一般基層員工或一般社會大眾，都只能滿足到生理、安全及社會需求。而社會上較頂尖的中高層人物，包括政治人物、企業家、名醫生、名律師、個人創業家或專業經理人等，才易有自我實現機會。

批　評

馬斯洛的人類需求理論，爲人所批評的一點，是其不能解釋個別（人）的差異化，因爲不同的人會有不同的層次需求。不過，此批評並不妨礙它成爲一個重要的基礎理論。

(二) 雙因子理論或保健理論（motivator-hygiene theory）

此理論是赫茲伯格（Herzberg）所研究出來的，他認爲「保健因素」（例如：較好的工作環境、薪資、督導等）缺少了，則員工會感到不滿意。但是，一旦這類因素已獲相當之滿足，則一再增加工作的這些保健因素，並不能激勵員工；這些因素僅能防止員工的不滿。另一方面，他認爲「激勵因素」（例如：成就、被賞識、被尊重等），卻將使員工在基本滿足後，得到更多與更高層次的滿足。例如：對副總理級以上高階主管，薪水的增加，對他們來說，感受已不大，例如：從每個月 15 萬薪水，增加一成，爲 16.5 萬元，並不重要。重要的是他們是否做得有成就感，是否被董事長尊重及賞識，而不是像做牛做馬一樣壓榨。另外，他們是否有更上一層樓的機會，還是就此做到退休。

(三) 成就需求理論（need achievement theory）

心理學家愛金生（Atkinson）認爲成就需求是個人的特色。高成就需求的人，受到極大激勵來努力達到成就工作或目標的滿足，同時這些人喜歡聽到別人對他們工作績效的明確反應與讚賞。

此理論之發現爲：

1. 人類有不同程度的自我成就激勵動力因素。
2. 一個人可經由訓練獲致成就激勵。
3. 成就激勵與工作績效有直接關係，即愈有成就動機之員工，其成長績效就愈顯著、愈好。

(四) 公平理論（equity theory）

激勵的公平理論認爲每一個人受到強烈的激勵，使他們的投入或貢獻與他們的報酬之間，維持一個平衡；亦即投入（input）與結果（outcome）之間應有一合理的比率，而不會有認知失調的失望。亦即，愈努力工作者，以及對公司愈有貢獻的員工，其所得到之考績、調薪、年終獎金、紅利分配、升官等，就愈爲肯定及更多。因此，這些員工在公平機制激勵下，就更拼，以獲取拼後的代價與收穫。例如：中國信託金控公司在 2002 年度因爲盈餘達 150 億元，因此，員工的年終獎金，即依個人考績獲得 4 到 10 個月薪資而有不同激勵。

(五) 行為調整（修正）

1. 意義

行爲調整（behavior modification）乃是藉獎賞或懲罰以改變或調整行爲。

行爲調整基於二個原則：

(1) 導致正面結果（獎賞）的行爲有重複傾向；而倒是反面結果則有不重複之傾向。

(2) 因此，藉由適當安排的獎賞，可以改變一個人的動機和行爲。例如：對業績或研發成果有功的人，馬上給予定額獎金發放以鼓勵。相反的若有舞弊貪瀆之員工，立即予以開除。

2. 增強類型

(1) 正面增強（positive reinforcement）。

(2) 負面增強（negative reinforcement）。

(3) 懲罰（punishment）。

3. 增強的時程安排

(1) 固定間隔時程，即固定一個時間獎懲。

(2) 變動間隔時程，不固定一個時間獎懲。

(3) 固定比率時程，即固定一種頻率或次數辦理。

(4) 變動比率時程，即不固定一種頻率或次數辦理。

(六) 期望理論（expectancy theory）

激勵的期望理論認為人受到激勵努力工作是基於對成功的期望。

汝門（Vroom）對期望理論提出三個概念：

1. 預期：表示某種特定結果對人的是有報酬回饋價值或重要性的，因此員工會重視。
2. 方法：認為自己的工作績效與得到激勵之因果關係的認知。
3. 期望：是努力和工作績效之間的認知關係，亦即，我努力工作，必將會有好的績效出現。

綜言之，汝門將激勵程序歸納為三個步驟：

1. 人們認為諸如晉升、加薪、股票紅利分配等激勵對自己是否重要？Yes。
2. 人們認為高的工作績效是否能導致晉升等激勵？Yes。
3. 人們是否認為努力工作就會有高的工作績效？Yes。
4. 關係圖示

   努力→高的工作績效→導致晉升、加薪→對自己很重要

   (一) 期望　(二) 方法　(三) 預期
5. MF = E×V（MF = 動機作用力；E = 期望機率；V = 價值）

   （MF = Motivation force）
6. 案例：國內優良的高科技公司因獲利佳、股價高，並且在股票紅利分配制度下，每個人每年都可以分到數十萬、數百萬、高階主管甚至上千萬元的股票紅利分配的誘因。因此，更加促動這些優良高科技公司的全體員工努力以赴。

二、激勵理論之涵義（或原則）

綜合以上六項激勵理論，我們可概說其涵義如下：

(一) 報酬全視工作績效而定（即獎賞應與績效結合）。

(二) 結果與報償必須公平。

(三) 人應該具有完成工作的能力或受到激勵去工作。

(四) 應區分較低層次的需求與較高層次的需求之重要性，並且分開運用。因為低層與高層人的人生需求是不同的。

三、波特與勞勒（Porter & Lawler）

兩位學者，綜合各家理論，形成較完整之動機作用模式。

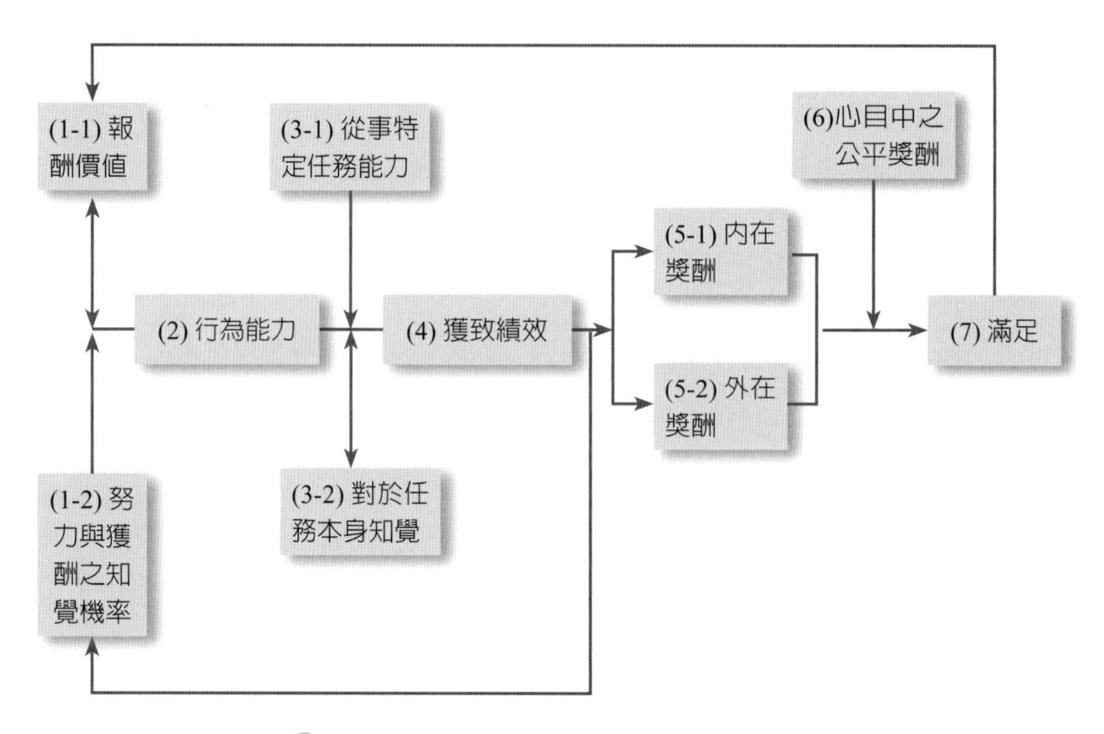

圖 12-1　波特與勞勒動機作用模式

依上圖來看：可知：

(一) 員工自行努力乃因他所感到努力所獲獎金報酬的價值很高，以及能夠達成之可能性機率。

(二) 除個人努力外，還可能因爲工作技能與對工作瞭解此二因素所影響。

(三) 員工有績效後，可能會得到內在報酬（如成就感）及外在報酬（如加薪、獎金、晉升）。

(四) 這些報酬是否讓員工滿足，則要看心目中公平報酬的標準爲何，另外，員工也會與外界公司比較，如果感到比較好，就會達到滿足了。

四、麥克里蘭的需求理論（McClelland's Need Theory）

學者麥克里蘭的需求理論係放在較高層次需求（higher-level needs），他認爲一般人都會有三種需求：

(一) 權力需求（power）

權力就是意圖影響他人，有了權力就可以依自己喜愛的方式去做大部分的事情，並且也有較豐富的經濟收入。例如：總統的權力及薪資就比副總統高。

(二) 成就需求（achievement）

成就可以展現個人努力的成果並贏得他人之尊敬與掌聲。例如：喜歡唸書的人，一定要取得博士學位，才會感到有人生成就感，而在工廠的作業員，也希望有一天成爲領班主管。

(三) 情感需求（affiliation）

每個人都需要友誼、親情與愛情，建立與多數人的良好關係，因爲人不能離群而孤居。

麥克里蘭的三大需求與馬斯洛的五大需求論有些近似，不過前者是屬於較高層次的需求，至少是馬斯洛的第三層以上需求。

五、比較

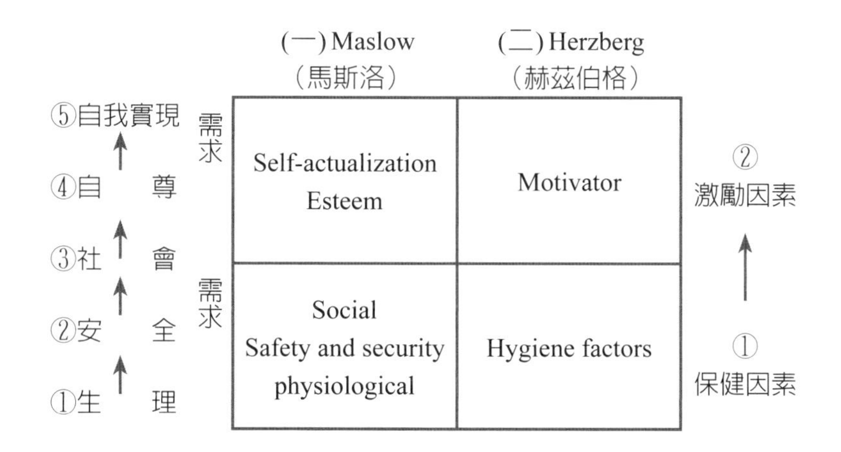

圖 12-2　馬斯洛 vs. 赫茲伯格比較

六、阿爾德弗ERG激勵理論

(一) 根據 Maslow 之需求層次，Alderfer 將其歸類三種層次

1. 生存需求：相當於 Maslow 之生理與安全需求。

2. 關係需求：相當於 Maslow 之社交與尊重需求。
3. 成長需求：相當於 Maslow 之尊重即自我實現之需求。

七、激勵理論之綜合（內容、過程、強化角度）

茲將有關激勵理論，再彙整如下三種不同角度看法之歸類：

(一) 內容理論（content theory）

著重對存在「個人內在需求」因素之探討，主要有：

1. 馬斯洛（Maslow）之需求層級論。
2. 赫茲伯格（Herzberg）之雙因子理論。
3. 阿爾德弗（Alderfer）之 ERG 理論。
4. 麥克里蘭（McClelland）之成就論。
5. 艾吉利斯（Algyris）之成就論。

(二) 過程理論（process theory）

旨在說明個體或員工行爲如何被激發導引過程，主要有：

1. Adams Smith 之公平理論（equity theory）。
2. Vroom 之期望理論（expectancy theory）。
3. Locke 之目標理論（goal-setting theory）。

(三) 強化理論（reinforcement theory）

說明採取適當管理措施，可利於行爲發生或終止行爲。以行爲修正加以說明：行爲修正乃是藉獎賞或懲罰以改變或修正行爲。行爲修正基於二條原則：

1. 導致正面結果的行爲有重複之傾向，而導致反面結果的則有不重複之傾向。
2. 藉由適當安排的獎賞，可以改變一個人的動機和行爲。

八、行為強化理論基本前提（因素）

強化理論（reinforcement）基本上是學習理論與司肯諾（B.F.Skinner）理論的延伸。它是由兩位傑出的心理學家巴卜洛夫與桑戴克對行爲的實驗分析發展出來的。這個理論建立在三種根本的因素上：

(一) 強化理論認爲個體或個人在基本上是被動、消極的，同時也只考慮作用於個體身上的力量（forces）與此力量所產生結果之兩者關係而已，否認了個體是積極、主動引發行爲的假設。例如：公司必須訂有懲罰守則及管理辦法。

(二) 強化理論也否認「個體行爲是導自於個體的需求（need）、目標（goals）」的解釋。因爲強化理論學者，認爲有關需求等方面是不可觀測，且難以衡量的。他們所注意的是能觀察且能衡量到的行爲本身。

(三) 強化理論學者以爲，相當持久性的個體行爲變化來自於強化的行爲或經驗。換言之，藉著適當的強化，希望表現出來的行爲可能性可能增加，而不希望表現出行爲的可能性，亦可能減少，或者兩者可能同時發生。

例如：公司董事長經常會在高階主管會報上，不斷耳提面命詮釋，或是相關部門也會不斷舉行教育訓練的洗腦課程，以強化每個員工應有的行爲思想及模式。

強化理論學者認爲行爲是環境引起的，他們主張：你無須關心內在認知的事情，控制行爲的是強化因子（reinforcers）：任何一個事件，當反應後立即跟隨一種結果，則此行爲被重複的可能性會增加。強化理論忽略個人的內在狀況，而只集中於當一個人採取某行動時，會有什麼事情發生在他身上。由於它不關心是什麼導致行爲的發生；因此，嚴格來說，它並不是激勵理論，但它對分析何種控制行爲的分析提供了一有力說明，所以在激勵討論裡，一般都將之考慮進去。

第 2 節　實例：日本花王公司、美國 IBM

案例 1

日本花王公司對研發商品有成者，給予 500 萬日圓高額獎勵

(一) 研發健康食用油，大爲暢銷

花王公司的旗下商品「健康 EIKONA」食用油於 1980 年代後期取得專利。花王公司發放總額高達 500 萬日圓的獎金給研發有功者。特別的是，這些受獎者中不只是現役職員，還包含三名已辭職及退休的「前」職員。

花王說，今後只要對公司有一定程度的貢獻者，即使已轉到其他同業任職，花王一樣會毫不猶豫地發給應得的獎金。

事實上，「健康 EIKONA」絲毫不因售價高而影響了銷售量。最大原因是其打出的「讓脂肪不上身！」的訴求，得到消費者的支持。根據統計，「健康 EIKONA」的營業額較之去年同期，成長了 20%。現在，「健康 EIKONA」的事業版圖正逐漸從食用油開始拓展至其他食品。「健康 EIKONA 美乃滋」的銷售額遠比預估爲高，且尙在持續增加中。

除了打著「健康 EIKONA」名號的商品以外，HOUSE 系列的咖哩製品、以及提供給雪印乳業製造奶油的原料等等，都有著傲人的銷售額。單單是「EIKONA」的關聯商品預估，就可達到 230～240 億日圓。

橫掃國內之後，「EIKONA」更將目標瞄準海外。繼子公司的化妝品商品之後，花王再以「EIKONA」前進美洲！

(二) 激勵獎金有二種制度辦法

獎金的支給方式有「公司內部實施獎勵辦法」與「專利收入獎金」兩種。「專利收入獎金」是指公司將獲得專利的獎金轉發給研發人的獎勵制度。另一方面，「公司內部實施獎勵辦法」是指若是研發出的商品，能符合下列條件：

1. 在正式上市後，獲得三年以上的高銷售額的好成績。
2. 受專利權的保護。
3. 每年有 50 億日圓以上的營業額，或者達到 10 億日圓以上的利潤，則可獲頒獎金。設定的門檻相當的高，至於決定過程則是由公司內設的「智慧財產權中心」與研究部門的高層共同審查，最後再於經營會議中決定。

這回接受獎金的是在 80 年代「健康 EIKONA」的研發初期中有功的 14 人。其中包含三位離職者。離職的三人中，有兩位在大學及研究機構中任職，另一位則是家庭主婦。特別是這三位中的其中一位在「健康 EIKONA」的主要成分的開發上居功厥偉，因此津鷺部長說：「對於頒發獎金給離職者這事，我們打從一開始就沒有猶豫過！」

花王的頒發獎金制度緣起於 OLYMPUS 光學工業的訴訟事件。原任 OLYMPUS 研發職務的離職員工提起訴訟，對自己在職期間所研發的產品，要求資方付給自己相等價值的獎金，這之後，包括地板清掃用具以及「妙鼻貼」等商品的發明者共計 28 人，花王都發給獎金，每一組的總額皆高達 500 萬日圓。至於獎金則是以判決的數目爲參考值所設定。

案例 2

美國 IBM 薪資與獎勵制度的變革：依績效而敘酬

美國 IBM 卸任總裁葛斯納（Louis V. Gerstner）在 2002 年度曾親撰了一本極佳的著作，描述 IBM 自 1990 年代的慘淡危機經營到目前的回春成功的心路歷程。該書名爲：*Who Says Elephants Can't Dance: Inside IBM's Historic Turnaround*。（譯書本爲：《誰說大象不會跳舞》）。葛斯納總裁於 1994 年危機時上任，即進行薪資與獎勵制度的結構改革。

(一) 老制度非常僵化與假平等

葛斯納認爲「老」IBM 對於薪酬的看法非常僵化。第一，所有層級的薪酬主要由薪水構成。相對地，紅利、認股權或績效獎金少之又少。

第二，這套制度產生的薪酬差異很小。

1. 除了考核不理想的員工，所有的員工通常每年一律加一次薪。
2. 高階員工和比較低階的員工之間，每年的調薪金額差距很小。
3. 加薪金額落在那一年平均值的附近。比方說，如果預算增加 5%，實際的加薪金額則介於 4% 和 6% 之間。
4. 不管外界對某些技能的需求是否較高，只要屬於同一薪級，各種專業的員工（如軟體工程師、硬體工程師、業務員、財務專業人員）待遇相同。

第三，公司十分重視福利。IBM 是非常照顧員工的組織，各式各樣的員工福利皆十分優渥。退休金、醫療福利、員工專用鄉村俱樂部、終身僱用承認、優異的教育訓練機會，全是美國企業中數一數二的。基本上，這是個有如家庭、保護得無微不至的環境，重視平等和分享，甚於績效上的差異。這種舊制度在 IBM 的黃金盛世或許很好用，但在葛斯納總裁到任之間的財務危機期間卻宣告崩解。葛斯納的前任解僱了數萬人。這項行動深深震撼了 IBM 文化的靈魂。

(二) 新制度依績效敘酬，才具激勵性

葛斯納總裁到任後，在薪酬制度上做了四大變動，新制度依績效敘薪，而不是看忠誠或年資。新制度強調差異化，總薪酬視市場狀況而有差異，加薪幅度視個人的績效和市場上的給付金額而有差異。IBM 員工拿到的紅利，依組織的績效和個人的貢獻而有差異，IBM 員工根據個人的關鍵技能，以及流失人才於競爭對手的風險，授與的認股權有所差異。

表 12-1 IBM 新舊薪酬制度對照表

(一)舊制度	(二)新制度
1. 齊一 ⟶	差異
2. 固定獎勵 ⟶	調整獎勵
3. 內部標竿 ⟶	外部標竿
4. 依照薪級 ⟶	視績效良窳

第 3 節　實例：員工創新提案管理制度

一、計畫目的

企業實施員工提案制度，只要規劃完善且徹底執行，都能爲公司創造不少的利益。迪士尼爲獲取內部員工的創意，以員工提案方式鼓勵大家發想創意，爲公司增加許多有形及無形效益。其他如美國航空、福特汽車、IBM 等知名企業，其內部員工提案制度亦爲其組織創造積極、創新的文化。

本提案規劃經參酌國內外知名企業之提案制度，輔以公司內部作業規劃，主要目的有以下幾項：

(一) 節省支出、降低成本，透過員工的建議，改善公司過繁的流程，節省公司支出，同時可降低成本。

(二) 刺激員工對自己的工作多加思考，同時提案中讓員工有參與公司之決策，使員工有參與感及滿足感，增加員工對公司之向心力。

(三) 鼓勵內部創新點子發想，開發員工腦力資源，激發潛能——唯有不斷動腦的員工，才有不斷成長的企業。

(四) 透過不斷提案的發想，營造動腦的企業文化，塑造公司積極、主動、和諧、創新之組織文化。

(五) 透過流程創新之提案，發揮內部更大效率，節省公司之無形成本。

(六) 透過部門提案額的規範，使內部組織團結，達到組織學習及增進團隊合作，增加員工與主管間的雙向溝通。

(七) 發掘潛在人才加以提升，使其對公司做出更大的貢獻，取得改善產品及服務之品質和降低成本的構想。

二、執行方案

員工提案制度係由外商公司引進，目前市場上分日系與美系兩派，執行成果較佳的為日系。因此建議參照日系之提案制度進行辦法之修訂。

日系的提案制度設計傾向於促進提案產生，設法先增加件數，再要求高品質，先以鼓勵達成為目標，久而久之養成習慣使其順利執行並增加件數，再針對提案進行品質的提升。一項完整的計畫必定有相關的配套措施，包括整體的獎項分類、獎勵標準、審核流程、獎項類別、頒獎鼓勵以及宣傳造勢等，因此，僅就員工提案制度上的規劃提出具體規劃建議如下：

原規劃訂定部門目標額，以促使各部門主管鼓勵同仁提案，經上呈後裁示應以鼓勵方式營造同仁提案氣氛。因此將採從優獎勵以營造整體提案風氣。另外為加速評審作業，以使提案人有被重視感，將初審及複審改以書面評分，增加評審獎金等，均為促進提案風氣活絡。

以下將就執行方案分項說明：

(一) 提案報告撰寫

完整之提案報告計畫，具整體規劃之提案，須具備提案動機、提案目的、提案計畫、提案預期效益等四部分，如有不完整之部分將由推行單位退回補齊該部分。提案將依據修訂後之員工提案審議辦法進行提案審議與敘獎，同時列為團體獎項之計算依據，提案於初審及複審後，若為可行之提案，將安排提案執行單位與提案人一併研擬相關的執行計畫，於決審時提報可行性及執行計畫。

(二) 提案審核與績效考核

提案審核時間過久，易使員工感覺洩氣。豐田汽車顧問大野耐一提到：「提案後要 3～4 個月才能實施的話，提案人會提不起勁。為了提高提案成效，不可採取拖延方式。」因此，為縮短提案審核時間，同時增加審核之公平與公正性，擬建議提案審核方式採行如下：

1. 提案審查委員會委員之選派：提案審查委員係審查、評價予實施員工提案的最高機構，委員的選派必須慎重。委員應從各部門遴選，避免偏向某些單位；選派經驗豐富的專家，以提供高度專業的評價；設定委員任期，避免彈性疲乏；選派員工信任的委員，增加員工的支持度。

2. 爲加速初審及複審作業時間，規劃將初審及複審均改爲書面評審。同時爲鼓勵評審評分，增設評審委員評分一件提案（同時需給予評審意見），給予獎金 $ ○○○元。若超三次未評分將取消其評審資格。
3. 初審評分改採通過制，即由初審委員就每一提案評議通過或未通過，同時給予提案人評審意見（初審評分表請參閱表 12-3）。過半數委員評定爲通過，則該提案送交複審推行窗口。若經多數委員評定爲不通過，將發通知予提案人，感激其提案精神，並將多數委員之意見彙整後告知提案人。複審委員於評分外，並須加註對該提案之意見。（複審評分表請參閱表 12-4）
4. 爲求評分公正性，初審及複審將以匿名方式將提案送交評審委員評分，避免評分時考量對人的因素而失去客觀標準；同時將去除離散值後進行評分，即評分特別高分或特別低分之分數後進行平均。
5. 凡提案通過複審後，即由提案人與提案執行單位共同研擬相關執行計畫，並於決審時提報，執行單位需出席決審會議。若提案人之提案通過決審，另核發 1/2 獎金予提案執行單位協助同仁。（藉此消除被提案執行單位之排斥感）
6. 所有提案不論執行與否皆列入提案執行追蹤紀錄表，可執行之提案列入每月追蹤執行，提案執行三個月後進行效益評估，以做爲核發提案執行獎金之依據。若提案爲長遠增進效益之計畫（或新營運方式，短期無法呈現效益），以一年爲限計算其效益後核發 1～5% 之獎金。
7. 提案制度將與人事考評制度連結，凡提案人之提案均應列入人事檔案中，同時提供提案人之單位主管做爲其績效考核及調薪晉升之重要參考依據。

(三) 舉行主題提案活動

爲活絡整體提案氣氛，擬訂定當月提案主題（如客戶服務），或配合公司活動或計畫，舉行主題提案活動，以達到全員參與之目的。或舉辦部門競賽，針對主題進行部門提案，後續將進行規劃於員工內部網站（EIP）上設立員工創意專區、主題提案競賽等，藉由活動的舉行，激勵內部同仁之討論風氣。

(四) 獎勵標準

1. 參加獎

凡任何創意、構想或正式提案經部門主管審核同意並提報「員工提案」者，即給予獎金。（擬修改爲依提案之貢獻性給予不同金額之獎勵，可於動腦會議中進行投票表決）

2. 員工提案部分

(1) 提案獎金：獎勵部分依原先制度之進行，惟初審獎金需扣除參加獎。原提案獎金設定如下表：

表 12-2

<table>
<tr><td>初　　審</td><td>未通過</td><td colspan="4">過半數通過 $ ○○○○○</td></tr>
<tr><td>平均評分</td><td colspan="2">未超過 75 分</td><td colspan="2">75～80</td><td>80 以上</td></tr>
<tr><td>複　　審</td><td colspan="2">0</td><td colspan="3">$ ○○○○○</td></tr>
<tr><td>決　　審</td><td colspan="3">0</td><td colspan="2">$ ○○○○○</td></tr>
</table>

凡提案通過經初審評分：

(1) 凡初審評分過半數通過，即給予獎金○○○元。

(2) 複審平均評分達 75 分之提案，另給予進入決審獎金○○○元。

(3) 決審會議平均評分達80分以上之提案，另類予通過決審獎金○○○元。

(4) 注意事項：單位主管或部門主管認定屬其工作職掌之提案，提案獎金折半。但若非主管交辦事項之提案則仍支付全額獎金。

(五) 增列年終團體與個人獎項及專利獎

1. 團體獎項：爲激發部門團結意識，以年度提案數最多之事業部門獲得。除頒發獎金外並頒發錦旗或獎盃，以增加部門榮譽。
2. 個人獎項：增列卓越提案獎、優秀提案獎、甲等提案獎（分別爲年度提案評分前三名），以及最佳執行獎、最佳創意獎（可行性、創新性最高分）等共五項個人獎。（或核發提案績效獎）
3. 年終團體獎與個人獎項之獎金金額將另視提案情形訂定之，並規劃於公司尾牙中公開表揚，使員工提案制度能發揮的淋漓盡致。並藉以鼓勵下一年度之提案能更努力創新，追求部門榮耀。

4. 如有提案符合國家專利申請，將由相關單位申請專利，專利權爲公司所有，且另外頒發專利獎金。（視專利所預期帶來效益頒發20～40%獎金）

(六) 執行成效追蹤

由總管理室研發管理處進行後續之追蹤，並於主管會報中進行提案執行進度呈報。提案送交執行單位執行後將分爲可行及不可行兩部分。

針對可行之提案進行成果及效益追蹤，並定時呈報，以便辦理執行效益之敘獎。惟效益亦分爲可衡量及不可衡量兩部分，針對不可衡量之部分將另與長官討論後訂定相關評估表單，另行上呈。

如該提案經研究後爲不可行，亦提出不可行之結案報告。

三、宣導計畫

員工提案辦法、審核作業公告：

(一) 包含通報方式、公告各部門或大樓電梯口，並於 EIP 上公布實施辦法及相關表單。爲使新進同仁亦能瞭解員工提案辦法，於新人訓練時增加該項目說明。

(二) 舉行員工提案辦法之說明會以使員工充分瞭解提案辦法及審核作業同時教育提案撰寫方式，創意激盪方式及提案提報方式。

四、結論與建議

員工是公司最寶貴的資產，透過員工提案使員工的創意得以實現，並爲公司創造最大效益及營收，將是最重要的一項課題。因此員工提案制度的後續推動與執行將是決定實施成功與否的關鍵。在此有以下二項建議：

(一) 建議部門主管需有「協助部屬提案」之觀念，因爲多數的部屬在不甚清楚公司營運狀況時，也許會有些提案不符實際，主管需以耐心教導、指導部屬完成提案。

(二) 豐田汽車提案制度的成功要訣便在於提案的執行力，因此對於提案在後續的執行與推動上，絕非一人之力可以完成。唯有團隊小組進行持續的追蹤與計畫，始能達到員工提案之目標。

員工提案之重新出發，期望能使員工有不同的感覺，也希望提案不絕，讓公司能擁有更多的知識寶藏。

表 12-3　提案初審表

<table>
<tr><td colspan="2" rowspan="2">○○○部門</td><td colspan="2" rowspan="2">提案改善申請表</td><td colspan="3">提案編號：</td></tr>
<tr><td colspan="3">收件日期：</td></tr>
<tr><td colspan="7">提案改善標題：＿＿＿＿＿＿＿＿＿＿
提案人：＿＿＿＿＿＿
聯絡方式＿＿＿＿＿＿</td></tr>
<tr><td colspan="2">現況作業內容說明</td><td colspan="5">提案改善創意說明（附計畫或相關資料）</td></tr>
<tr><td colspan="2"></td><td colspan="5"></td></tr>
<tr><td colspan="7">提案改善效果預估（提案人填寫）</td></tr>
<tr><td colspan="7">審查委員共同評語：</td></tr>
<tr><td>審查委員</td><td colspan="3">評審結果（勾選表示通過）</td><td>執行單位</td><td>推行單位</td><td>提案單位</td></tr>
<tr><td></td><td colspan="3">□提案經審查准予通過
□暫予保留，需進一步加以討論
□提案經審查，暫不受理
□計畫不夠深入周詳
□提案之可行性欠佳，難以實施
□預期效益難以呈現
□已有同仁提出，屬重複提案
□其他（　　）</td><td></td><td></td><td></td></tr>
<tr><td colspan="7">執行單位預定實施日期：自　　年　　月　　日起至　　年　　月　　日止。</td></tr>
<tr><td colspan="7"></td></tr>
</table>

12-4 員工提案複審評分表

月份：　年　月

編號	公司別	提案名稱	提案單位	是否屬業務範圍	初審評分	創新性（25%）	可行性（25%）	完整性（25%）	貢獻性（25%）	複審評分
1										
評語										
2										
評語										
3										
評語										
4										
評語										
5										
評語										

案例 1

中華汽車公司：小提案，大收穫

(一) 經過20多年來的努力，制度內容不斷地摸索、改進，現在中華汽車今年員工改善提案數，已逾8萬件，平均每人每年提案率達到31件，許多產量高的員工，每月更有高達6件以上的改善提案。

去年中華汽車發出超過1,600萬元的改善提案獎金，因爲這些提案改善的各項生產、管理流程，替公司節省高達1.14億元的成本。余聲海得意地說，今年中華汽車員工提案改善利益倍數（改善成效金額／頒發獎金）將超過七倍，再創新高紀錄。

員工改善提案付出的獎金只有一次，但節省成本的成效，卻是年年延續、累積，對公司來說，實施改善提案絕對划得來。

(二) 除了獎勵的誘因外，主管的以身作則，以及透過教育訓練培養、激發員工創意的過程，更是推動改善提案制度成功的關鍵。

改善提案制度的導入，讓員工把公司當作自己的事業，既提高參與感、又有成就感，並將突出的成功改善個案公布出來，舉辦各部門改善提案競賽，激發員工的榮譽心。

(三) 中華汽車提案改善制度在實施 23 年後，也將邁進第二階段。改善提案第二階段，要從過去引導員工提案的「重量」的時代，進入提升提案改善成效的「重質」時代。

自我評量

1. 試申述Maslow的人類需求理論？
2. 試申述雙因子激勵理論？
3. 試申述公平理論？
4. 試申述期望理論？
5. 試說明Porter & Lawler的完整動機激勵理論模式？
6. 試申述麥克里蘭的需求理論？
7. 試說明激勵理論的三大分類爲何？
8. 試分析員工創新提案制度的目的及審核過程？

Chapter 13

薪資、獎酬與福利

第 1 節　薪資制度

一、薪資制度的基本條件

影響薪資制度的主要基本條件有二個：

(一) 公平合理：薪資制度必須符合公平合理條件

所謂公平合理，應從兩個角度來看：

1. 絕對薪資額

所謂絕對薪資額，係指此項薪水是否足以讓員工維持其基本的經濟生活需求。以及跟社會上其他行業的相同職務相比較，是否差距不大。如果這兩項實況都能符合的話，即可以說此薪資制度是公平合理的。

2. 相對薪資額

所謂相對薪資額，係指此項薪水是否與其他同事的薪水，能因爲工作任務的輕重不同、職位職務的不同、工作能力的不同、部門單位的不同、業務與幕僚的不同、貢獻程度的不同，而使組織內各員工的薪資結構能有所適當差異。如能符合的話，即可以說此薪資制度是公平合理的。

(二) 具激勵性

薪資制度不具激勵性，即將使薪資成爲不具控制力的工具。換句話說，如果薪資是固定不變或屬僵硬不夠彈性時，薪資本身並無實質意義。薪資制度最怕的是一種齊頭式的假平等。

那麼薪資要如何才算具有激勵性呢？應該要有如下觀念：

薪資應隨員工績效或貢獻之多少，而增減其薪資金額；而此績效或貢獻，可表現在：

1. 數量化

(1) 產出量（製造生產線或服務業生產線）（個人與部門）。

(2) 銷售額（業務單位的銷售實績）（個人與部門）。

(3) 淨利盈餘（獲利績效）（個人與部門）。

(4) 成本節省（個人與部門）。

2. 非數量化

管理、規劃、領導、稽核、協調、組織等功能之發揮與制度建立。

二、影響薪資的因素

(一) 內在因素

內在因素係指與員工職務特性及狀況有關之因素。

1. 職務權責的大小

組織內員工的職務權責（權力與責任）愈大，則應可以得到較高的薪資。因為職務權責愈大，其決策的決定，必對公司產品的創新、產品的品質、產品的銷售以及公司盈餘等，產生較大的影響，此非一般性員工所可相比。例如：總統（國家元首）的月薪有 50 多萬元，加上特支費可能突破 100 萬元，此高薪乃是因為其職責與國家前途發展攸關。再如一家公司的總經理負責該公司的成敗之責，故其薪資也必然比某一個部門副總經理為高才對。

2. 技能的高低

所謂技術能力係指對執行工作所達成之效率與效果好壞之展現。員工的技能高，表示工作的效率與效果上會比技能低的員工表現較好。故技能因素，也會影響員工之薪資。例如：有些有幾十年技能的工程師或技師，其薪資比資淺的必然更高些。

3. 工作危險性的有無

有些工作具有相當的危險性，例如：建築工人、鍋爐工人、輻射線工作人員、毒物工作人員、塑膠廠工作人員、刀削工作人員等屬處在危險的工作環境中，或因長期性、或因突發性或因未留意性而導致工作人員受生命肢體之傷殘病者，此亦應獲得較高薪資。此為工作危險津貼，例如：像空軍飛行區或民航機駕駛，其薪資也比較高，此乃其工作具有不特定的危險性存在。

4. 工作時間性的不同

有些工作是屬於短期性與暫時性的；一旦工作完成，這些員工可能就不再被僱用；因此，此類員工的薪資也會高些。

另外，有些因工作性質需要，故工作時間的長度，比一般的 8 小時還長，此類員工的薪資也會較高些。這些員工稱爲約聘人員或人力派遣人員，非公司內部正式的員工，故無法享受正式員工的薪資水平及相關福利。兩者是有差異的。

5. 福利好壞的不同

有些高科技電子公司因營運績效佳，故在股票分紅制度下，員工整體的薪資獎金所得也比一般傳統製造業要好很多。即在同一個產業內，也因營運狀況不同，也有不同的薪資與年終獎金所得。好的公司，年終獎金可能高達六個月，差的公司可能只有一個月而已，一般的則在 2～3 個月之間。

6. 風俗習慣的觀念

很多企業到現在，對於男性與女性的薪資仍然還是存在差距的觀念。在同一職位、同一職務上，女性的薪資就可能比男性爲少，還有，實習生、工讀生、學徒、非正式聘僱人員的薪資，也比正式編製內人員的薪資還低，即使他們是做相同的工作。不過，在中高級主管的男女性薪資差異就不會太大，有差異的，比較多在基層的男女工作人員。

7. 學歷的高低

有些大企業內部訂有制度，博士、碩士、學士、專科及高中職等畢業的起始任用薪資會有數千元到萬元不等的差距。例如：碩士起薪爲 3 萬元，大學畢業生起薪爲 2.6 萬元等，兩者即差了 4,000 元。

(二) 外在因素

1. 生活費用水準

員工工作有一部分的原因就是要維持生存。因此，薪資也必須考量在不同物價水準下，以及求取一般生活水準的經濟生活下，所應得到的薪資，以使員工能安定生活。目前根據主計處的統計調查，臺灣勞工的平均每人月薪資額接近 4 萬元之新臺幣。此為平均數據，有更高的，也有低於此數字的。

2. 當地通行薪資

公司所處的地區及所處的行業，通常都有近乎一致的傾向，當然若干小的差異存在仍是會的。因此，公司的薪資也必然要考慮到同仁或同地區內的別公司薪資行情，否則公司員工會產生較高的流動率。例如：一個電子工程師或研發人員，應該有多少薪資水準，若低於此數字，他就會流動。

3. 勞力市場的供需

物以稀為貴，勞力（人力資源）也不例外。有些人力資源的種類，市場上供應很少，但需求又很旺盛，故此類人才，將可獲得較一般水平為高的薪水。反之，如果勞力是供過於需，則薪資必會拉低。例如：高科技業的研發（R&D）人員的薪水，就會比一般部門人員的薪水稍微高一些。因為優秀 R&D 人員確實供不應求，是比較搶手的。

4. 工會的力量大小

勞工的工會組織如果力量大，則談判力量就會增強，也較易於得到資方較為寬大的薪資與紅利發放之改善。而工會的成立，是民主社會必然的產物。例如：就像台塑企業集團的勞工工會，都會找上台塑總公司，求見王永慶董事長，要求調薪比例。在日本地區也會發生勞工所謂的「獨鬥」事件，亦指要求調薪的爭取活動。

5. 產品需求的彈性（服務業）

在服務業的產品，其需求彈性的大小也會影響其薪資額。當需求彈性小，人們對此項服務的需求就無法因價格高而不要此項服務，因為找不到其他替代品。反之，如果此項服務的替代方式很多，則此服務項目之收費就不會太高，反應在此行為人員的薪資上，就是薪資不會很高。

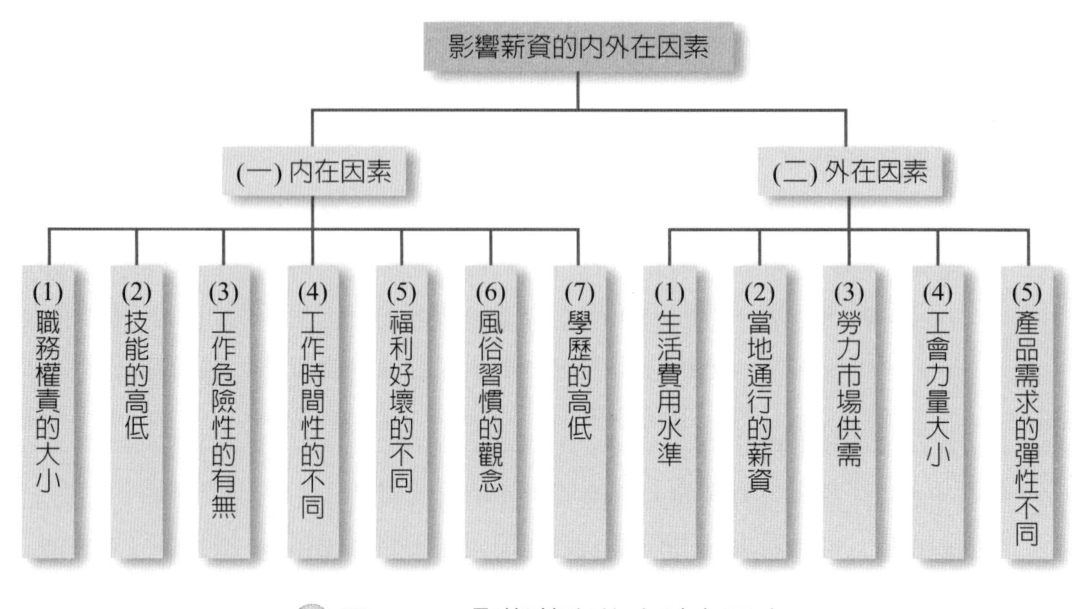

圖 13-1　影響薪資的內外在因素

三、完整薪酬政策之四大要素

薪酬的形式非常複雜，不同的酬賞對於不同的對象，提供了程度不一的滿足能力。一項好的薪酬政策，不但要兼具公平性、競爭性，同時還要能提升員工對組織的貢獻與承諾，以及提高企業的效率。

(一) 薪酬內容應具多樣性

一般來說，報酬可分爲內在性以及外在性的酬賞。內在性報酬主要是涵蓋工作本身的豐富性、自主性等。例如：個人成長的空間、參與決策的機會；而外在性報酬，依其性質又可分爲直接、間接、非財務性三種。

直接薪酬即底薪、分紅、入股等直接發放給員工的薪資；間接薪酬則是如休假、保險等附加的福利；而非財務性報酬則主要是指頭銜、辦公室裝潢等滿足較高層次需求的薪酬因素。

大多數的企業，將報酬項目著重在直接薪酬與間接薪酬的部分，而忽略其他能激勵員工的報酬項目。事實上，不同形式的酬賞因素，能滿足員工不同層級的需求，並達到不同的激勵效果。

例如：對自尊或自我成長等方面的需求，不是單憑金錢的給予能滿足的。因此，企業在使用報酬因素來激勵員工時，應儘量將多種報酬項目列入考量，或者是針對不同需求的員工，做個別性的獎酬，更能達到獎賞、激勵的雙層效果。

(二) 合理的薪酬政策可提高組織效率

企業制訂薪酬制度的基本考量有三：效率、公平、適法性。就效率而言，公司目前訂定的薪酬制度，必須達成企業在人力資源上的目標，甚至是組織的目標。

例如：公司希望企業員工能致力於創新，那麼公司的薪資就不應該以員工年資來決定。此外，各部門的工作性質不同，競爭優勢亦不同，因此應該避免使用同一種薪酬制度，以免降低部門原有的競爭優勢與能力。

例如：生產、行銷導向的部門，可以選擇低固定薪資，配合高變動薪資的方法；而行政導向的部門，除了薪資的給予外，可配合工作豐富化，以及強調個人成長的內在報酬因素。

其次，公司希望用以激勵員工的因素必須明確，讓員工明白什麼樣的行為是公司所鼓勵的，設定的目標必須是可衡量，才能有效的區別出員工的貢獻程度。

此外，還必須讓員工知道，公司如何來衡量目標的達成度，衡量效標的明確、一致化，可以提高員工的公平認知，對於員工個人、部門、以及企業的效率也能大幅提升。

(三) 薪酬政策的公平性可提高員工對組織的承諾

員工對於企業所給予的薪資，最在意的就是公平性，對於自己所付出的努力，希望能獲得企業主相對等的認同。

在公平性的認知上，員工比較在意的是分配公平與程序公平；分配公平是指在相對的標準下，員工對於所投入的與所獲得結果公平認知，一旦員工察覺到不公平的情況，例如：付出大於所得，便會改變其行爲，例如，減少產量或降低工作品質，以達到員工心中的公平標準。

而程序公平則包含績效評估結果的過程是否具有公平性。有研究顯示，使用程序公平原則的組織，其員工對於所獲得的結果接受度較大，組織承諾也相對較高。爲了達到公平原則，溝通是很重要的技巧，只有透過雙向的溝通，才能讓員工瞭解到整個制度的程序、內容以及結果，同時讓員工對不公平之處提出建議，做爲改善的依據。

(四) 薪酬制度必須合乎法令人情

薪酬制度的適法性也是企業努力的目標之一，適法不只是政府所公布的相關法令，還包括公司內部的規定及願景。在勞動基準法公布後，企業的薪酬制度是否合乎法令，成爲相當重要的議題。

尤其，目前裁員、減薪的情況頻仍，所引發的勞資糾紛不斷，企業除了考量退休金、資遣費的支付標準和方法，以及合法性的問題之外，同時還要維持及強固企業本身的社會形象。

例如目前有許多企業在進行縮編時，提供員工優惠退休、退職的方案，以優於一般退休、退職的給付條件，鼓勵員工自動提出申請，藉以減少強制資遣所帶來不必要的衝突，達到企業瘦身、維持和諧勞僱關係的目的。

四、薪資制度的類別

目前較通行的薪資制度有兩種，一爲計時制，一爲計件制，分述如下：

(一) 計時制（月薪制）

1. 意義

此制係以工作所費之時間爲基準，做爲核算工資或薪資之標準。時間之計算，有按小時、按日、按週，及按月爲基本單位，通常按月薪制的狀況爲最常見，也是目前被運用最廣泛的給薪制度。當然，目前有些公司的業務單位或利潤中心專業部門，也很多採行「底薪＋獎金」制度，此亦算是一種計時制的改良方法。

舉例：

按小時：如速食店的服務人員，每小時不得低於 158 元工資。

按日：如建築工人（水泥工），每日工資爲 2,000 元。

按月：如一般的上班族、軍公教人員等，每月拿固定之月薪。

2. 適用範圍：計時制度核薪的適用範圍

(1) 工作不便於按件數計算。

(2) 幕僚協助性質的工作。

(3) 工作的品質成果重於工作的產出量成果。

(4) 工廠規模不大，主管可對作業人員嚴密督導者。

(5) 工作性質常受外界干擾、延遲而無法連貫作業者。

3. 計時制之優點

(1) 薪資計算較簡便。

(2) 員工可專心提高產品品質，不致於爲多領獎金而趕工，導致品質不佳。

(3) 員工工作較無太大壓力，情緒可得穩定。

(4) 雇主可大概瞭解固定的人事費用。

4. 計時制之缺點

(1) 工作與報酬不能一致，缺少激勵：努力工作者與偷懶工作者，得到相同待遇；形成劣幣驅逐良幣現象。此缺點，可用底薪＋獎金制度，予以彌補缺失。

(2) 爲保持工作效率，必然增加很多監督管理人員，亦就是增加費用支出。

(二) 計件工資制

1. 意義

計件工資制係以完成工作數量成產品件數，做爲計算薪資之標準；亦即，其工資係隨生產件數的多寡而有所不同。

2. 適用範圍

(1) 工作性質便於以件數核算者（例如：工廠生產線之作業員）。

(2) 有鼓勵提高生產速度及產出量之必要時段者。

(3) 工廠規模太大，人員太多，管理監督有事實困難者，

3. 優點

計件制度之優點爲：

(1) 按產出件數核薪，較符合公平原則。

(2) 員工爲多增加產出量，常會思考工作方法之簡化與改善，以增進工作效率。

(3) 可減少監督管理人員的配置。

4. 缺點

計件制之缺點如下：

(1) 員工爲求高產出、高薪資、導致產品品質粗劣，不良品一堆。

(2) 員工心神耗費過大，長時期來看，會影響生理健康。

五、建立整體獎酬制度之五大步驟

建立整體獎酬制度共有五大核心步驟：

第一步：釐清營運策略

有效的人力資源整合，需將整體獎酬制度和企業的營運策略作連結。通常這一步驟需要透過總經理與高階主管的共同參與，以研討出公司整體未來的營運方向及中長期的策略目標，做爲發展人才資產與整體獎酬策略的基礎。

第二步：訂定公司與人才之夥伴關係及整體獎酬內容

訂定與人才的夥伴關係包括決定公司的組織文化，達成公司營運策略目標所需的核心能力，以及連接以上兩者的公司整體長期人才資產策略目標。

這些內容可以透過在第一步驟的高階主管訪談、研討會以及組織文化調查評估來完成。組織文化的評估可以透過高階主管問卷調查的方式，依據組織運作的各個層面，由高階主管回答現狀以及未來的期望。其結果的分析佐以高階主管的個別訪談所獲得的資訊後，可以透過研討會的方式確定未來應該具備的組織文化，並凝聚共識。

整體獎酬應該包括許多內容，例如：(一) 固定薪資，包括本薪、各項津貼與加給、以及固定年終獎金等。(二) 福利，包括法定福利（保險、退休）、公司自定福利（團保、旅遊）、以及高階主管特別福利（公司車、俱樂部會員、子女教育費）等。(三) 變動性獎金，各項業務獎金、績效獎金、利潤分紅、股票分紅、以及長期激勵的股票選擇權等。(四) 激勵表揚辦法。(五) 教育訓練。(六) 員工溝通。(七) 績效發展與管理制度。(八) 工作環境。(九) 學習與專業成長機會。

第三步：評估整體獎酬及發展獎酬策略

評估現行的整體獎酬制度應該同時注重制度內容（content）（例如：種類、組合、辦法等），以及與制度的關聯性（context）（例如：與營運策略及激勵目標的連接、有效的員工溝通、有效的執行、主管具備足夠執行能力等）。執行一個徹底的評估，必須先蒐集完整的獎酬制度，然後逐一檢測是否符合：(一) 理想的人才夥伴關係。(二) 獎酬制度的目標。(三) 成本及投資報酬率。(四) 市場競爭力。(五) 組織內的人力組合。(六) 各項獎酬達成相同目標的重疊性。根據以上的評估結果做為發展獎酬策略的依據。

第四步：設計適當的整體獎酬制度來落實營運策略

在這一步驟的關鍵議題：是要確保重新設計獎酬制度的努力有正確優先順序，首先應著重在能夠用最小成本及最短時間內達成最大成效的項目上。

第五步：發展新制度的執行計畫

這是一個最關鍵的步驟，可以占去整個流程的 3/4。只有被完整地溝通、全盤地瞭解，並且為員工所擁戴的獎酬制度才能發揮其應有的功效。因此執行新整體獎酬的策略與行動方案都應該清楚地傳達整體獎酬架構，以及對員工造成的影響。

建立整體獎酬制度的綜效理想上，高階管理層與直線主管必須積極地參與整個執行的過程。一個新的獎酬策略以及相關執行辦法的落實必須充分運用人力資源部門的專業來推動，成為整個組織的重要活動。

在未來日趨競爭以及全球化的市場上，建構一個有效的整體獎酬制度之路為何？答案應該是：需要建立一個具策略性的架構，人才資產制度必須持續不斷地協助公司贏得人才的戰爭，而且要為公司長期營運成功奠下良好的基礎。雖然成功的方式各個公司不盡相同，但是必要的條件是具備一個最佳組合的整體獎酬制度來協助公司達成最高的投資報酬率。

在可見的未來，人才競爭的情況會越演越烈，公司如果能夠提供一個正確的整體獎酬組合，並且與營運策略連接，要增加公司在人才資產上的投資報酬率將會輕而易舉。

第 2 節　福利制度

一、員工福利制度快速發展原因

自 20 世紀以來，尤其是 1970 年代以來，員工福利的觀念已廣泛被接受，並且被視為組織上的一個重要主題。究其能快速發展的原因，約可歸納下類幾項原因：

(一) 工會力量的增強

工會旨在為員工爭取合理的待遇與福利，以避免完全成為資本主的勞動工具。

過去，勞工是屬於散亂的個體，其力量遠遜於資本主；而現在工會的概念已被認可，且多付諸行動，形成不可阻遏之趨勢。而以工會集體的力量來督促及改進資本主政策上的偏誤，已是可行且合理的做法。而在民主選舉國家，政府民意代表及各政黨，為了爭取勞工選票支持，也對各種工會加以支持及重視，此也為工會力量的增強，添加了力量。

(二) 政府的支持

自「福利社會」及「福利主義」，成為現代政府之主要執政目標之後，政府的公權力對於一般民眾及廣大勞工之福利權益，就扮演了配合性的立法與執法的角色。就因為政府在態度上及作為上的支持，資本主不得不配合政府法規上的相關規定；如此就形成了一般性的作為及習性。因此，政府在勞基法、健保法、國民年金等法令及政策上也大力配合，重視勞工權益。

(三) 人性需求的提升

在較早的時代中，勞工工作的目的，大抵僅為了求得溫飽生存而已，並不知也不會要求更多更高層次的滿足。

然而，隨著時代的進步及教育普及，勞工智慧的增長，對於需求的層次已不斷改變及提升中。勞工工作並不再以薪資為滿足；而要求資本主提供更多的福利，諸如退休、保險、住宅、年終分紅、工作環境、食宿提供、緊急貸款、員工認股、醫療檢查、交通、教育訓練等項目。

在勞工的想法中，既然全體勞工為資本主辛苦賺錢，自應獲得資本主善意之回饋，以維持社會生態的均衡與和平。

(四) 來自業者競爭的壓力

勞工市場其實跟產品市場是一樣的道理。當其他的競爭業者提供更優渥的條件給勞工時，勞工即可能移轉工作環境。

因此，在自由勞工市場的相互競爭之下，企業為求得高素質的人力，自必改善及增強其待遇與福利措施，此種推演，於是造成了員工福利問題的重視。如果薪資與福利水準遠低於競爭對手，那麼優秀人才將流失，而使企業競爭力逐步下降。

(五) 以福利措施代替部分薪資

薪資具有一般市場行情水準，但是福利就無此準則，有些公司常以福利措施來代替部分的增加薪資，因爲福利的整合效果與薪資的個人效果，是不相同且不可互相比較的。

因此，在高科技公司的員工薪資水平，並沒有特別高，倒是在員工年終的股票分紅方面，得到大額的分紅好處。

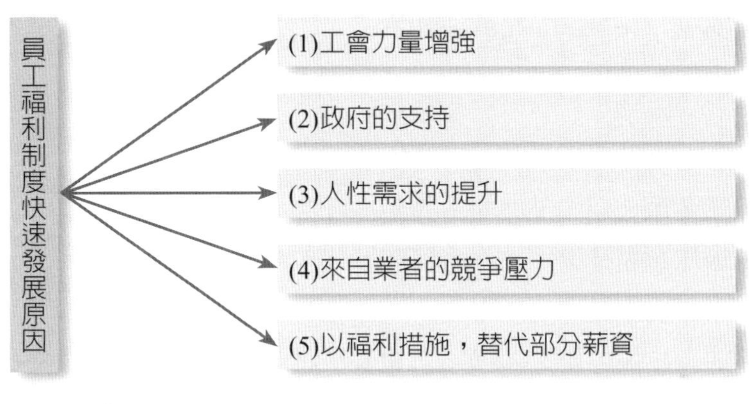

圖 13-2　員工福利制度快速發展原因

二、福利類別

有關福利的範圍，各有不同定義，但若就其福利的類別來看，大致可區分爲下列三大類。

(一) 經濟性福利（economic welfare）

主要強調在金錢與物質方面的福利，包括：

1. 內容

(1) 退休金給付：企業、政府與勞工三方共同負擔。

(2) 團體保險：壽險、疾病險、意外險。

(3) 員工疾病、傷殘與意外給付。

(4) 互助基金。

(5) 分紅配股。

(6) 低利貸款。（如房屋貸款、汽車貸款）

(7) 子女獎學金。

(8) 產品優待。

(9) 其他補助。

2. 目的

希望能消除勞工對基本經濟生活與安全的憂慮與恐懼，期使穩定人事組織，提高其向心力與工作效率。

(二) 娛樂性福利（recreational welfare）

主要以娛樂健康活動的福利爲主，包括：

1. 內容

(1) 舉辦各類公司內部娛樂、技藝、運動、休閒等社團組織。

(2) 舉辦球類競賽。

(3) 舉辦年度旅遊。

(4) 舉辦慶生會、尾牙、節日之聚餐與晚會活動。

2. 目的

(1) 增進員工合作團結意識。

(2) 增進員工身心健康，調劑長期工作之壓力。

(3) 使員工確認企業是個值得留下的好地方，視工作爲生活的一部分，而能樂在工作。

(三) 設施性福利（facilitative welfare）

1. 內容

(1) 保健醫療服務，如醫務室體檢。

(2) 餐廳。

(3) 福利社。

(4) 閱覽室。

(5) 交通車。

(6) 宿舍供應。

(7) 住宅建築供貸款購買。

(8) 法律及財務諮詢服務。

(9) 托兒所（嬰兒保幼）。

2. 目的

便利員工食、宿、行、知、娛樂之生活必需。例如：像新竹園區的聯華電子公司，台積電公司等高科技公司，均設有自己員工專屬使用的休閒娛樂健身中心。

三、研訂福利計畫之原則

組織或企業在辦理內部各項福利計畫時，應求其成功，因此下列幾點認知原則，應該具備：

(一) 應具有回收效益

這裡的回收效益，包括有形與無形的。企業建立完善的福利制度，必然支出不少的費用，這對企業應該是不小的負擔。

本著有投入就應有產出之觀念，福利計畫要求適當之回收。不過，這種回收效益，比較難以具體數據化，有時候是無形效益較多的。

此回收包括：

1. 減少工會對企業主對立的態勢。
2. 降低人事流動率。
3. 增加員工的忠誠度與工作士氣。
4. 易於招攬一流人才。
5. 提高員工對公司的滿意度。

(二) 應滿足員工的真正需要

福利計畫研訂之前，應先廣泛徵詢全體員工之多數傾向之意見，並以此爲基準，期使所研訂與執行的福利計畫，能夠即時的合乎全體員工之眞正需要，否則徒然增加人力、財力上的浪費，又招致員工之抱怨與反應冷淡。因此，公司大致上，均會做一些內部員工的民調，瞭解較受歡迎的各種福利措施內涵。

(三) 對象應儘量廣泛

福利計畫的對象應盡可能廣泛，受惠的人愈多，就是對組織有更大的貢獻；如果僅限制於少數高級幹部，那麼效果就會不彰顯，是以男性、女性、高階、低階、資深、資淺，應求其一體適用。大家應該有平等的機會。

(四) 應配合企業的狀況

企業有多少的能力，就做該種規模的福利計畫，不必超越企業的負擔能力，否則只會得到反效果而已。此外，企業所處的社區環境，也可以一併納入考量；例如：做某些公益的捐贈或義務社區服務等，以增進兩方融洽之關係。

(五) 應接受部分自行付費觀念

企業的福利計畫，很容易讓人誤會以爲這全是企業主或政府的責任。其實，近代的福利觀念是天下沒有白吃的午餐，員工本身也應酌量承擔一部分的費用，如此，員工才會更珍惜這些的福利計畫，否則易爲人所忽略或視爲理所當然，然後需索愈來愈大，慾望愈來愈多，怎可能會有滿足的一天。

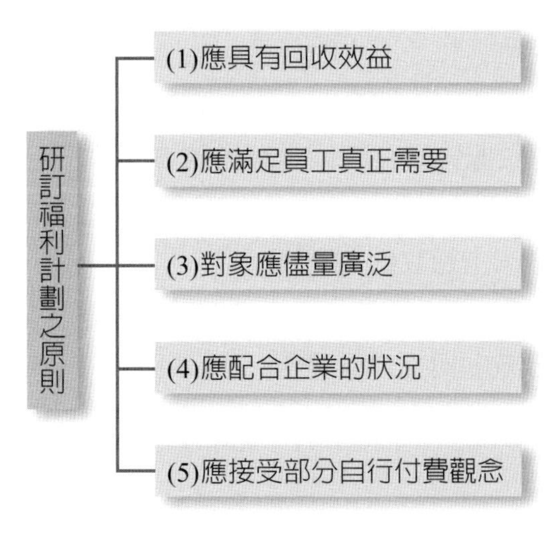
研訂福利計劃之原則
(1)應具有回收效益
(2)應滿足員工真正需要
(3)對象應儘量廣泛
(4)應配合企業的狀況
(5)應接受部分自行付費觀念

圖 13-3　研訂福利計畫之原則

四、彈性福利措施

邇近的福利措施，有一種求其彈性運用的趨勢，故稱之為「彈性福利措施」。較受矚目的有兩種方式：

(一) 彈性工作時間（flextime）

在此制度下，員工可自行選擇每天性的提早或延後上下班的時間；較適用於管理、技術研究及行政人員。

本項制度的優點為：

1. 可建立員工自主管理之觀念。
2. 可提高員工的生產力。
3. 便利員工調配私人性質的事務，使能有效且充分運用時間。

而缺點則為：

全體的員工很難同時使用，因為不同的工作性質有不同的時間要求。例如：生產線人員就不可能有彈性工作時間。

(二) 自助式福利組合（cafeteria benefit plan）

係指讓員工來選擇適合自己的福利項目之組合，而非從公司指定或實施什麼，就接受什麼。

此制度之優點是可適合員工當前之需求優先順序，達到員工最大使用效用。

而其缺點是每位員工的相等福利成本，很難尋求而且也頗複雜。

五、國內勞工福利制度

我國目前的勞工福利制度，主要的法源是「勞工基準法」，勞基法規範了很多勞工與業主之權利、義務與福利。大體而言，屬於福利方面的有四項：

(一) 勞工保險（勞保）

勞工保險制度對全體勞工有很大的實質幫助，現就其要，略述如下：

1. 勞保給付種類

   (1) 生育給付（補助金額）。

   (2) 傷害給付。

   (3) 殘廢給付。

(4) 死亡給付。

(5) 老年給付（退休給付）。

上述五種給付，均訂有不同之金額或基數，勞保員工可以獲得補助金。

2. **勞工門診醫療**

勞工可獲免費或極低之醫療支付負擔。

3. **勞保費負擔**

以投保薪資額之 8% 計算，其中勞工負擔 20%，業主負擔 80%。

20% 的負擔對勞工而言，約數百元到一千多元，負擔並不算重。

(二) 退休金提撥

政府規定企業必須每月自其發薪總額之 6% 提撥爲「勞工退休金準備」，專戶儲存在金融機構，平時不可動用，當員工退休時從專戶中提出使用，發給退休員工。此項退休金之領取，是該員工年滿 60 歲且工作滿 15 年，在不同公司之年資可累計。

(三) 職工福利金

1. **企業之職工福利金係按下列標準提撥**

(1) 創立時資本額提撥：1%～5%。

(2) 每月營業收入總額提撥：0.05%～0.15%。

(3) 每月員工薪資內提撥（扣減）：0.5%。

(4) 下架廢品變賣提撥：20%～40%。

2. **應成立「職工福利委員會」負其責，由下列三種人員5～21人組織成立，但工會代表人員不得少於2/3**

(1) 企業之業務執行人。

(2) 工會代表。

(3) 非工會之員工代表。

(四) 職業技術訓練中心

此中心之成立，係政府協助企業之員工學習得到操作之技術，由政府來辦理，較具規模的利益，而業主只要負擔一部分的教育訓練即可；此係屬於知識性質的福利措施。

第 3 節 獎酬（Reward）

一、獎酬之目的

公司對個人或部門群體的獎酬表現，主要在達成對內 / 對外之目的，如下：

(一) 對內目的

1. 提高員工個人工作績效。
2. 減少員工流動離職率。
3. 增加員工對公司的向心力。
4. 培養公司整體組織的素質與能力，以應付公司不斷成長的人力需求。

(二) 對外目的

1. 對外號召吸引更高與更佳素質的人才，加入此團隊。
2. 對外號召公司重視人才的企業形象。

二、獎酬的決定因素

現代企業對員工個別獎酬的制度，逐漸採用「能力主義」或「績效主義」，而漸放棄年資主義。

換言之，只要有能力、對公司有貢獻看得到，在部門內績效也表現優異者，不論其年資多少，均會有不錯的獎金可得。

一般來說，獎酬（含薪資、年終獎金、業績獎金、股票紅利分配等）的決定因素，包括幾項：

(一) 實際績效（performance）：績效是對工作成果的衡量，應有客觀指標，不管是直系業務部門或幕僚單位均是一樣。一般公司均是採預算管理及目標管理的指標。

除此之外，可能還會衡量其他次要因素，包括：

1. 工作年資（在公司多少年以上）。
2. 努力程度及貢獻比例程度。
3. 工作的簡易度與難度。
4. 技能水準。

三、獎酬的實施內容

就實務而言，公司對員工個人或群體的獎酬，可以從二種角度說明：

(一) 內在獎酬（較重視心理、精神層面）。

(二) 外在獎酬（較重視外在實際）。

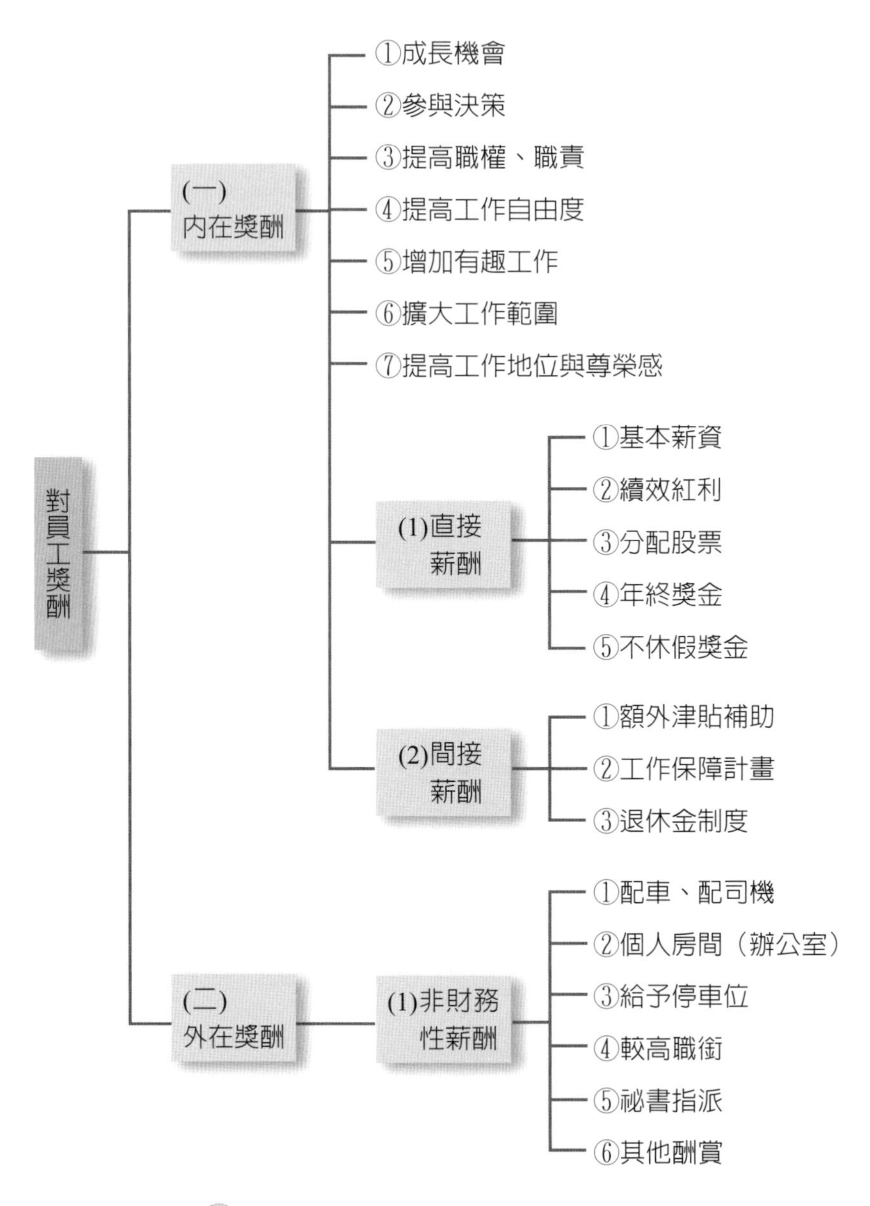

圖 13-4　對員工之獎酬內容項目

四、非財務獎酬範例

(一) 企業品牌與名聲：企業形像使員工引以為傲。
(二) 參與決策：無論職位高低，尊重不同聲音，創造良好組織氣候。
(三) 彈性工時：不用打卡，三種不同上班時間，創造良好工作生活品質。
(四) 較有興趣的工作：依學習及績效表現，內部轉調管道及機會通暢。
(五) 個人成長的機會：著重生涯規劃與前程發展。
(六) 技能學習機會：給予員工充分內外訓練與發展。
(七) 購物方便性：與多家優良商店、餐廳、飯店簽定合約，使員工享有高品質又價格優惠的服務。
(八) 職位美化：因應需求，特准許印製較美化的職稱於對外的名片上，例如：負責大賣場的業務代表，可使用較高的職稱。
(九) 較喜歡的辦公室裝潢：不影響建築結構下，可發揮自己的創意布置座位。
(十) 員工商店：給予員工優惠價格購買商品。
(十一) 良好組織氣氛：固定舉辦組織氣候調查，創造良好溝通氣氛。
(十二) 公平環境：有員工申訴制度，使員工有被公平對待的工作環境。

五、獎酬對組織行為之涵義

公司優良的獎酬制度，必然可以提高員工對公司的向心力與工作滿足感，但須注意下列條件：

(一) 員工必然認為公司的獎酬制度具有公平性（equity）。
(二) 獎酬必與績效結果相連結。
(三) 績效考評必須公平、公正、有效與客觀。
(四) 獎酬愈往中高階主管看，愈須配合個別員工的個人差異化需求。

茲圖示如下：

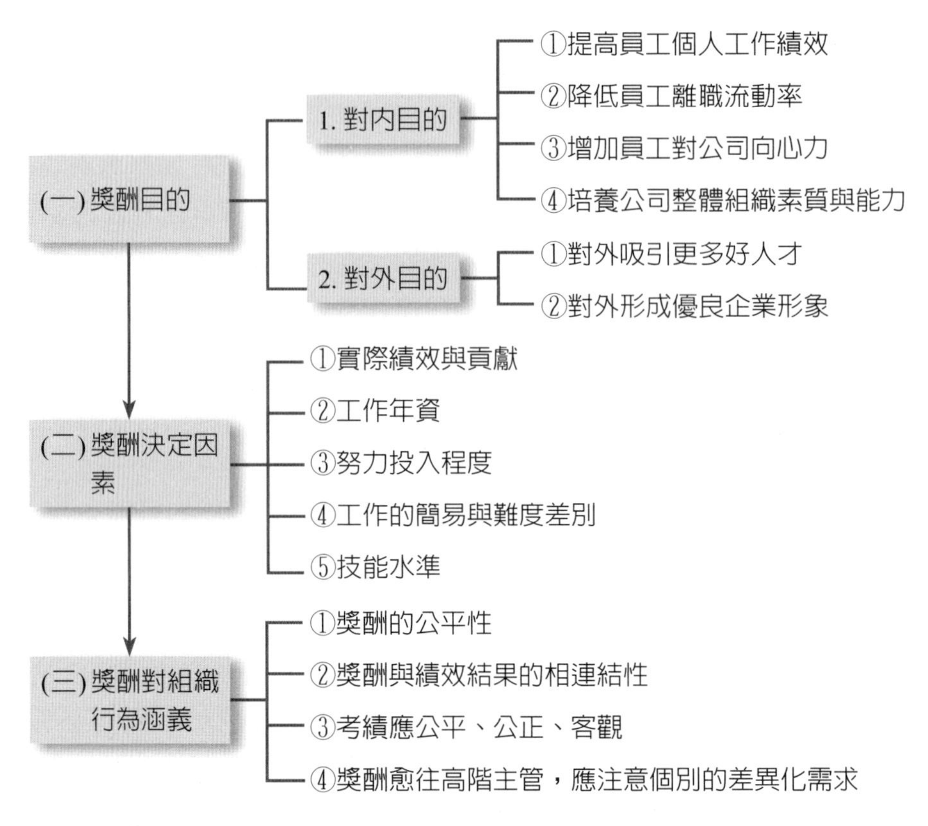

圖 13-5　員工獎酬的目的、因素及組織行為涵義

第 4 節　薪資與福利之實例

案例 1

花旗銀行的員工福利

項目	內容
①員工三節旅遊津貼	1.2 萬元
②房貸利率優惠	2.11% 最高可貸 1,500 萬元
③消費信貸優惠	7% 可貸 80 萬元
④員工父母、配偶投保優惠	住院醫療險承保年齡上限拉高
⑤CitiClub	員工俱樂部，全年經費 1,800 萬元，公司全額提撥，辦家庭日及社團活動
⑥業務同仁績效獎金	沒有上限：單月業績佳，即可領上百萬元。
⑦利潤分享計畫	93 年首推，讓員工分享公司營收利潤

案例 2

日本松下決定拉大員工獎金差距——力行「能力中心主義」，改變不合宜的齊頭式平等發放

敘薪制度大變革

松下電器產業公司決定 2005 年度開始，一般員工的個人績效將反應在獎金上。松下先前已決定 4 月開始廢除本薪部分依年資敘薪的制度，現在更進一步改變齊頭式發放獎金的做法，貫徹能力中心主義。

日本經濟新聞報導，針對 2004 年度開始實施的新薪資制度，松下已和工會達成基本協議，對象為日本國內的 6.4 萬人。獎金則會根據 2004 年度的個人績效，2005 年度開始依新制度發放。

目前一般員工的獎金取決於個人本薪和總公司業績，適用新制度後，主任級以上 2.5 萬人要和實施年薪制的主管一樣，改採個人績效會決定獎金多寡的方式。即使職位一樣，因為給付額分為七等，以主任級為例，最少領 50 萬日圓，最多可以領 100 萬日圓。

案例 3

中信及富邦金控更改薪酬制度，改採業績導向，不再齊頭式平等，留住優秀人才

2005 年是金控搶人年，市場需求超過 5,000 人，為了防止對手尤其是外商銀行的強力挖角，富邦銀、中信銀今年將大幅度調整薪資結構，改以業績導向，提高優秀人才的薪酬結構，墊高對手挖角成本，更希望以此舉留住優秀人才。

富邦金控與中信金控今年將大幅更改薪酬制度，不約而同都要提高績效獎金，提升員工外顯薪酬，以實質金錢留住菁英，更要讓「想來挖角的公司付出更大的代價」。一家金控高階主管就直指，「優秀的行員的實質薪水將增加，身價更高。」

(一) 富邦金控

富邦金控最近請來美國最大人力資源規劃公司威廉・莫塞（william Mercer），針對富邦銀與北銀員工的薪資結構調整評估，規劃出行員的最適薪資結

構，讓整體薪資制度更趨合理化，強化富邦金控的競爭力。

富邦金控的想法，就是希望將薪資結構改以績效導向，有助於留住優秀人才，讓薪酬結構合理化。

(二) 中信金控

中信銀日前調降齊頭式平等的行員優惠存款利率，中信金控行政長兼中信銀人資管理處副總尚瑞強表示，中信銀調降員工優惠存款，不是要節省這筆錢，而是要做爲獎勵員工的獎金，將福利化爲獎金，未來將福利變薪資，對員工未來的退休金將十分有利。

以目前退休金的制度，是以退休前最後六個月的平均月薪，再以年資爲基數，算出退休金，因此員工獎酬提高，更有利於增加退休金，對員工來說是件好事。

大型金控的人事主管評估，公司合理化的薪水與獎金，不能是一視同仁「不勞而獲」，本來就該論功行賞，才能激勵更優秀的員工。

案件 4

對業務員的激勵項目——《突破雜誌》調查結果顯示獎金仍首位

(一) 到底何種激勵制度才是業務員的最愛？《突破雜誌》日前針對不同業種業務員進行激勵項目與制度調查，結果發現，大部分業務員認定「獎金」爲最有效的激勵方案，其他依序爲加薪、旅遊、公開表揚、股票等，與國外調查結果互相呼應，顯示金錢的誘因仍最高，其次才是成就動機與個人成長。

(二) 進一步分析發現，男性除了獎金之外，偏重公開表揚的激勵，與女性對於旅遊的偏好不盡相同；至於年齡部分，年紀愈長對公開表揚與旅遊較重視，年紀較輕者對金錢的需求仍最大。

(三) 在產業別部分，高科技產業的業務員偏重公開表揚，明顯與房屋仲介業、壽險業、汽車業以獎金或加薪爲重不同。從職位的階級來看，中高階主管對於公開表揚最爲重視，第二偏好是旅遊。反觀基層人員偏向獎金、加薪，意味著年輕業務員現階段仍著重努力打拚階段，物質需求重於精神需求。

(四) 最不受業務員歡迎的激勵方法是獎品，其他還有休假、教育訓練。

案例 5

傳銷業對業務員的獎勵制度做法——物質與精神面二種獎勵並重

(一) 二種不同的獎勵制度

傳銷業的獎勵制度可區分爲兩大塊，一個是物質的激勵（例如獎金），另一個是精神的激勵（例如表揚大會）。物質上的激勵最直接的就是獎金，旅遊也是一種。反觀精神的激勵則可區分爲：(1) 認可，尊重；(2) 表揚，從心裡面表達才能感動人，而非只是敷衍了事；(3) 行爲，對人要眞誠，不可虛僞，錢被認爲是最有力的激勵，但把物質上的激勵化成精神上的價值，才是最高境界。

(二) 旅遊獎勵亦受歡迎

當獎金變成常態，直銷商會視之爲理所當然；表揚或旅遊則不然，能夠參與活動的人，意味著其有特殊的成就，並非人人可爲，那種獨特感油然而生，絕非金錢可以換來的，當覺自己受到認可，就不會在乎錢（獎金）有多少。

正因如此，所有傳銷業者每年從業績提撥一定的比例做爲獎勵計畫，以安麗爲例，海外旅遊研討會以每一年會計年度爲範圍，例如自 2003 年 9 月 1 日至 2004 年 8 月 31 日止一年度計算，達到業績者即可參加澳洲旅遊研討會，「從宣布計畫開始，直銷商有了前進的動力，爲了不錯過這次的旅遊，每個人努力拚業績。」安麗業務執行及專案活動經理蘇民淩如此指出。

(三) 旅遊地點考量四要點

其實，獎勵旅遊的地點選擇很重要，選擇一個地點必須考量下列四點要素：

1. 是否具有激勵性：這個地點是否夠遠，太近感覺不出受到激勵。
2. 差異性大的異國文化：讓人有不同的感受，接受異國文化的洗禮。
3. 操作面的可行性：由於活動的安排屬於量身訂做，場地的選擇是否合乎安全，飛機是否直飛等。
4. 語言是否能通：當地的語言要能順利溝通，當有狀況要能立即反應。

案例 6

美國西南航空公司——早自 1973 年就開始執行員工分紅入股獎勵計畫

員工常在公司年度報告，或是在主管的演說裡常聽到「員工是我們最寶貴的資產」這句話。很多公司的員工會告訴你這是句空話，但是西南航空不是這樣。這句話是有意義，因爲公司以非常實際的方式表明他們非常注重員工。事實上，西南航空自創辦開始就說到做到。

西南航空在 1973 年成爲第一家實施員工分紅入股計畫的民航公司。所有西南航空的員工自元旦起自動加入這個計畫。凱勒說：「分紅是一項我們希望能愈多愈好的開支，以便讓員工得到更多的獎勵。」西南航空把稅前營運所得的 15% 撦注於分紅計畫。以 1995 年而言，員工分紅幾乎達到五千四百萬美元，這其中有四分之一的分紅被用以購買公司的股票，而且員工還可以選擇再多買一些股票。在 1970 年代，西南航空是全世界唯一讓員工入股而不要求扣減員工薪資的航空公司。

也許這樣說來簡單，但只有在公司賺錢的時候才談得上讓員工分紅。西南航空從 1973 年來年年賺錢，股價在 1995 年 11 月 31 日結束前五年中大漲了將近 300%，所以，讓員工分紅入股對員工非常有利。

案例 7

現金激勵員工——台塑發放 20 億元犒賞有功員工

台塑集團旗下四寶 2005 年業績創下歷史新高，創辦人王永慶也超大手筆，一口氣送出超過二十億元以上的大紅包，給台塑集團專員級以上同仁及大小主管。這批台塑集團員工，領到一筆年度「特別獎勵金」（SP），受惠於營收與獲利成長，今年專員級表現佳者可較去年多領五萬元，約爲三十萬元，高專級則較去年多領十萬元，最高約七十萬元，總計台塑集團這次將送出超過二十億元的 SP。王永慶這次的超大手筆，勢將讓國內各大小企業主管羨煞不已。

受惠於石化景氣翻揚，台塑集團發揮垂直整合的優勢，以四家主要上市公司爲例，台塑四寶初估上半年合計獲利高達六百八十多億元，比去年大幅成長一倍，全年集團合併獲利保守估計有一千二百億元，隨著下半年國際原油與石化景氣熱度升高，台塑集團有進一步挑戰全年獲利一千五百億元的能力，爲有史以來的最佳水準。

台塑集團薪資結構 SP 發放一覽表

職位（大學以上畢業）	年資	年薪	SP資格與金額	初估發放金額
助理主辦	試用三個月後升任	50 萬	無	無
主辦	擔任助理主辦一年三個月後升任	50 萬	無	無
專員	擔任主辦三年九個月後可參加升等考試	50 萬至 100 萬	25 萬	7 億 5,000 萬
高級專員	擔任專員五年後可參加升等考試	150 萬	60 萬	12 億
經理級	各部門主管	200 萬	依部門績效	不公布

資料來源：台塑集團各公司

案例 8

統一超商店員薪資福利表

①學經歷	高中職以上
②薪獎制度	薪資：大專 2.5 萬、大學 2.8 萬、碩士 3 萬 獎金：根據考績年終加發獎金
③教育訓練	初期教育訓練、升級考試教育訓練
④上班時間	8 小時分早、晚、大夜班
⑤福利制度	輪休、3 節獎金、保證 14 個月薪水、勞健團保、旅遊、尾牙
⑥升遷前景	店經理、區顧問、營銷經理、內勤、加盟主、相關企業通路
⑦基本特質	專業服務能力、喜歡與人接觸、抗壓性高、領導能力

資料來源：蘋果日報財經版，臺北，2004 年 6 月 21 日。

第 5 節　非財務性激勵措施

一、參與管理（Participation Management）

(一) 參與管理的效用

實施員工參與管理，其效用包括以下各點：

1. 增加員工的士氣

一旦員工能夠積極參加組織的部分決策與重大計畫，就會使他得到較高的滿足，從而可以提高他的士氣；士氣一旦提高，工作的績效自會較顯著。

2. 可提高決策的品質

結合多數員工意見與看法，可使高階決策品質更為周延，甚且提高。

3. 使員工樂於配合

決策與計畫都讓員工參與，這是屬於他們的成品與承諾，在執行決策的階段中，各單位員工必然較樂於配合與完成自己所做的承諾；並且建立起他們的責任感。

4. 發掘有才華的員工

透過參與管理的實施，可使高階主管發掘各階層具有潛力與領導才華的優秀員工，從而加以培養與晉升。

5. 提供有價值的訓練

參與管理的思考、推理、檢討、辯論、分析、溝通與判斷的一連串過程，就是一種對基層員工最好與最有價值的在職訓練；可使員工得到與學到很多東西。

(二) 有效參與管理的條件

參與管理在理論上而言，雖然具有前述各項好的作用，但在實際執行上，卻未如預期那樣順利。

要使參與管理有效，應有下列條件配合：

1. **高階是否支持**

高階管理是否具有員工參與管理的理念、認知與思想影響極大，亦即高階管理人員是否眞心支持員工的參與管理，還是緊緊握住決策權力不放，如果只是口頭上支持，那麼參與管理只是徒然浪費時間而已。

2. **參與管理之主題應適當**

有關參與管理研討的主題及決策，應與員工本身的工作或權益有關，至於無關的問題，則並不需納入員工的參與管理；故需適當的選擇。

3. **員工要有參與的意願**

員工必須要有參與的意願，如果員工被動、消極、沒有強烈的動機與權力慾望，那麼參與管理本身即失去最原始的意義。

4. **應給予參與訓練**

在執行參與管理之前，應該給員工適當的參與訓練，諸如如何領導會議、如何形成決策、決策的考慮要點、諮商的藝術、分析能力培養、合作精神等，如此在執行參與管理時，才會具有效率及成果。

5. **要給予充分的時間**

員工參與決策的研討，應具有寬放的時間，如係急迫性決策，就不宜採取參與管理方式。

6. **上下應相互信任**

上級與下層部屬間，在心態上應建立互信的理念，不要各懷鬼胎，各耍把戲，否則參與管理就變成權力鬥爭的舞臺；損失更大。

(三) 員工參與的方法

員工參與的方法很多，以下列舉幾種較普遍的使用方法：

1. **目標管理**（management by objective）

係指工作的目標，由員工自主訂定，然後付諸執行，上級不做過多干預，但員工最後必須對自己目標是否如期如質達成負起責任來，而上級主管即以此做爲考核的依據。

目標管理（MBO）所強調的有兩個觀念：

(1) 員工自主管理（參與管理之精神）與發揮。

(2) 上級主管只求結果，不管過程。

2. 提案計畫（suggestion planning）

係由員工針對本身工作與他人聯繫的工作、組織問題、員工的問題等方面，提出革新改善的計畫或建議報告。

3. 民主決策（democratic decision）

係指各階層之決策，應力行以民主表決或集體研究的方式來做成，不應由各單位主管獨斷的、未徵詢員工意見，即做出違反員工權益的決策。例如：有些公司會進行內部員工的民調，以決定一些公司普及性的決策問題。例如：公司的logo（標示）、slogan（標語）、CI（識別系統）、制服、識別證、員工福利項目等。

4. 員工代表大會（employee meeting）

係每月定期一次，由高階主管、中堅幹部、與員工代表等三方面聚會，一起針對有關全體員工的事務提出溝通與研討。

5. 工廠會議

工廠會議就是勞資雙方，各以同等數目的代表，以定期集會的方式，在平等的地位上雙方輪值主席，共同商討研究有關產業發展的問題，以謀促進生產改善勞工生活的一種合作機制。

6. 複式管理

此即管理發展中所用的一種培育高級管理人才的方法。就是由較低層人員組成委員會，研究公司問題，並提出建議，公司除了提供資料外，對其所研究問題並不限制，惟最後所提建議必須得到企業最高當局的批准才可採用。

7. 諮詢監督

又稱諮詢管理；就是管理人員對有關員工的重要問題，在做成決定前先徵詢員工的意見，以立集思廣益之效。

8. 此外，還可以包括有設立董事長個人網址與信箱，可以隨時接收員工發出的 e-mail 或信函等，董事長一定會加以回覆。

二、工作豐富化（Job Enrichment）

(一) 意義

工作豐富化（job enrichment）是一種重新設計工作的方式，目的在於將成就、成長、機會等屬於激勵性的因素納入在工作內。

展現在工作上來說，就是將員工的工作，做「垂直性質」的整合，讓員工負責更豐富的、有趣的、挑戰的工作，享受職權與擔負責任。

(二) 方式

1. **合併任務**

   例如：本來一產品之裝配分成數個作業，由不同的人負責，現在則交由一人從頭到尾完成裝配。

2. **建立客戶關係**

   儘量讓員工能與產品的客戶有所接觸，體認客戶的感覺。

3. **增加垂直工作的整合**

   讓員工自行從規劃（plan）、執行（do）與控制（control）三者聯合性工作，一起結合起來。

4. **開放回饋通路**

   使員工能迅速得到其績效之回饋。

三、行為修正與強化

(一) 意義

行爲修正（behavior modification）有時稱爲「操作制約」（operational conditioning），乃是改變員工行爲的有效工具，此係建立在兩個原則上：

1. 導致正面結果（如給員工報酬）的行爲，有一再重複出現的傾向；而導致負面結果的行爲，則有不再重複出現的傾向。
2. 因此，只要適時提供報酬，就可能影響人的行爲。

(二) 強化的種類

1. 正強化（positive reinforcement）：包括讚揚、晉升、加薪、休假等報酬。
2. 負強化（negative reinforcement）：包括責備、處罰、調職、減薪、加班、取消休假等負面的報酬。

(三) 應用

1. **銷售人員獎金制度**

   例如：銷售人員的薪資，係由底薪加獎金而形成，只要銷售人員多銷售商品，即可以多拿到獎金，此爲正強化。

2. **節省成本專案**

   例如：只要員工降低成本，將降低金額之 30% 拿出當員工之獎金分發，此舉將使員工努力研究如何節省成本，此爲正強化。

3. **主管調職**

   例如：各業務單位主管，如果該季未達成上級交付之營業目標，則將主管調離原職位，改派至非主管缺而且取消其主管加給薪資，此爲負強化。

第 6 節　實例比較

一、員工福利與同業比較 I（某行業）

相關同業之員工福利調查資料將轉職福會，以做爲精進本集團員工福利的參考指標，爲留才之各項努力加分。

項目／公司別		本公司			B公司			C公司			D公司	E公司	F公司
(一) 員工人數		1,542			1,000			950			630	92	750
		內勤	外勤	駐外	內勤	外勤	駐外	內勤	外勤	駐外			
(二) 團保	壽險（單位：萬元）	50			100			50			×	×	×
	意外險／傷害險	150	250	350	100	1,000	1,000	100	300	1,000	依月薪倍數計		80
	醫療限額	1	1	1	1	1	1	1	1	3	2		1
	住院日額	×			1,000			1,500			×		×
	癌症醫療				1,000			1,000					
(三) 職福會	三節禮金	1,000			2,000			1,000			1,000	2,000-5,000	1,000- 春節 3,000
	生日禮金	1,000			1,500			800			×	×	500
	生育	分娩 -5,000 小產 -3,000			6,000			未滿六個月 -2,000 滿六個月者 -3,600			2,000	×	同住院
	子女	1,000-5,000			×			×			×	×	1,000-4,000 無息大學助學貸款 -30,000 為上限
	結婚	3,600			6,000			未滿六個月 -2,000 滿六個月者 -3,600			3,600	×	公司 - 本人及子女總經理副總協理 1,000 元
	傷病住院	因公住院三日以上 -6,000 非公務住院三日以上 -2,000			×			三天以上 -3,600			因公住院三日以上 -6,000 非公務住院三日以上 -2,000	×	本人 - 日額 1,000 眷屬 -500 （40 天為上限）
	喪葬	本人、配偶 -5,000 父母、子女 -2,500			本人 -50,000 配偶 -15,000 一等親 -1,0000 二等親 -3,000			本人 -10,000 眷屬 -5,000（未滿六個月）2,100			本人 -11,000 眷屬 -2,100	×	公司及福委會 本人子女各 5,000
	急難救助	1,000-50,000			×			×			×	×	30,000 上限
	旅遊補助	1,000			3,000			2,000			×	×	2,000
(四) 員工餐廳		優民咖啡			公司設立餐廳			咖啡廳／餐廳			（外包）	×	×
(五) 關係企業購物優惠	衣蝶百貨	✓			×			×			×	×	×
	ETMALL	✓											

二、員工福利與同業比較 II（某行業）

福利項目	甲公司	乙公司	丙公司	丁公司	戊公司	己公司	庚公司
(一) 結婚禮金	3,600 元	滿三個月 -1/2 盎司金銀幣一組；滿十年 -1/2 盎司金銀幣二組	5,000 元	2,200 元	年資未滿一年：2,000 元 年資滿一年：5,000 元 員工子女結婚：2,000 元	6,000 元	課長以下 800 元 / 人
(二) 喪葬慰問金	本人、父母、配偶死亡 -5,000 元 子女死亡 -2,500 元	本人因公：30,000 元 本人：15,000 元 父母、配偶：7,500 元 子女：5,000 元	本人：10,000 元 父母、子女、配偶：5,000 元 配偶之父母、兄弟、姐妹：2,000 元	本人：10,000 元 配偶、父母、子女：1,100 元	年資未滿一年本人：5,000 元 父母、子女、配偶：2,000 元 岳父母、公婆：2,000 元 年資滿一年本人：10,000 元 父母、子女、配偶：5,000 元 岳父母、公婆：2,000 元	5,000 元	×
(三) 傷病慰問金	住院 3 天以上者，致送慰問金 2,000 元	×	×	×	住院 5 天以上者，致送慰問金 1,000 元，最高 10,000 元，核發標準每天兩萬元	×	×
(四) 生日禮金	1,000 元	1,500 元 / 人	×	×	禮金 1,000 元 生日蛋糕一個	禮金 500 元 生日蛋糕一個	禮券 1,000 元
(五) 生育賀禮	本人分娩 -5,000 元 配偶分娩 -1,000 元	每胎每位 3,000 元	本人或配偶 -3,000 元	本人或配偶 -1,200 元	本人或配偶 -2,000 元，雙胞胎以上依胎數核計	×	×
(六) 職工退休福利金	×	滿 15 年：10,000 元 / 人 滿 20 年：15,000 元 / 人 滿 25 年：20,000 元 / 人	×	×	×	×	×
(七) 會員急難貸款	×	上限 15 萬元 / 最長 30 期	×	×	×	×	×
(八) 職工旅遊	×	8,000 元 / 人	×	×	×	×	全額補助
(九) 勞動節福利品	1,000 元	1,500 元 / 人	×	×	×	禮券 500 元	禮券 1,000 元
(十) 子女獎學金補助	國中：2,000 元 / 人 高中 / 職：3,000 元 / 人（含五專前三年） 大專 / 學：5,000 元	國中：1,000 元 / 人 高中 / 職：2,000 元 / 人（含五專前三年） 大學：4,000 元	×	×	×	×	×
(十一) 學齡前教育補助	×	學齡前一年 3,000 元 / 人	×	×	×	×	×
(十二) 子女教育補助	×	國小 / 中：1,000 元 / 人 高中 / 職：2,000 元 / 人 大專 / 學：4,000 元 / 人 研究所碩士班：4,000 元	×	×	入學禮金：小學、國中、高中、大專一年級生，每人 2,000 元。	×	×

自我評量

1. 試說明訂定薪資制度的基本條件爲何？
2. 試分析影響員工薪資的內外在因素爲何？
3. 試說明薪資制度的二種主要方式？及其優缺點？
4. 試分析近代員工福利制度，受到重視而快速發展的原因爲何？
5. 試說明員工福利，可以區別爲哪三大類別？
6. 試申述在研訂員工福利計畫時之原則爲何？
7. 何謂「彈性福利措施」？
8. 試說明國內「勞基法」之下的勞工福利內容有哪些重點？
9. 公司訂定獎酬之目的何在？決定獎酬多寡的因素爲何？
10. 試圖示對員工的獎酬內容項目，可以有哪些？
11. 試分析獎酬對組織行爲之涵義爲何？
12. 試說明花旗銀行對員工的福利內容爲何？
13. 何謂員工「分紅配股」？其目的爲何？
14. 何謂非財務性激勵措施？有哪些方式？
15. 試說明傳銷業者對業務人員在物質面與精神面的二種獎勵做法？
16. 試述中鋼公司股東分紅的制度？

其他重要人事議題

Chapter 14

臺灣人才西進中國滿意度調查結果

第 1 節　資料來源

《遠見雜誌》及 104 資訊科技合作啓動「2018 年臺灣人才西進滿意度大調查」，回收5,383份有效樣本，其中，1,113份有中國工作經驗或目前正在中國工作。

第 2 節　各項調查結果圖示

問 你當時（初次）決定前往中國工作的主因？（%，複選，僅列前六名）

主因	%
中國市場潛力大，有較大發揮空間與未來成長潛力	37.2
依據公司規劃需求，配合短暫外派或長期出差	35.0
中國福利薪酬比臺灣優渥	28.1
臺灣經濟前景不如中國	28.1
趁年輕接受挑戰，提升職涯競爭力	27.9
臺灣薪資停滯	26.6

圖 14-1　臺灣人西進的前六大理由

問 連同年薪、房租、交通、子女教育等各項津貼項目在內，比較相同職級的工作，中國薪酬與臺灣薪酬何者為高？（%）

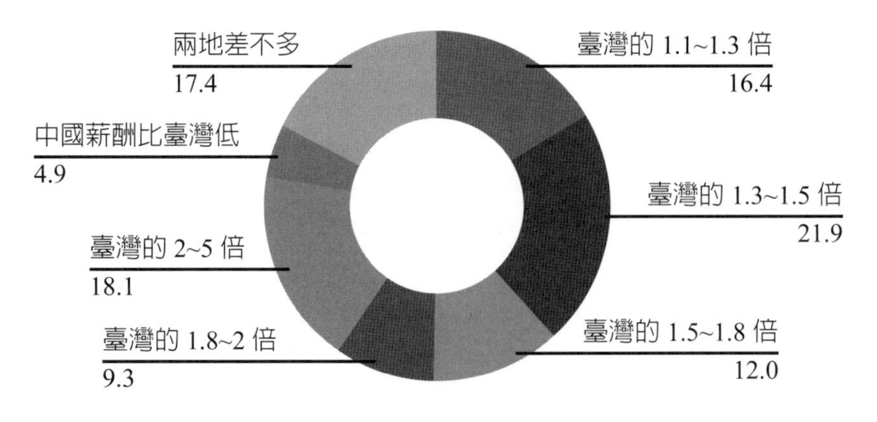

圖 14-2　中國薪酬平均為臺灣的 1.72 倍

問 你覺得在中國工作滿意還是不滿意？（%）

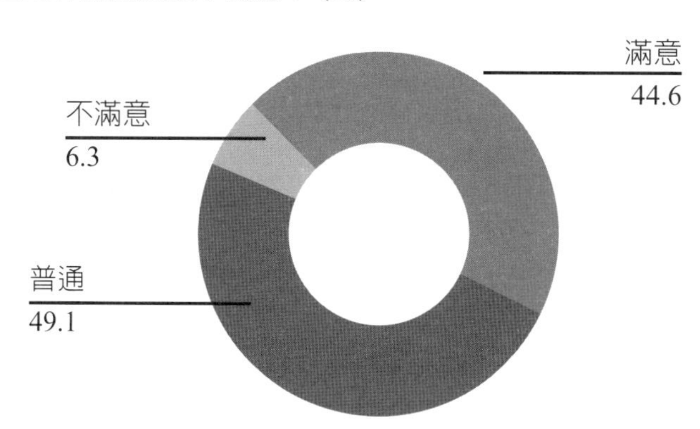

圖 14-3 44.6% 滿意赴中國工作；僅 6.3% 不滿意

問 你覺得在中國生活滿意還是不滿意？（%）

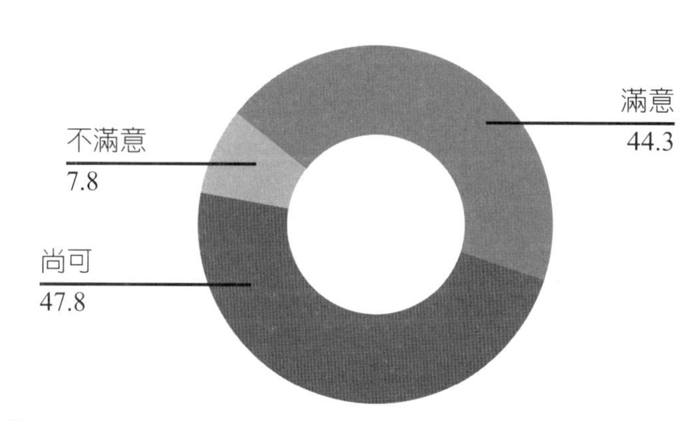

圖 14-4 44.3% 對中國生活滿意；僅 7.8% 不滿意

問 你覺得在中國工作有哪些部分感到滿意？（%，複選）

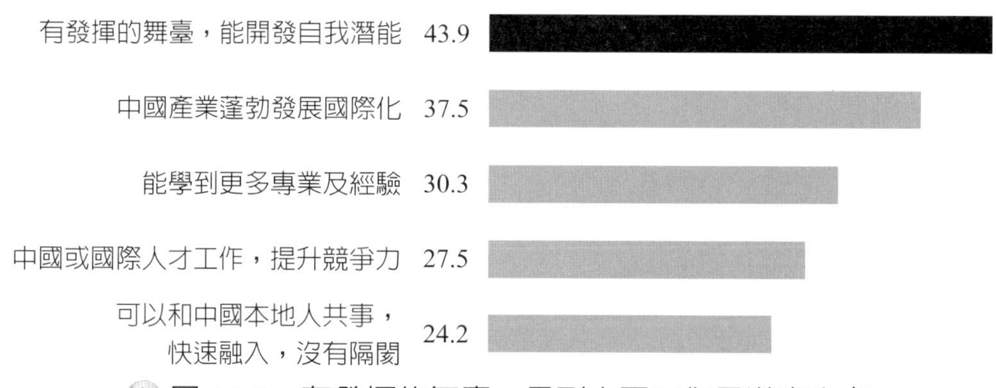

圖 14-5 有發揮的舞臺，是到中國工作最滿意之處

問 你覺得在中國工作壓力大不大？（%）

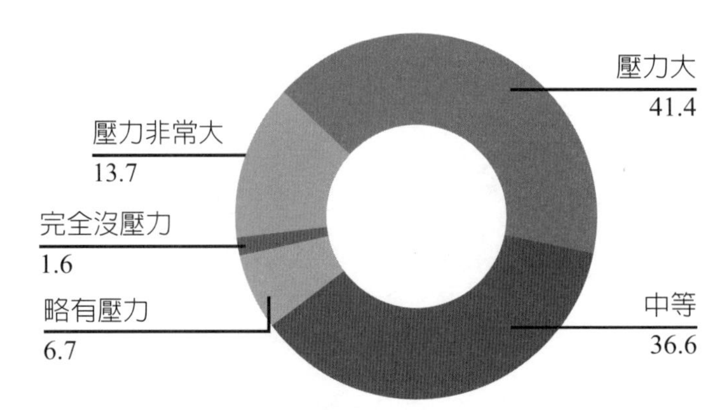

圖 14-6　逾半覺得中國工作壓力真的很大

問 你在中國工作時平均一週大約工作幾小時？（%）

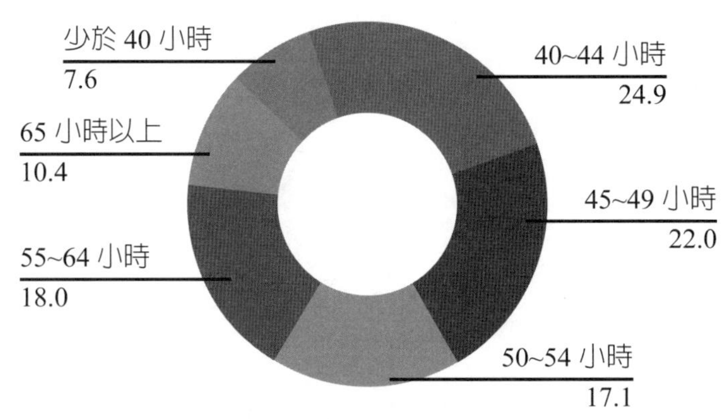

圖 14-7　45.5% 每週工時超過 50 小時

問 你認為臺灣人才比中國或其他地區的工作者優秀嗎？（%）

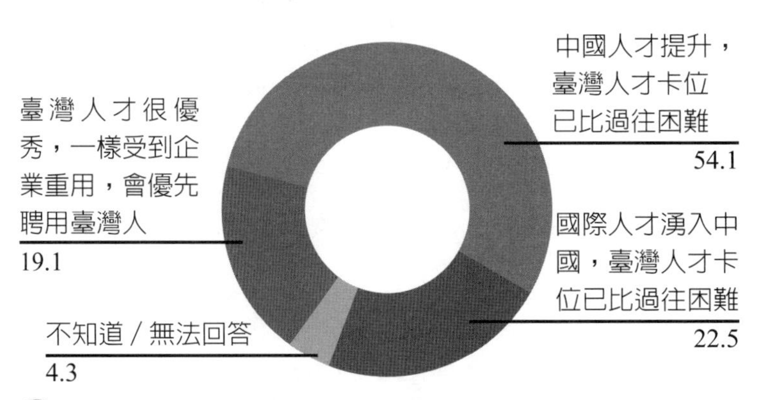

圖 14-8　54.1% 認為，臺灣人才卡位中國愈來愈難

問 你在中國工作時的生活費比臺灣高還是低？（%）

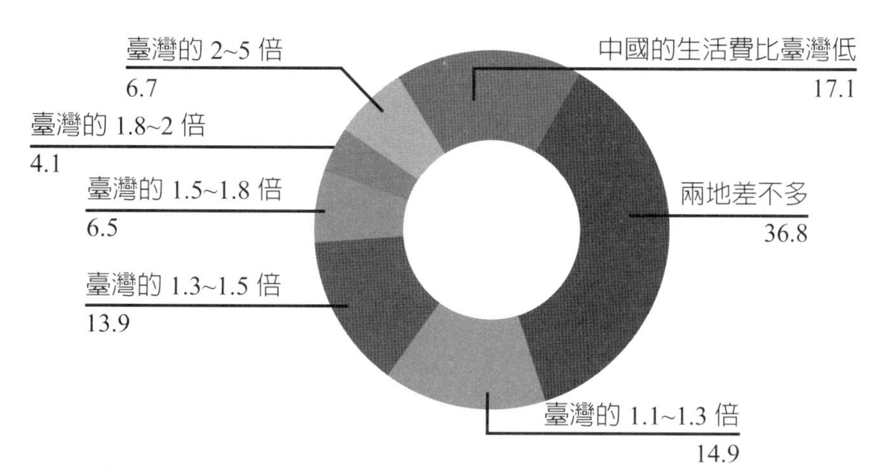

圖 14-9　中國的生活費平均比臺灣高 1.63 倍

問 你覺得在中國生活有哪些部分感到滿意？（%，複選）

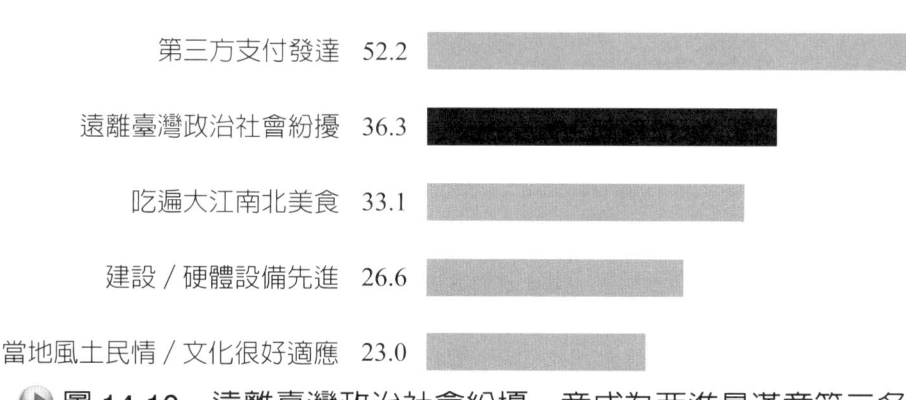

圖 14-10　遠離臺灣政治社會紛擾，竟成為西進最滿意第二名

問 你在中國工作期間，曾遇到哪些生活衝擊？（%，複選）

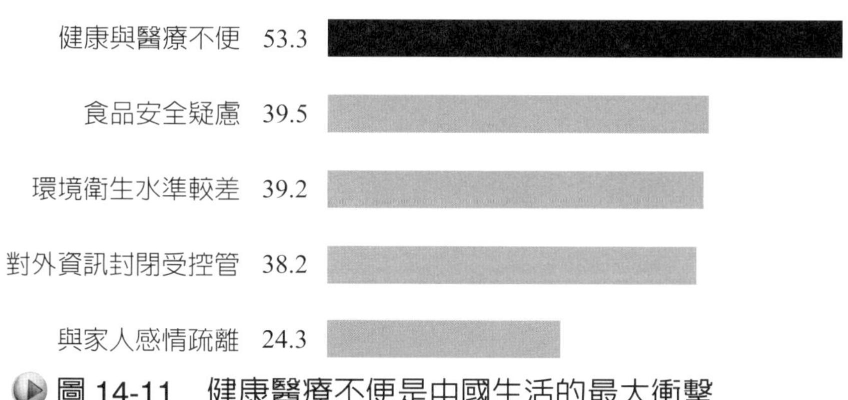

圖 14-11　健康醫療不便是中國生活的最大衝擊

問 你未來願意持續在（或「再到」）中國工作、發展嗎？（%）

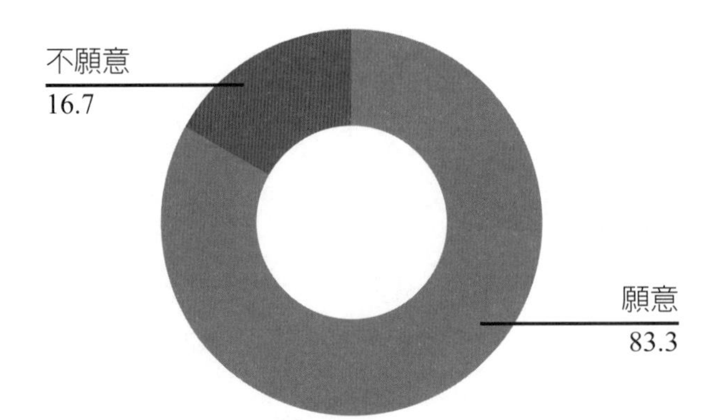

圖 14-12　83.3% 願意持續在中國打拚

問 你會向親朋好友推薦到中國工作、發展嗎？（%）

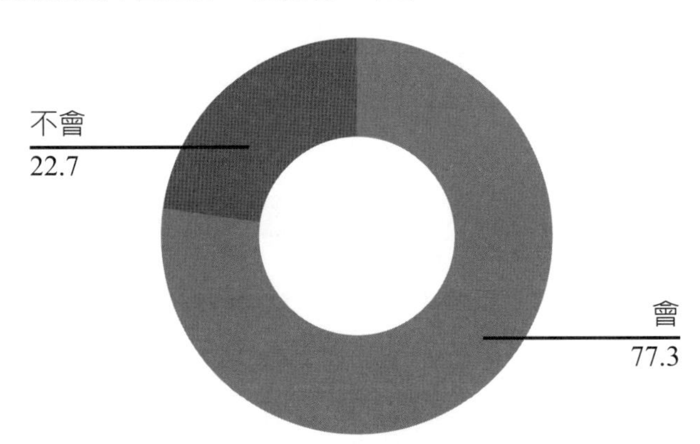

圖 14-13　77.3% 會推薦親友到中國發展

問 中國祭出惠臺 31 項措施，給予臺灣人更多在中國工作的準國民待遇，對臺灣人更友善，會加強你在中國工作的意願嗎？（%）

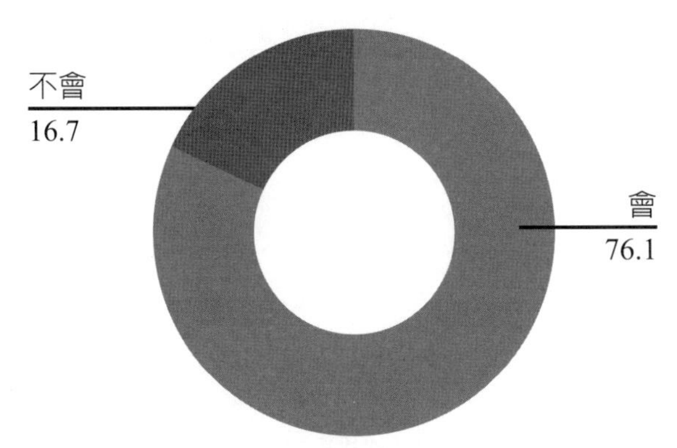

圖 14-14　因應惠臺政策，76.1% 會加強在中國工作意願

問 你是否曾考慮離開中國，嘗試找其他地區的工作？（%，複選）

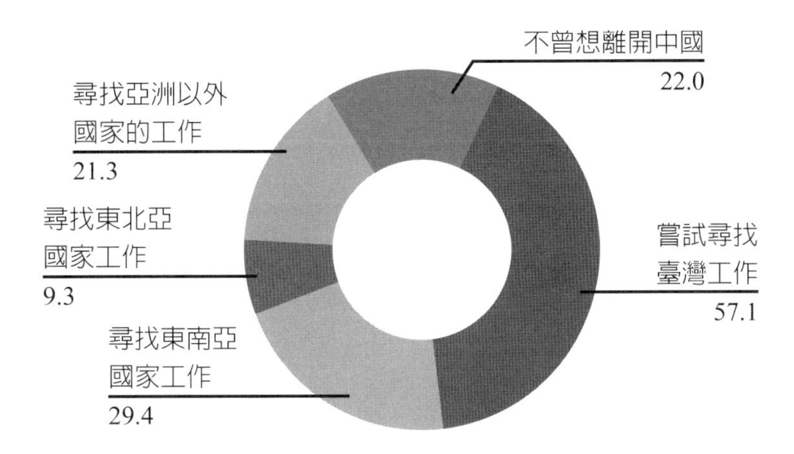

圖 14-15　57.1% 曾嘗試回臺灣找工作

Chapter 15

中國大陸企業招聘臺籍員工偏好度調查

第 1 節　資料來源

爲瞭解中國雇主對臺灣人才的看法，《遠見》與中國人力資源媒體公司 HRoot 合作「中國大陸企業招聘臺籍員工偏好度調查」。

調查對象爲在中國註冊的民企、國企、外商及合資公司的企業負責人或人力資源主管。

第 2 節　各項調查結果圖示

問 貴公司有臺籍員工嗎（包含曾經聘用過）？（%）

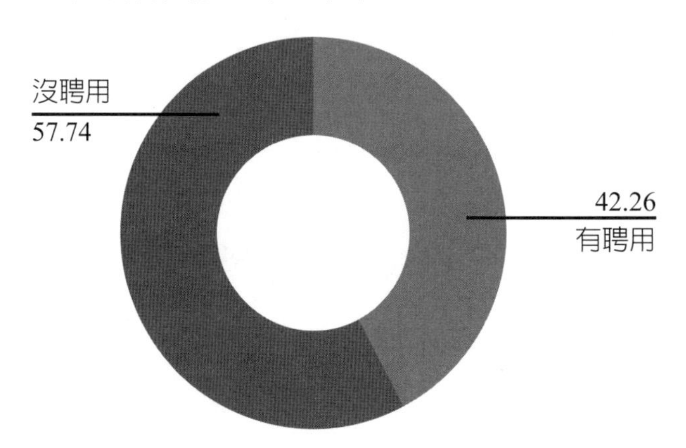

圖 15-1　中國職場多元化，逾四成中企曾雇用臺灣人

問 貴公司在未來三年有招聘臺籍員工的意願或計畫嗎（%）

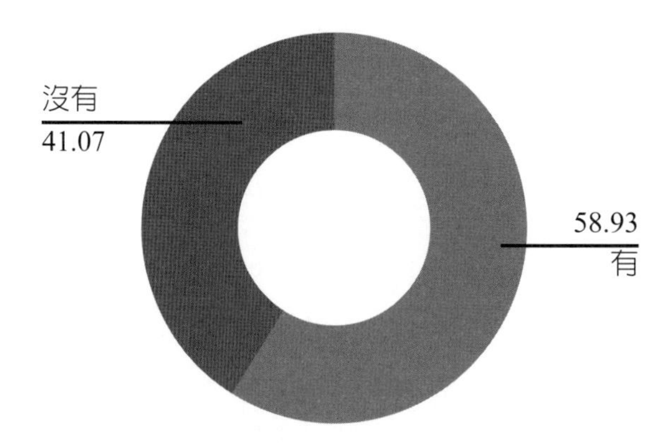

圖 15-2　中企日漸開放，近六成企業想聘用臺灣人

不同營收規模企業對於臺籍員工的招聘意願（單位：人民幣，%）

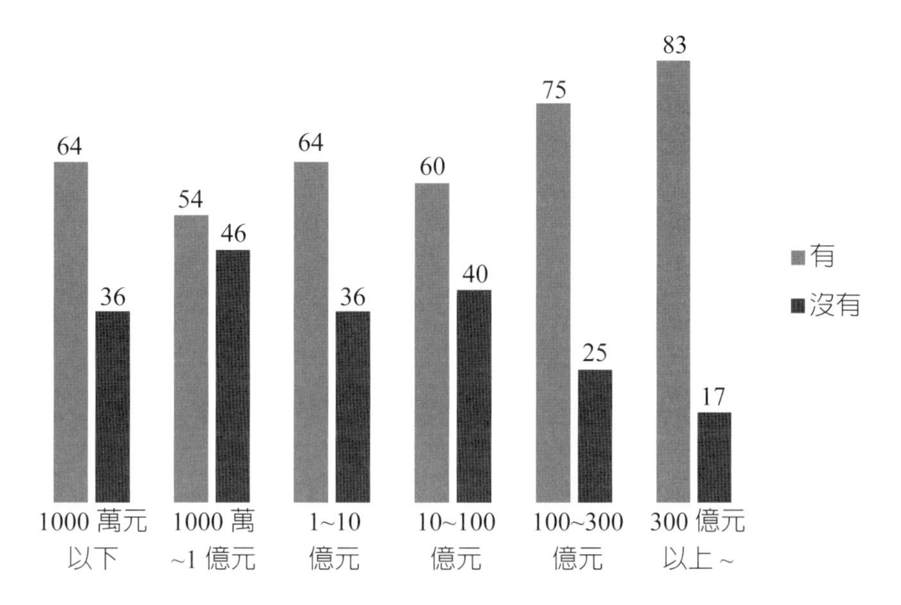

圖 15-3　企業營收規模愈大，聘用臺灣人意願愈高

問 貴公司最傾向招聘有幾年工作經驗的臺灣人？（%）

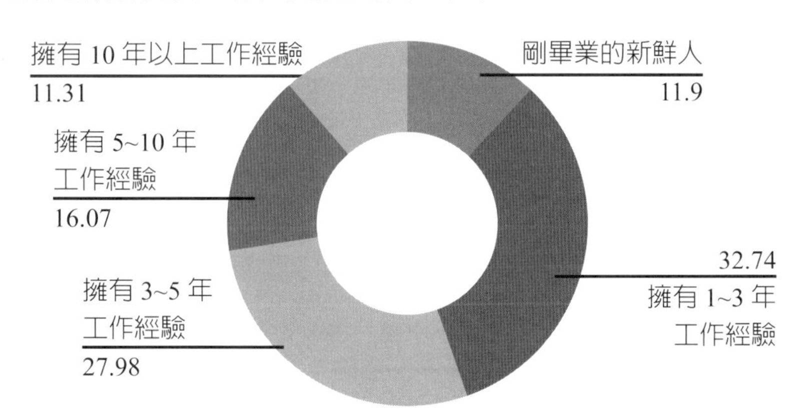

圖 15-4　擁有 1~5 年工作經驗者，較獲中企青睞

問 貴公司最傾向招聘何種學歷的臺灣人？（%）

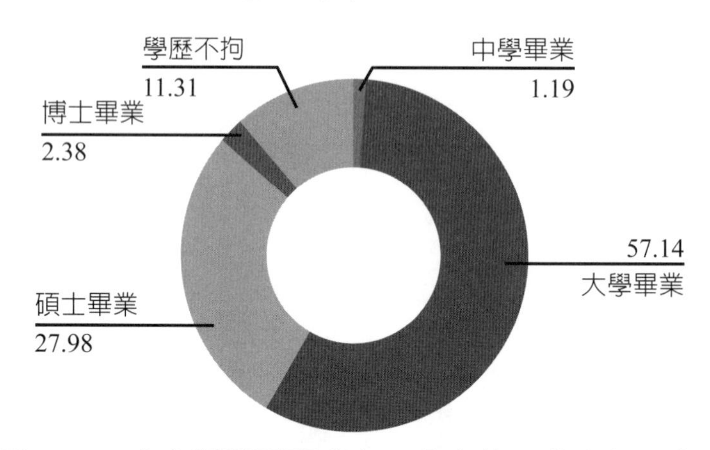

圖 15-5　中企對學歷要求高，逾半數要求大學畢業以上

問 貴公司最傾向招聘何地高校畢業的臺灣人？（%）

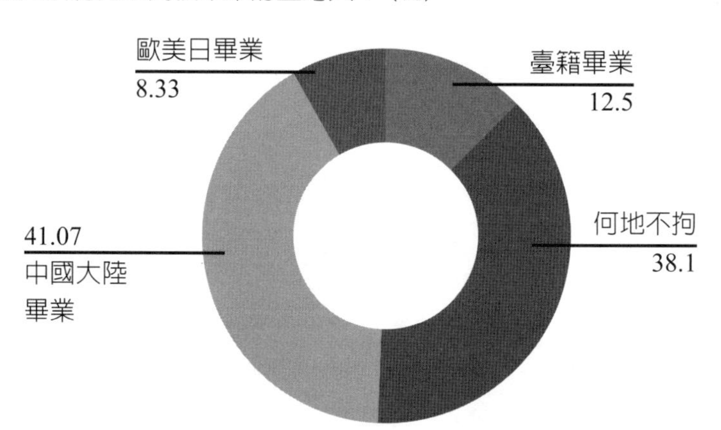

圖 15-6　從何處畢業，並非中企招聘主要考量

問 貴公司最傾向招聘有哪個地區工作或生活經驗的臺灣人？（%）

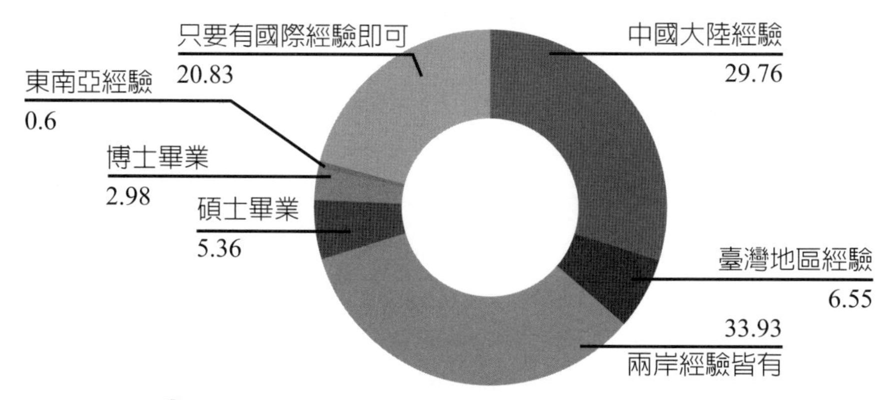

圖 15-7　若有兩岸經驗，相對容易錄取

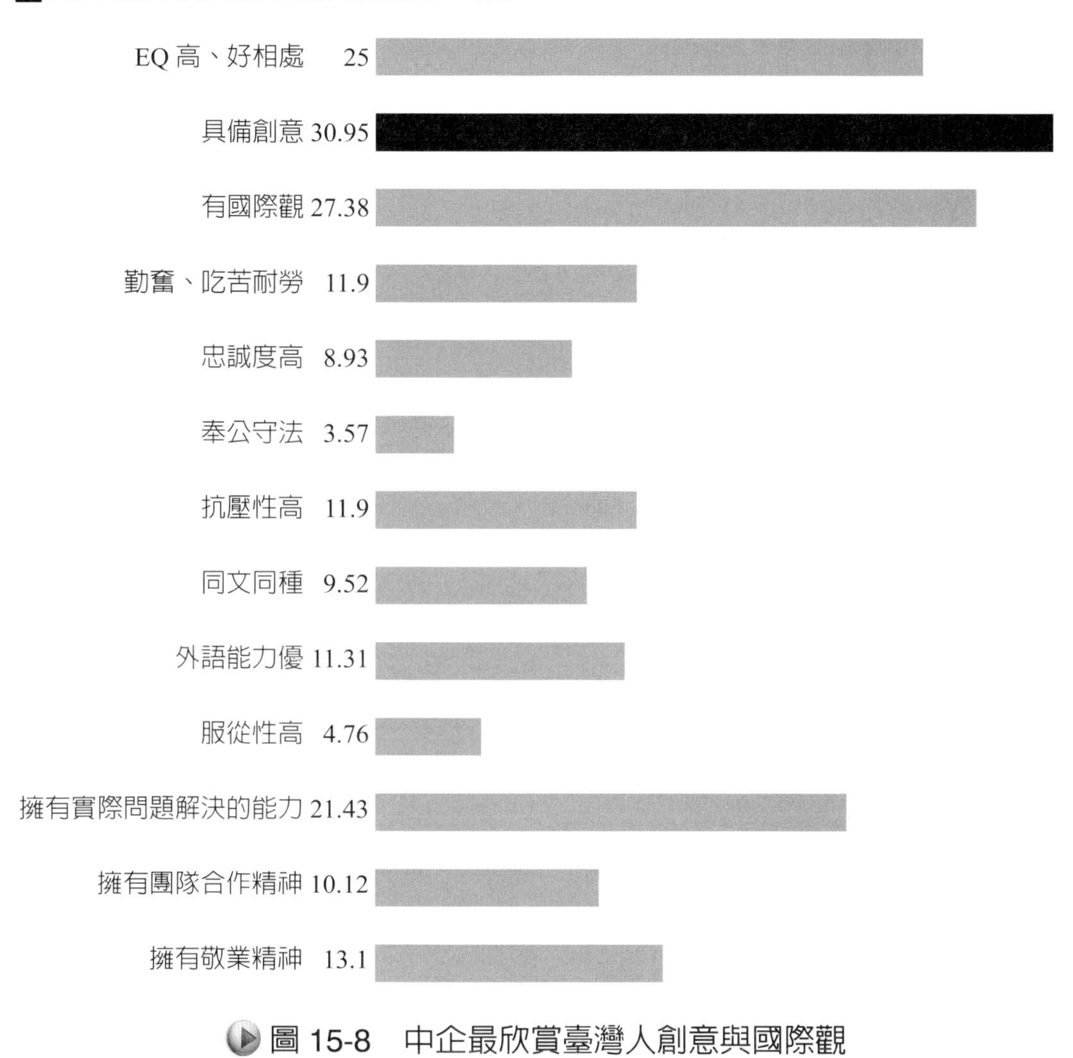

圖 15-8 中企最欣賞臺灣人創意與國際觀

問 貴公司最傾向招聘何種工作專業的臺灣人？（複選，%）

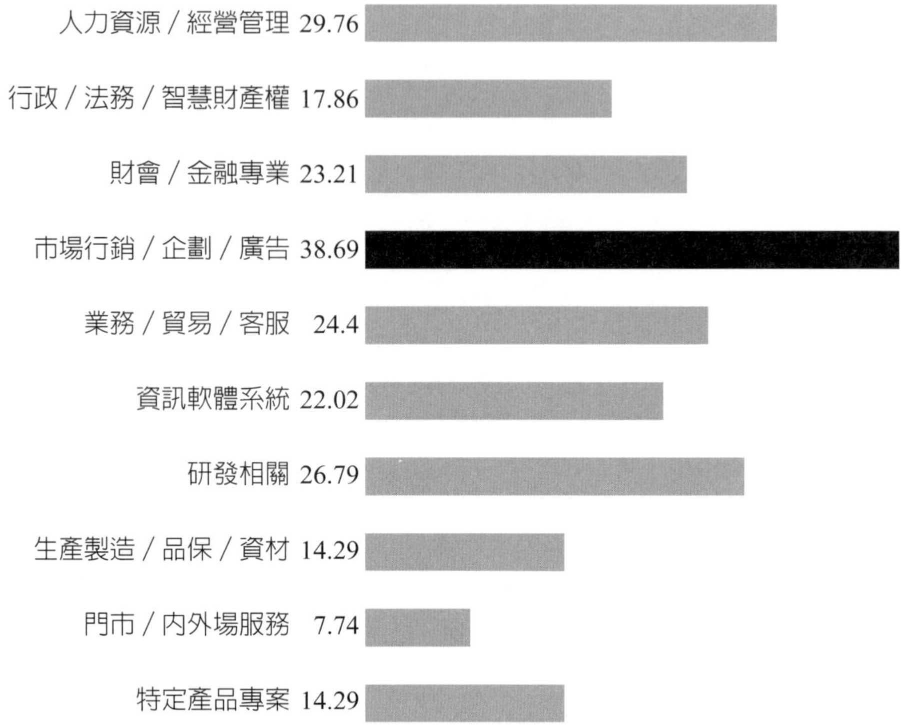

工作專業	%
人力資源／經營管理	29.76
行政／法務／智慧財產權	17.86
財會／金融專業	23.21
市場行銷／企劃／廣告	38.69
業務／貿易／客服	24.4
資訊軟體系統	22.02
研發相關	26.79
生產製造／品保／資材	14.29
門市／內外場服務	7.74
特定產品專案	14.29

圖 15-9　市場行銷企劃及廣告人才，赴中國發展最搶手

問 貴公司最傾向招聘何種職級的臺灣人？（複選，%）

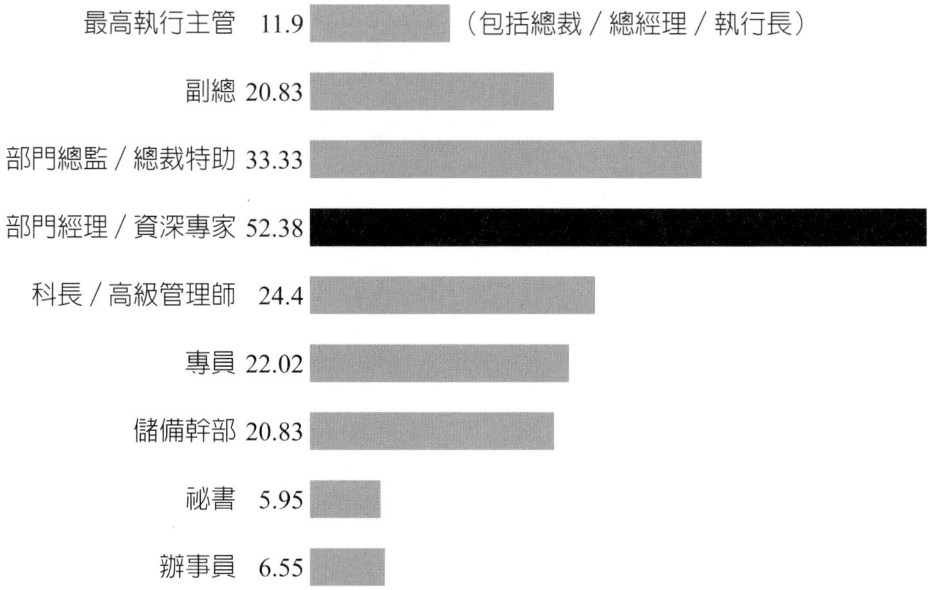

職級	%
最高執行主管（包括總裁／總經理／執行長）	11.9
副總	20.83
部門總監／總裁特助	33.33
部門經理／資深專家	52.38
科長／高級管理師	24.4
專員	22.02
儲備幹部	20.83
祕書	5.95
辦事員	6.55

圖 15-10　中間層級需求較多，頂端與基層較無職缺

問 貴公司會因為最近中國國臺辦祭出「惠臺 31 條」的優惠政策，而聘用更多的臺籍員工嗎？（%）

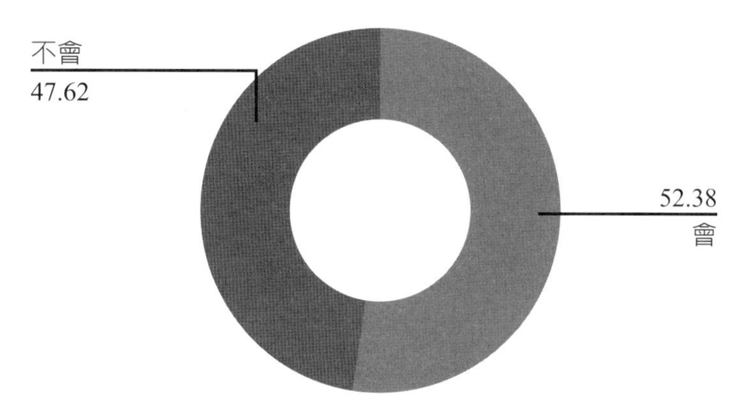

圖 15-11 「惠臺 31 條」影響力尚未顯現

Chapter 16

日本優良企業無印良品人力資源管理個案介紹

第 1 節　日本無印良品爲何是一家讓員工想要一直待下去的公司？

無印良品在日本票選「最想打工的品牌企業」活動中榮登第二名。

無印良品總公司員工的離職率，在最近五年內都維持在 5% 以下，相較於日本批發業及零售業平均離職率 14%，算是低很多。

一、以人為本，才能雙贏成長

日本無印良品在前會長松井忠三的引導變革之下，一脫過去的框架，從「以人爲本」的角度，重新定義公司與夥伴的關係，視夥伴爲「資本」，展開育才與選才的業務規劃與實踐。

在無印良品，不僅是培育人才，而且是「培育人」。

該公司從不認爲員工是公司的資源，反而認爲他們是資本。假如用「人才」來描述，會給人一種「員工純粹只是材料」的感覺，利用他們來賺錢而已，一旦消耗殆盡就再換一批新的進來。

但如果公司把員工當成是資本，他們就會變成經營事業不可或缺的寶貴泉源。公司就非得好好照顧他們、好好保護他們不可。

二、讓員工一直待下去的主要原因

(一) 很多人是因爲喜歡無印良品這個品牌而進入公司：對很多員工，他們是非常熱愛這個品牌，因爲他們對無印良品那些簡約又實用的商品愛不釋手，所以也會對自己的工作感到自豪。

(二) 無印良品會從內部覓才，將悉心培育出來的人起用爲正職員工：關於內部覓才，就是從分店挑選出有能力的打工者，並起用爲正職員工的一種制度。這些成爲內部覓才對象的員工，不折不扣就是「生在無印，長在無印」，全身上下裡外，都深深印著無印良品的哲學與理念。

(三) 無印良品認眞打造一個讓員工感覺值得在此工作的職場：無印良品致力推行「終身僱用 + 實力主義」制度，若保證終身僱用，員工就會安心工作。

(四) 總結來說，無印良品認爲「讓人成長的公司，就叫做好公司」！

(五) 另外，無印良品創造低離職率的育才法則就是下面的公式：內部覓才 × 職務輪調 × 終身僱用 × 讓人成長。

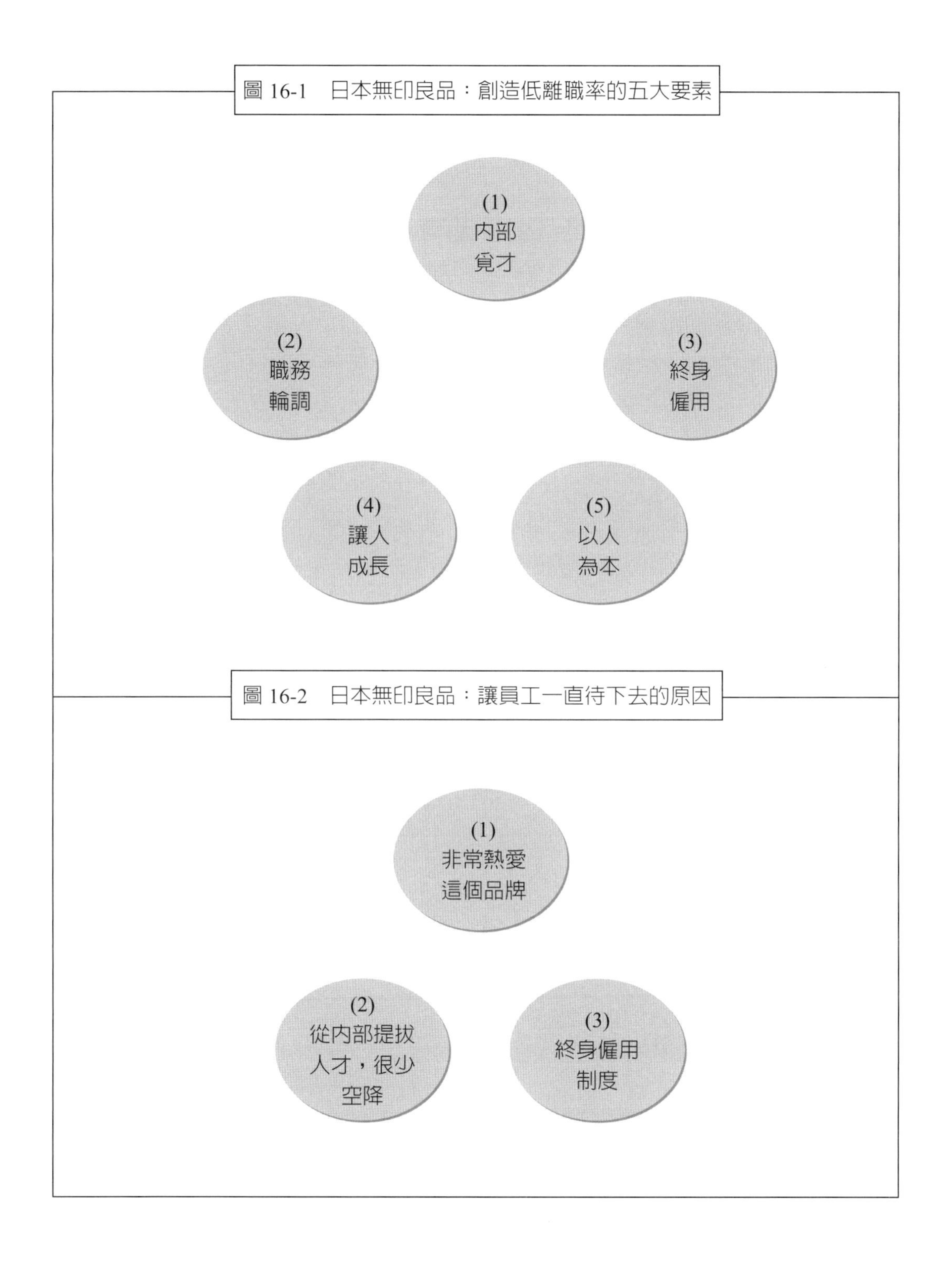

圖 16-1　日本無印良品：創造低離職率的五大要素

圖 16-2　日本無印良品：讓員工一直待下去的原因

第 2 節　日本無印良品推行「終身僱用 + 實力主義」制度

一、提供員工一個能夠安心工作到退休為止的環境

無印良品追求終身僱用制度，聽到這件事，或許有人會產生誤解，以爲無印良品是個抱殘守缺的組織。

正確來說，無印良品公司追求的是「建立足以精準評鑑員工實力的制度，並藉由終身僱用，爲員工創造一個能確保生活穩定的環境。」無印良品認爲，提供員工一個能夠安安心心工作到退休爲止的環境，是很重要的。假如做不到這一點，恐怕無法培養員工對工作的熱情，以及熱愛公司的精神。薪資也是一樣，如果缺少一個或多或少調漲一些的機制，畢竟還是難以讓員工產生很值得在這裡工作的想法。

根據日本市場一份問卷調查，支持終身僱用的人所占比例，創下有史以來的最高紀錄，達到 87%，約有九成上班族，都希望在目前服務的企業中持續工作到退休爲止。

二、歐美式的「完全成果主義」，並不適用於日本

無印良品認爲，由於日本都是靠團隊合作完成工作，不適合實施這種「和隔壁同事互爲敵手」的成果主義。歐美原來就以個人主義爲常態，實施完全成果主義的成效自然就會很好。

其實，過去無印良品也曾一度導入成果主義，但卻失敗了。因爲同事之間激烈的成果主義，卻會削弱對企業來說最爲重要的「一起做事」與「彼此合作」等力量。

無印良品想要打造的，是一個透過團隊合作共同創造業績，大家彼此互助的環境。

於是，無印良品建立了一個既保有協調性，又能好好評鑑個人實力的制度。

無印良品雖然實施終身僱用，卻不是依年資敘薪；雖然看重個人實力，卻不是歐美式的極端成果主義。無印良品的僱用體制，就是想打造出讓員工不想離職的優良公司！

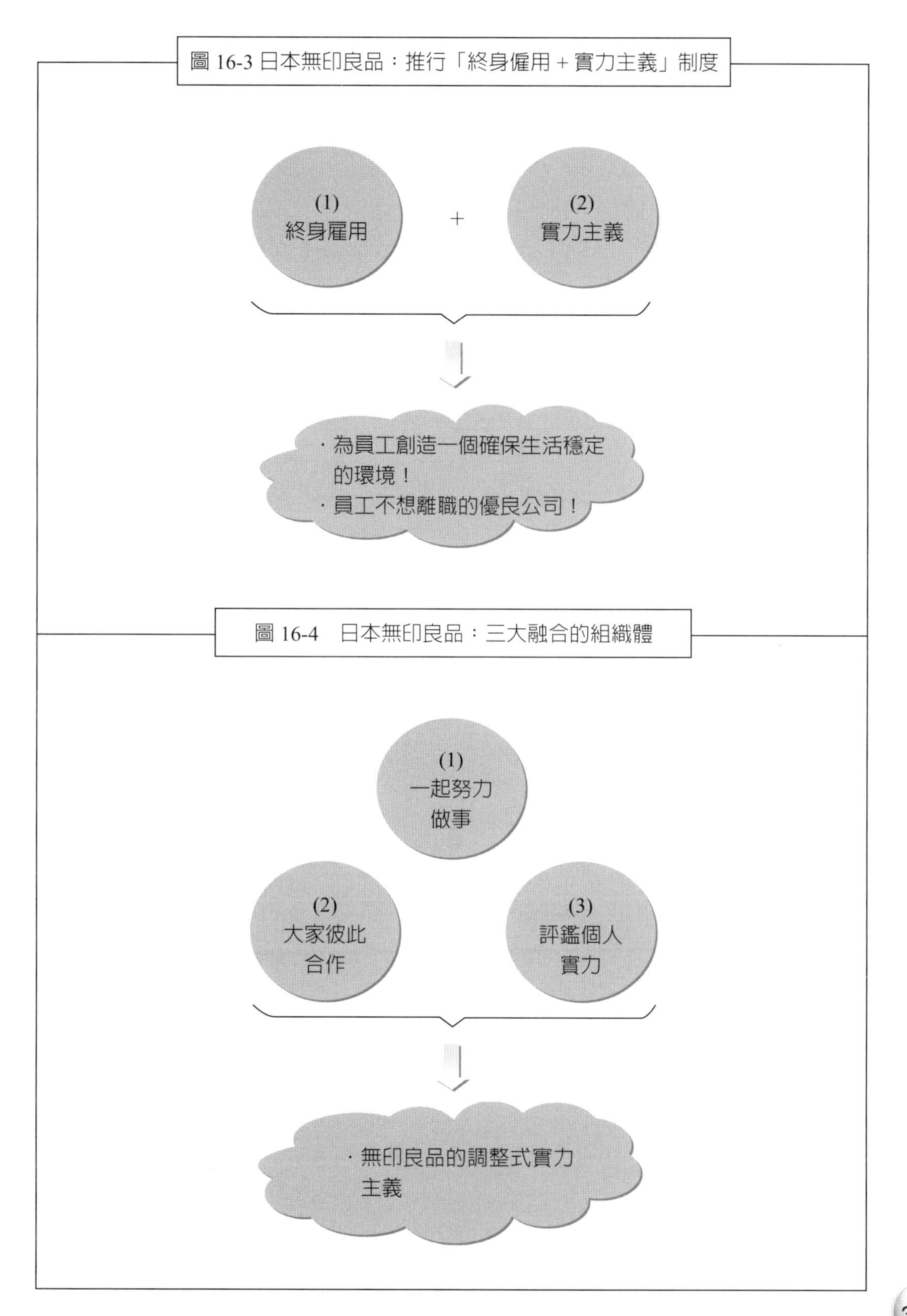
圖 16-3 日本無印良品：推行「終身僱用 + 實力主義」制度
(1)
終身雇用
+
(2)
實力主義
· 為員工創造一個確保生活穩定的環境！
· 員工不想離職的優良公司！
圖 16-4　日本無印良品：三大融合的組織體
(1)
一起努力做事
(2)
大家彼此合作
(3)
評鑑個人實力
· 無印良品的調整式實力主義

第 3 節　日本無印良品的人才培育組織架構

一、無印良品的人才培育，可分為三個層次

人才培育對企業而言，是最重要的策略課題。

無印良品認爲光靠人力資源部很難建立起有策略性的人事制度，因此，該公司設計了「人才委員會」及「人才培育委員會」二個組織單位。

無印良品的人才培育，分爲三個層次：

- 第一層次是，透過無印業務操作標準書的「手冊培育」。
- 第二層次是，讓人才能夠適才適所而配置的組織「人才委員會」。
- 第三層次是，構思人才培育計畫的組織「人才培育委員會」。

由於有這三大法寶，該公司才能建立起讓生在無印、長在無印的員工得以在此工作到退休的環境。

二、人才委員會

會設立人才委員會，是爲了展示無印良品的決心，他們不打算從公司外部獲取優秀人才進公司當幹部，而是要集中心力在公司內部逐步培養出管理人才。

無印良品認爲如果他們突然讓外面找來的人當幹部，他們的部下或許士氣就會因此下滑。很多企業經營者都以「因爲我們公司沒有優秀員工」做爲這種人事安排的理由。

在人才委員會裡，公司的董事長、總經理、董事、乃至於部門主管等執行幹部，會共同討論經營者與接班人的準備狀況。這個委員會的目的，就是要討論誰能成爲候補幹部，或是何種教育才能逐步培育出候補幹部。

無印良品認爲人事安排的公平性與透明度是很重要的。由於大家都能認同評鑑結果，等到某位員工成爲幹部時，就不再會有人面有難色，覺得爲何由他來當部長了。

圖 16-5　日本無印良品培育人才的三個層次

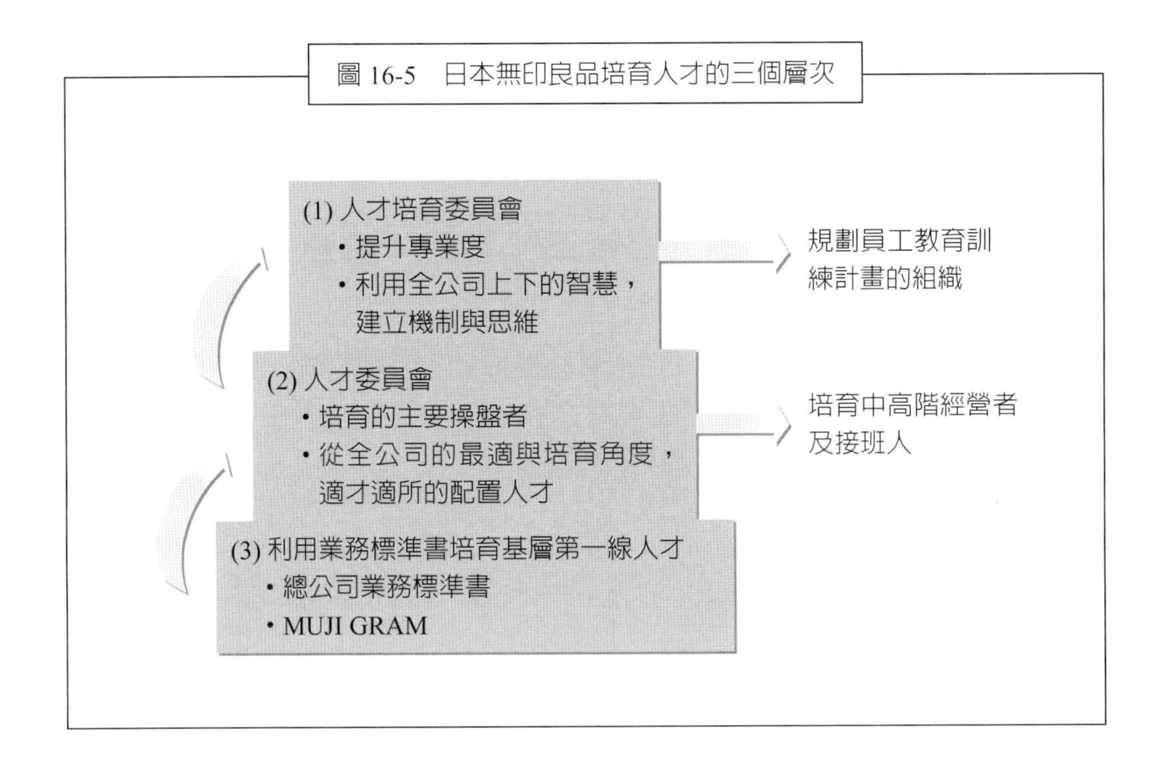

第 4 節　日本無印良品適才適所的五格分級表

無印良品人才委員會在挑選接班人的候補人選時，會使用的其中一種工具，就是「五格分級表」。

一、五種人才的區分

只要是無印良品課長以上的人才，都是候補人選，都要劃分到這五格之中，列出名字。

如下圖所示，五格分級表，總共分為五格：

I. 關鍵人才庫：明日領導人

II. 高績效員工

III. 嶄露頭角的人才：次世代

IV. 主力成員：表現穩定的員工

V. 差評：協助改善或予以輪調

二、各級人才的說明

(一) I 是「關鍵人才庫」，列的是個人實力已經高到足以隨時成為高階領導者的人才，員工只要有 10% 進入 I，就算是不錯了。

(二) II 是「高績效員工」，指的是創造出色的績效，能夠在副總經理級一職上充分發揮本事，但是要進入 I 當最高階領導幹部卻又有點不足的人。

(三) III 是「嶄露頭角的人才」，列在這一格的人，會是未來的高階幹部候補人選，他們有機會進入 I，且絕大多數都當了經理。他們或許現在還年輕，但若能以經理身分創造出色績效，加上公司培育又很順利的話，就可以期待他們成為協理、總監、副總經理，乃至於總經理之職。

(四) IV 是「主力成員」，就是指安安分分做事的人才。人才有 60% 都屬於這一類。

(五) V 是「差評」，指的是領導能力與工作能力都差強人意，未能有所發揮的員工。

人才委員會每半年召開一次，因為公司對於人才的需求，會配合社會環境的變化，也跟著無時無刻在變化，再者，員工本身的需求，也同樣無時無刻在變化。

人才委員會希望藉此實現的效果，想要讓新進員工在最適合的職務經驗下，一直做到退休爲止！

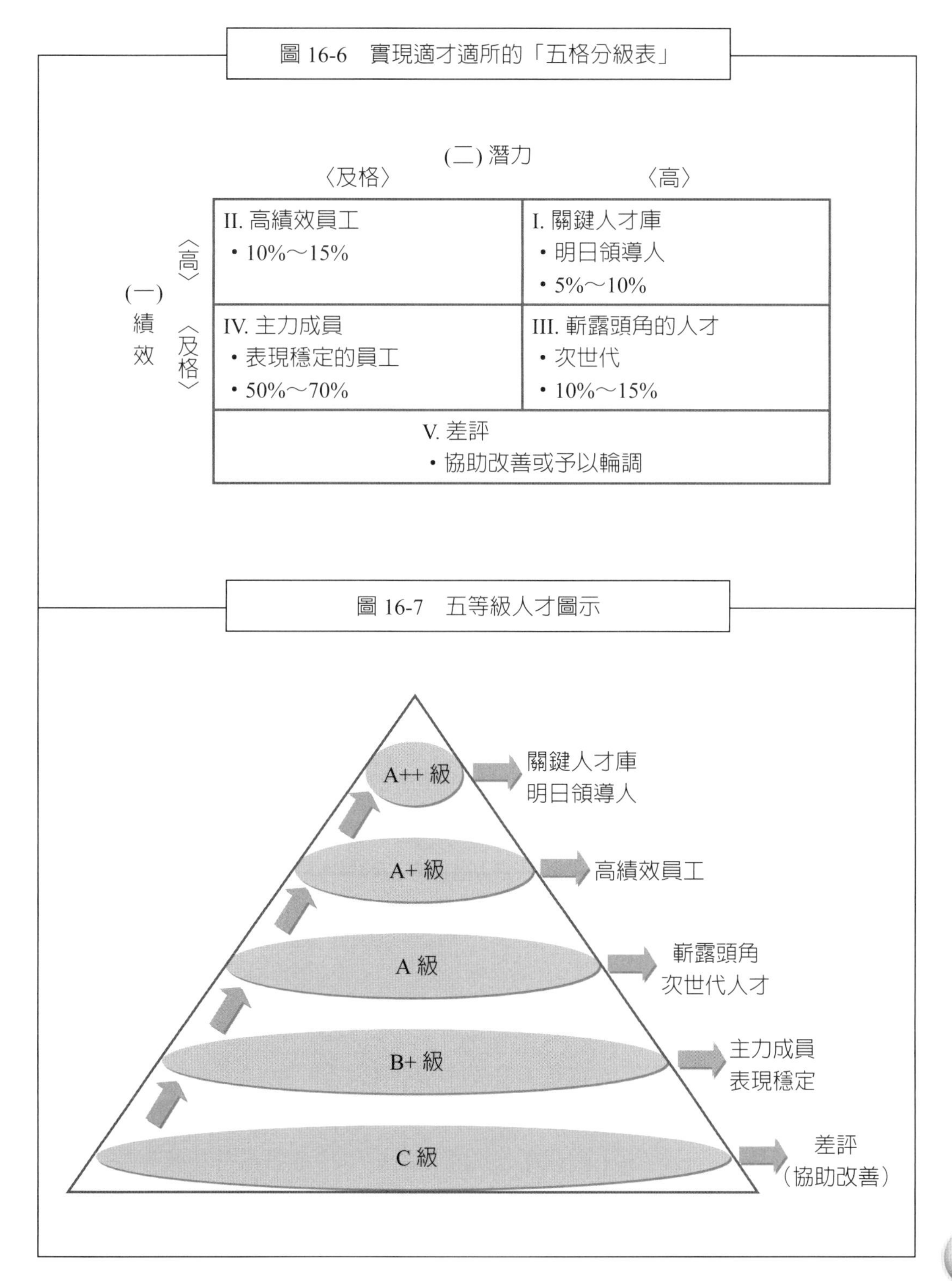

圖 16-6　實現適才適所的「五格分級表」

圖 16-7　五等級人才圖示

第 5 節　日本無印良品透過不斷輪調培育人才的五個理由

無印良品的職務異動一大特徵在於，會在 3～5 年這樣的短期間內就更換工作崗位。有五大理由支持不斷輪調：

一、可確實提升能力及豐富資歷

無印良品認爲與其在同一個領域中累積經驗，還不如多方面體驗，會更有利於提升個人能力及豐富經驗。

二、維持挑戰精神

爲了讓自己持續成長下去，經常挑戰新事物是最適切的方法。

人一旦長期待在相同環境中，很難不習以爲常，失去挑戰精神，也會變得比較保守。但若能在職務異動下轉換到新環境，自然而然就得到了挑戰機會。

三、擴增多樣化的人際網

若能輪調到其他單位，就能和其他單位的人展開新的往來，公司內部的交流就會慢慢增加，並可藉以提升團結力與團隊合作；對個人而言，也可以擴增多樣化的人際網。

四、促進對他人立場的理解

試者站在別人的立場上想想看，若能因爲職務異動而到其他單位去，就能體驗到不同於前的立場與環境。等到自己有了經驗，自然就能理解別人的立場。要想理解別人的想法，最有效果的方法就是試著站在對方的立場，也就是實際去體驗一下對方的辛苦與對方的做法。

五、拓展眼界

要想拓展眼界，嘗試各種經驗是最好的。透過輪調，應該能夠得到許多令自己耳目一新的經驗，像是不斷有新的發現，或是體認到一些在先前單位中理所當然的事，但是在別的單位就不是那麼回事。

眼界拓展後，若能理解不是只用一種角度看待事物，而是有各種不同角度存在，就會變得容易理解別人的意見。

同樣處理一件事，就會變得可以考慮到許多層面。一旦判斷事情的素材變多，就能更確實、更迅速的做出判斷！

圖 16-8　日本無印良品：透過不斷輪調培育人才的五個理由（好處）

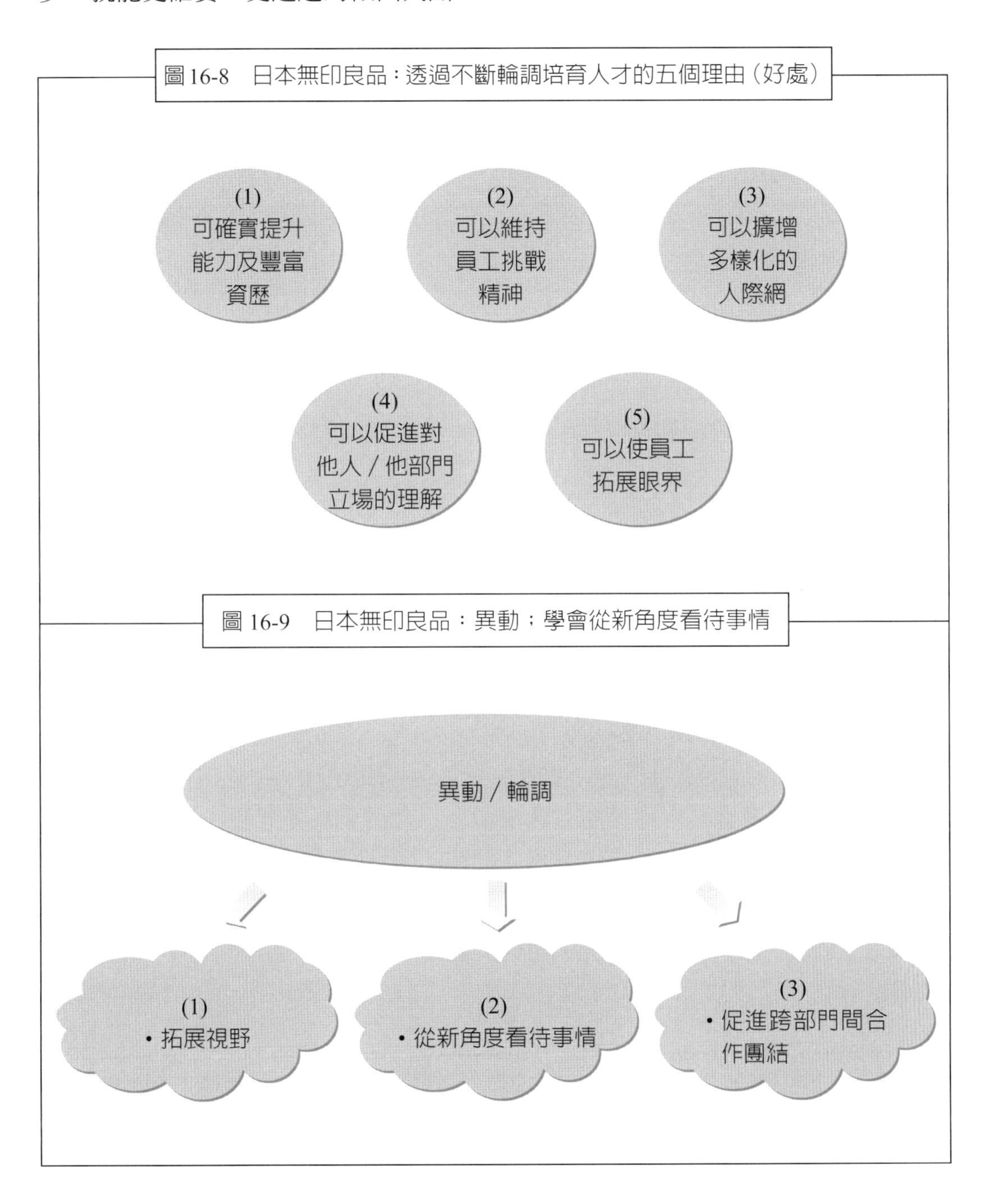

(1)
可確實提升
能力及豐富
資歷
(2)
可以維持
員工挑戰
精神
(3)
可以擴增
多樣化的
人際網
(4)
可以促進對
他人／他部門
立場的理解
(5)
可以使員工
拓展眼界
異動／輪調
(1)
・拓展視野
(2)
・從新角度看待事情
(3)
・促進跨部門間合
作團結

圖 16-9　日本無印良品：異動；學會從新角度看待事情

第 6 節　無印良品的培育機制

一、重視新進員工教育訓練

無印良品培育人才的第三個層次，就是「人才培育委員會」。

此委員會是一個規劃如何培育員工的組織。

無印良品認為新進員工的教育訓練，其實是最重要的教育。因為，他們把新進員工看成是企業的未來，且看成是最應該珍惜的重要財產，而且不斷調整新進人員教育訓練的內容。

除此之外，各部門的專業教育訓練，或是針對中階員工及高階員工舉辦的教育訓練也都一樣，必須配合企業的發展策略而調整，因此必然會與人事有所連動。

人才培育委員會每月召開一次，會議中，由各部門主管發表各部門的人才培育方針，日後再請他們報告其間執行的狀況如何；培育人才的教育訓練計畫，基本上都由部門主管構想、執行及考核。

二、走出教室的教育訓練

例如：在服飾部門，過去曾訂定為期一年的教育訓練計畫，找外部講師前來講授有關用線與布料產地的知識，或是參觀工廠等，只要上過該課程，就能完全學到身為服飾專員所必須具備的所有知識。

另外，生活雜貨部門則舉辦「觀察」的教育訓練課程；課程內容是大家前往顧客家裡打擾，參觀一下他們的生活環境，以此做為找尋開發商品時的參考線索。食品部門執行的是與一流廚師合作開發商品的教育訓練計畫；一面和一流廚師一起製作義大利麵或咖哩等料理，一面設想有什麼食物可以發展為商品。

重點在於，要實施這種能夠與實務相結合的教育訓練計畫，否則，就不能算是在教導員工；只要上課的學員知道學這東西對於工作有幫助，就會積極接受訓練了。

另外，無印良品人才培育委員會，也會設計一些跨產業交流會，找來伊藤園飲料、佳能電子等來自不同產業的企業，舉辦演講或討論會，擴增與不同產業交流場合。

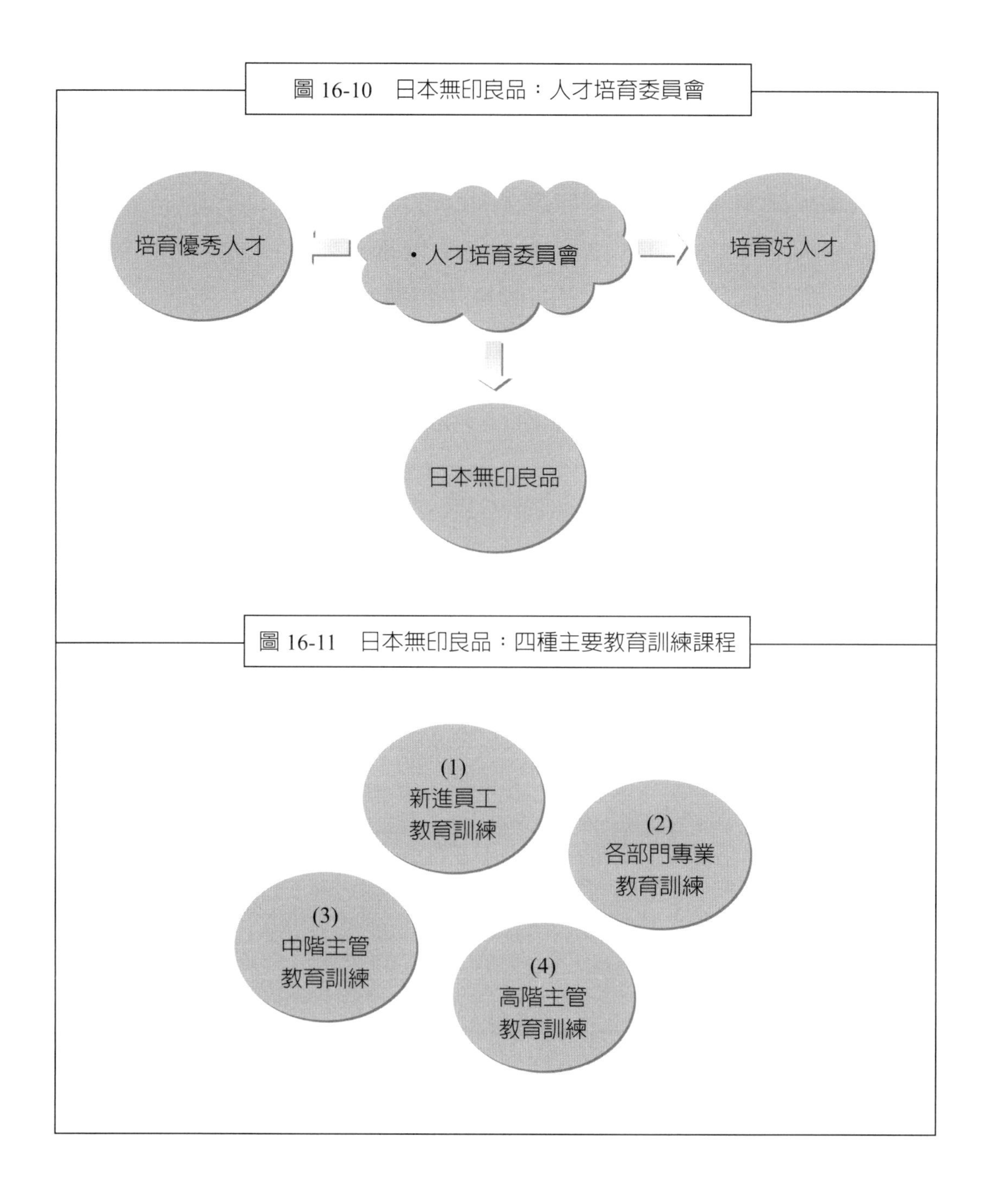
圖 16-10 日本無印良品：人才培育委員會
培育優秀人才
・人才培育委員會
培育好人才
日本無印良品
圖 16-11 日本無印良品：四種主要教育訓練課程
(1)
新進員工
教育訓練
(2)
各部門專業
教育訓練
(3)
中階主管
教育訓練
(4)
高階主管
教育訓練

第 7 節　運用成員力量，組成最強團隊

一、無印良品有團隊，但沒有派系

無印良品基本上都是以團隊的形式在運行，雖有團隊，但卻沒有派系。過去，雖然也有派系存在，但在公司大膽推行輪調後，堅守特定人物或立場的做法，似乎已經失去意義。另外一個派系無法形成的原因，就是「業務標準化」，此致使無論哪個人、在哪個時間點到哪個部門去，做的事都跟前人一模一樣。由於無印良品會讓員工輪流到不同部門去親身體驗，自然就會把每個部門都很重要的想法，深植於他們心中。

團隊合作之所以能在無印良品發揮功能，原因在於每一位員工都擁有相同的目標。

這個目標就是讓無印良品這個品牌能夠繼續存在下去。

二、運用成員力量，組成最強團隊

無印良品認爲，團隊不必在建立的時候就追求完美，而是要在建立之後，逐步運用所有成員的力量，把它變成一個堅強的團隊。

在無印良品，假如有什麼大案子，基本上會召集不同部門的成員組成團隊負責。因爲唯有行銷部、業務部、商品部、製造部等單位都打破藩籬通力合作，才可能追求整體最適。

在挑選團隊成員時，必要的考量不是能否找到最優秀人才，而是能找到合於角色的人才。唯有找來擁有各種不同的能力、不同的個性、不同觀點的成員，才能成爲堅強的團隊。

另外，團隊當然要有一個領導者，此領導者必須具備基本特質爲：

(一) 要能讓成員凝聚在一起。

(二) 要能看穿事物的本質。

(三) 要能克服阻礙。

(四) 要能讓任務如期完成。

當然，理想的團隊領導者，必須均衡兼具幾種能力：

(一) 領導能力。

(二) 人際能力。
(三) 問題解決能力。
(四) 決策能力。
(五) 自我管理能力。
(六) 激勵成員能力。
(七) 溝通能力。

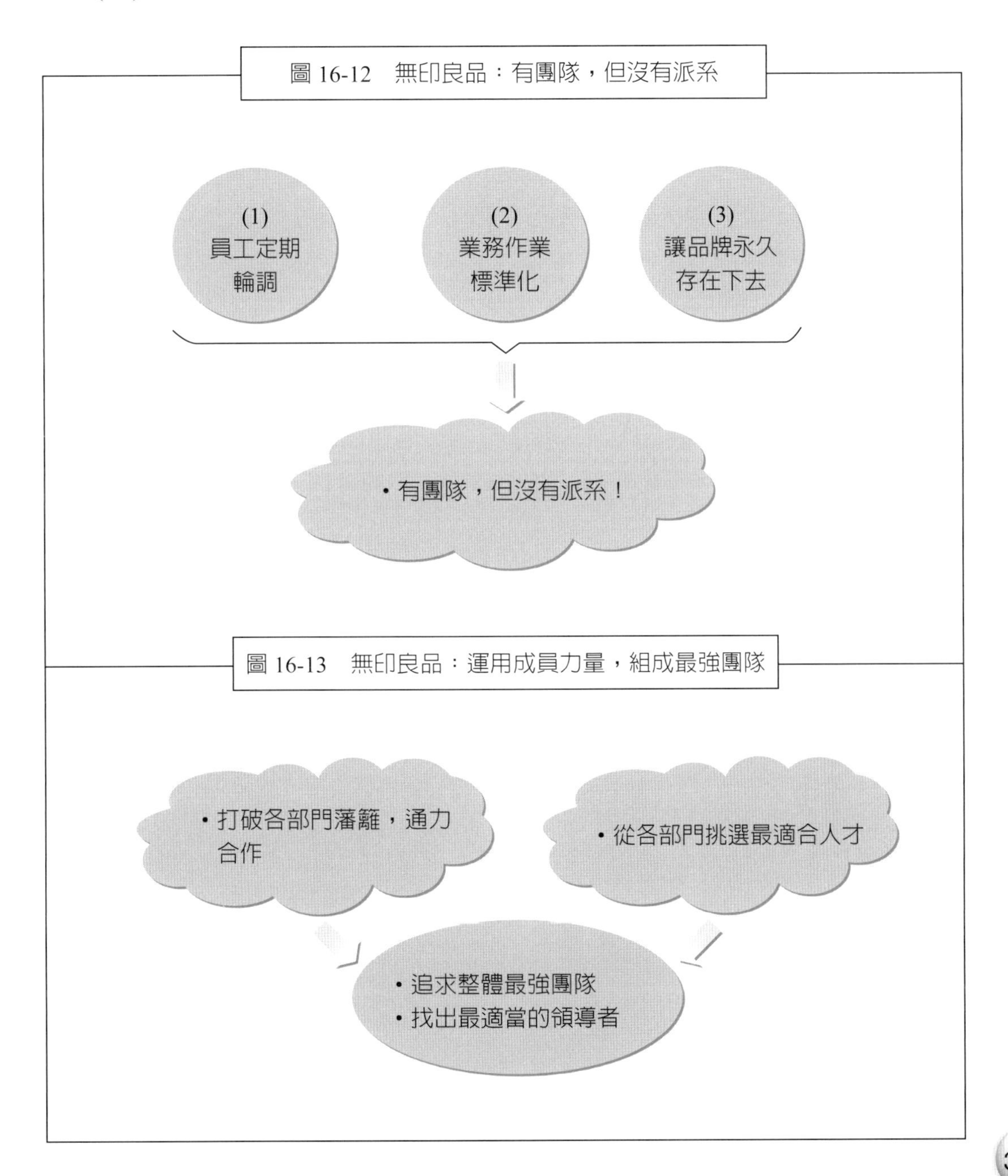
圖 16-12　無印良品：有團隊，但沒有派系
(1)
員工定期
輪調
(2)
業務作業
標準化
(3)
讓品牌永久
存在下去
• 有團隊，但沒有派系！
圖 16-13　無印良品：運用成員力量，組成最強團隊
• 打破各部門藩籬，通力合作
• 從各部門挑選最適合人才
• 追求整體最強團隊
• 找出最適當的領導者

Chapter 17

揭開台積電不敗祕密的招人術

一、台積電企業市值已逐漸逼近英特爾

巨人的較量，比的是持續增長的實力。10 年前，台積電市值僅接近 1.5 兆臺幣，與半導體巨擘英特爾高達 4.7 兆臺幣的市值（1,477 億美元），差距 3 倍以上，根本難望其項背。

2016 年 5 月 13 日，台積電股價爲 145 元，市值已超過 3.73 兆臺幣，與英特爾的市值 4.59 兆臺幣（1,401 億美元），差距大幅縮小。尤其在 3 月底時，台積電市值更一度達到 4.18 兆臺幣；短短 10 年，台積電市值快速拉近與英特爾的差距。相較於英特爾過去 10 年幾乎毫無成長的窘境，外界估計，未來台積電擠下英特爾，登上全球半導體龍頭寶座，只是時間早晚的問題。

二、尖端技術已超越三星及英特爾競爭對手

台積電與英特爾實力的消長，不僅反映在表面的市值變化，半導體業賴以競爭的核心——人力，也出現了彼消此長的形勢。上個月，英特爾才宣布將於 2017 年中全球裁員 1 萬 2,000 人，是近 10 年來最大規模的裁員計畫，裁員數將高達員工總數的 11%。

反觀 2012～2015 年，台積電員工人數增加 1 萬多人，全球員工數達 4 萬 5,000 人。2016 年 3 月，台積電在臺大舉辦校園徵才活動上，更喊出 2016 年將增加 3,000～4,000 位工程師等職缺，估計 2016 年員工人數上看 5 萬人。

中華電信董事長、台積電前執行長蔡力行曾對媒體說，1990 年代末期，當時台積電的奈米製程技術還遠遠落後英特爾，但張忠謀在會議上卻問研發部門負責人：「我們的技術路徑圖，什麼時候可以和英特爾一樣？」這句話令他相當震撼。

在當時，這是台積電員工連想都不敢想的念頭；但時至今日，台積電憑藉著深蹲馬步累積的 10 多年功力，不僅領先業界投產十六奈米 FinFET（鰭式場效電晶體）製程，還從三星手中搶回流失的高通訂單，並吃下蘋果 2017 年在 iPhone 7 裡搭載的 A10 處理器全部訂單。目前，台積電占全球晶圓代工產業的營收市占率 55%。

巨人的較量，比的更是持之以恆的耐力。10 年來，台積電戰戰兢兢走來，未來也不認爲自己能高枕無憂。接下來，十奈米製程將左右蘋果訂單流向與配比，無論英特爾、三星，都奮力搶在競爭對手之前量產，以優先取得蘋果訂單。

三、提出「夜鷹計畫」，深植台積電研發部門的血液中

張忠謀在 2016 年第 1 季法說會時表示，2017 年十奈米製程量產後，一開始就可拿下高市占率，在全球市場居領先地位。對照英特爾近期宣布十奈米將延後至 2017 年下半年投產，台積電在十奈米製程至少領先英特爾兩個季度。據瞭解，台積電早有團隊在研發七奈米及五奈米的製程，並開始小規模的試做。

就是爲了在投產時間上領先群雄，張忠謀早在 2 年前提出「夜鷹計畫」，要以 24 小時不間斷的研發，加速十奈米製程進度。作爲台積電先進奈米製程的研發基地，夜鷹部隊挑燈夜戰、追趕更新製程研發進度的精神，早已深植台積電研發部門的血液中。就像位於台積電新竹總部的 12B 晶圓廠 10 樓，也經常燈火通明。

四、台積電最重要的資產：員工

人才，絕對是台積電在短短 10 年內，可以超越競爭對手的最大祕密武器。張忠謀多年來在對內、對外談話時都不斷強調，台積電的成功關鍵是，「領先技術、卓越製程、客戶信任」。而建立起這三項競爭優勢的，都需要張忠謀口中台積電最重要的資產──員工，他期望員工能在工作上全力以赴，成爲公司成長的堅實後盾。

業界都知道，全臺灣最優秀的工程師，幾乎都被台積電給網羅。「台積電一年要招募至少 4,000 位工程師，臺、成、清、交畢業生都被找走了……。」矽品董事長林文伯道出其他公司在招募人才的無奈。

爲了建立精銳兵團，台積電人資部門每年都耗費龐大的時間與心力，在全球積極幫公司找出一流人才，爲台積電締造更大的成長與價值。「台積電人力招募部門多達 40 幾人，但經常要加班到 11～12 點才能下班。」一位台積電前人資職員對於人資團隊的工作時間描述，令人大感意外。

五、吸取優秀人才的做法

原來，除了每年 3～4 月校園巡迴徵才之外，6 月畢業潮、10 月到年底的轉職潮、11 月研發替代役的前後時間，全都是台積電人資部門最忙碌的時期，其目的就是大舉網羅全臺各大名校的頂尖學生。

除了校園巡迴徵才外，爲了搶先吸納一流人才，台積電更以重金資助臺大、成大、清華及交大等特定實驗室，以建立綿密的徵才網絡。例如：臺大無線整合

系統實驗室、臺大 DSP/IC 設計實驗室、清大工業工程管理系教授簡禎富教授領軍的決策分析研究室等，從中挑選出頂尖人才後，主動談年薪與紅利。「台積電對特定實驗室的招募，會有特別的 contract（合約）、package（薪酬組合），一年比同職等員工多幾十萬元。」一位畢業於清大資工所的台積電前工程師指出。

台積電還把眼光瞄向海外，以厚植其全球的競爭人才。例如：每年 4、5、10 月之前，台積電人資部門還要忙著在人力銀行搜尋全球百大名校的學生，從中挑選出台積電想要的人才。以電子郵件密集聯絡，由部門與人資主管遠赴哈佛、麻省理工學院、史丹佛、普林斯頓等台積電有合作的全球百大名校，親自面試這些優秀學子，談定優渥的年薪、紅利與職務，提前預約這些全球頂尖人才。

在台積電，碩士學歷人數達 1 萬 7,837 人，比重高達 39.4%；而頂著博士學歷的，也有近 2,000 人，可謂人才濟濟。「我剛來台積電的時候，沒有信心可以出類拔萃。我是碩士畢業的，裡面一堆海歸派，且博士非常多，現在裡面主要的研發人員總共有 4,000 人，約一半都是博士。」一位台積電內部研發工程師道出內部高學歷的頂尖人才眾多，要熬出頭大不易的內心想法。

資料來源：郭子苓（2016），〈揭開台積電不敗祕密的招人術〉，《商業周刊》，第 1392 期，2016 年 7 月，頁 28～35。

自我評量

1. 台積電與競爭對手英特爾的企業市值有何變化？為何產生這些變化？
2. 何謂「夜鷹計畫」？為何要推出此計畫？
3. 台積電的三項競爭優勢為何？
4. 員工為何是台積電最重要的資產？
5. 台積電如何吸納到優秀人才？他們有何做法？
6. 總合來說，從此個案中，您學到了什麼？

國家圖書館出版品預行編目資料

人力資源管理／戴國良著. -- 初版. -- 臺北市：五南，2020.03
面；　公分
ISBN 978-957-763-882-3（平裝）

1.人力資源管理

494.3　　109001596

1FRL

人力資源管理

作　　者 — 戴國良
發 行 人 — 楊榮川
總 經 理 — 楊士清
總 編 輯 — 楊秀麗
主　　編 — 侯家嵐
責任編輯 — 李貞錚
文字校對 — 鐘秀雲、許宸瑞
封面設計 — 姚孝慈
出 版 者 — 五南圖書出版股份有限公司
地　　址：106台北市大安區和平東路二段339號4樓
電　　話：(02)2705-5066　　傳　　真：(02)2706-6100
網　　址：http://www.wunan.com.tw
電子郵件：wunan@wunan.com.tw
劃撥帳號：01068953
戶　　名：五南圖書出版股份有限公司
法律顧問　林勝安律師事務所　林勝安律師
出版日期　2020年3月初版一刷
定　　價　新臺幣490元